セミナー
ライブラリ 化　学 = 6

演習 化学熱力学 [新訂版]

渡辺　啓　著

サイエンス社

サイエンス社のホームページのご案内
http://www.saiensu.co.jp
ご意見・ご要望は　rikei@saiensu.co.jp　まで.

新訂版まえがき

　初版を刊行して早くも14年が経過したが，そのあいだ多くの読者に支持され，版を重ねてきた．もとより熱力学のような基本的な自然科学の内容は確立されており，十数年のあいだに変わるものではないが，そのあいだに読者から寄せられた質問なども勘案して，全面的に検討し，改訂することとした．

　改訂にあたっては，例題に項目を付して内容が明瞭に把握できるようにし，それに基づいて若干の問題の入替えを行い，また新しい問題も追加した．また，初版の"9章 電解質と電池"を"9章 電解質"と"10章 電池"に分け，内容も充実させた．

　改訂にあたっては，サイエンス社の田島伸彦氏と鈴木綾子さんに大変お世話になった．記してお礼申し上げます．

　　平成15年7月

　　　　　　　　　　　　　　　　　　　　　　　　　　　　渡　辺　　啓

まえがき

　本書はサイエンス社より先に刊行した「化学熱力学」に対する演習書である．したがって，本書は，特に化学への応用に重点をおいた熱力学の演習書である．

　熱力学がなかなか飲み込めず，"むつかしい"ということは古今東西を問わず自然科学を学習するものの共通の実感である．しかし，化学を目指す者に限らず，自然科学のあらゆる分野において，熱力学の理解は理学的な考えかたの基本として，必要不可欠である．

　どのような名解説書や名講義によっても，熱力学を通り一遍の学習で習熟することは不可能に近い．どのような学問でもそうであるが，とりわけ熱力学は，反復演習によってのみ習熟することができ，活用できる知識として肉体化することができる．

　本書は，各章のはじめにコンパクトな解説をおき，例題と関連した問題が続き，そのあとに，その章の全体を補充する章末問題がある．すべての問題の詳しい解説は後半にまとめてある．熱力学の習熟への道案内として本書を活用して頂ければ幸いである．

　本書の執筆に当っては，既刊の多くの演習書を参考にさせて頂いた．それらのなかには，小野・長谷川・八木著「詳解物理化学演習」(共立出版)，坂上・妹尾・渡辺著「演習物理化学」(共立出版)，藤代著「新物理化学問題の解き方」(東京化学同人)，吉岡・荻野著「大学演習物理化学」(裳華房)，東京大学教養学部化学教室編「化学問題集」(東京大学出版会)が含まれている．記して感謝の意を表する．

　　　平成元年8月

　　　　　　　　　　　　　　　　　　　　　　　　　　　　　　渡　辺　　　啓

目　　次

0　物理化学量と単位　　1

1　熱力学第1法則　　6
- **1.1**　仕事とエネルギー 6
- **1.2**　熱と仕事の等価性と熱力学第1法則 6
- **1.3**　準静的変化と理想気体の等温体積変化 7
- **1.4**　理想気体の内部エネルギーと温度 8
- **1.5**　実在気体と気体の状態方程式 8
- **1.6**　状　態　量 9
　　　　　例題 1〜2
　　　　　演習問題

2　第1法則の応用：エンタルピー，熱容量，反応熱　　13
- **2.1**　定積変化と定圧変化：エンタルピー 13
- **2.2**　定積熱容量と定圧熱容量 13
- **2.3**　エネルギー等分配則と理想気体の熱容量 14
- **2.4**　理想気体の断熱体積変化 15
- **2.5**　反応熱と生成熱 15
- **2.6**　原子化熱と結合エネルギー 17
- **2.7**　ジュール・トムソン効果 18
　　　　　例題 1〜8
　　　　　演習問題

3 熱力学第 2 法則　29

3.1 自発的変化と不可逆変化 29

3.2 準静的変化と可逆変化 30

3.3 熱機関の仕事効率・カルノーサイクル 31

3.4 熱力学第 2 法則 32

3.5 熱力学的温度 33

　　　　　例題 1〜6

　　　　　演習問題

4 エントロピー　45

4.1 状態量としてのエントロピー 45

4.2 エントロピーの計算 45

4.3 エントロピーと配置の数 47

4.4 熱力学第 3 法則と残留エントロピー 48

4.5 標準エントロピー 49

4.6 不可逆変化とエントロピー増大則 50

　　　　　例題 1〜6

　　　　　演習問題

5 自由エネルギーと純物質の相平衡　61

5.1 自由エネルギー 61

5.2 平　衡　条　件 62

5.3 自然変数とルジャンドル変換 62

5.4 ギブズエネルギーの圧力，温度による変化 64

5.5 純物質の相平衡とクラペイロン・クラウジウスの式 65

5.6 固体の融解と昇華，状態図（相図） 67

　　　　　例題 1〜5

　　　　　演習問題

6 多成分系の相平衡　　　76

- **6.1** 化学ポテンシャル 76
- **6.2** 理想気体の化学ポテンシャル 77
- **6.3** ギブズの相律 78
- **6.4** 2成分系の液相–気相平衡 79
- **6.5** 2成分系の固相–液相平衡 80
- **6.6** 2成分系の液相–液相平衡 82
    - 例題 1～2
    - 演習問題

7 溶液の熱力学　　　87

- **7.1** 理 想 溶 液 87
- **7.2** 実在溶液と部分モル量 87
- **7.3** 理想溶液の熱力学的性質 89
- **7.4** 活量と活量係数 92
    - 例題 1～5
    - 演習問題

8 化 学 平 衡　　　102

- **8.1** 平衡定数と自由エネルギー 102
- **8.2** 圧平衡定数と濃度平衡定数 103
- **8.3** 標準生成ギブズエネルギー 104
- **8.4** 平衡定数の温度依存性 106
    - 例題 1～6
    - 演習問題

9 電解質溶液   117

  9.1 電解質の電離度 117
  9.2 電 離 定 数 118
  9.3 平均活量（係数）... 119
          例題 1〜2
          演習問題

10 電 池   123

  10.1 反応の自由エネルギー変化と起電力............................. 123
  10.2 起電力の温度依存性と反応のエントロピー変化.................. 124
  10.3 起電力と平衡定数... 124
  10.4 半電池と電極の種類... 125
  10.5 標準電極電位... 126
  10.6 濃 淡 電 池 127
  10.7 ガラス電極による pH の測定 129
          例題 1〜5
          演習問題

付録 偏導関数と全微分   138

  1 状態式と多変数関数 138
  2 多変数関数の微分と導関数 138
  3 全 微 分 138
  4 線積分と状態量 139
  5 線積分と面積 140
  6 グリーンの公式 141
  7 完全微分と状態量 142
  8 積 分 因 子 143

問 題 解 答 144
索 引 229

0 物理化学量と単位

　物理化学量の名称，記号，単位などを合理的で一貫したものにし，しかも国際的にも学問分野間でも統一されたものにしようとする努力が国際的に長年にわたって続けられてきた．化学の分野では国際純正応用化学連合 IUPAC* という国際機関がこうした標準化を推進してきたが，1969 年に開かれたその総会において，"物理化学量および単位に関する記号と術語の手引き（Manual of Symbols and Terminology for Physicochemical Quantities and Units）"を採択し，今後，これが各国で採用されることを推奨することになった．

　この手引では物理量の単位として**国際単位系（SI 単位）**を全面的に採用している．本書においても，できる限りこの手引の取り決めを尊重し，単位についても SI 単位を用いることにした．ただし，従来使いなれている非 SI 単位を完全に破棄し，すべてを SI 単位だけで記述する日常的な感覚と乖離し，かえって理解を妨げることも予想されるので，必要と思われる場合には非 SI 単位も用いた．それらの SI 単位との換算は 3 ページに示してある．

　ここでは物理量と **SI 基本単位**について簡単に述べ，次節には SI 基本単位に新たに加えられた"物質量"という物理量について述べることにする．

　SI 単位においては表 0.1 に示すように相互に独立な 7 種の基本単位を定めている．

表 0.1　SI 基本単位

物理量	SI 単位の名称	物理量の記号	SI 単位の記号
長さ	メートル（metre）	l	m
質量	キログラム（kilogramme）	m	kg
時間	秒（second）	t	s
電流	アンペア（ampere）	I	A
熱力学的温度	ケルビン（kelvin）	T	K
物質量	モル（mole）	n	mol
光度	カンデラ（candela）	I_v	cd

　科学の分野で用いられるこれ以外の物理量の単位は，これらの基本単位の積や商として誘導され，それらは **SI 組立単位**とよばれる．組立単位のあるものは特別の名称をもつが，その例を表 0.2 に示す**．

---

*　International Union of Pure and Applied Chemistry
**　これはごく一部の例にすぎない．

表 0.2　特別な名称と記号をもつ SI 組立単位の例

物理量	SI 単位の名称	SI単位の記号	SI 単位の定義
エネルギー	ジュール (joule)	J	$kg\ m^2\ s^{-2}$
力	ニュートン (newton)	N	$kg\ m\ s^{-2} = J\ m^{-1}$
圧力	パスカル (pascal)	Pa	$kg\ m^{-1}\ s^{-2} = N\ m^{-2} = J\ m^{-3}$
電荷	クーロン (coulomb)	C	$A\ s$
コンダクタンス	ジーメンス (siemens)	S	$kg^{-1}\ m^{-2}\ s^3\ A^2 = \Omega^{-1}$

物理量はすべて純粋な数値と単位との積である．すなわち

$$(物理量) = (数値) \times (単位)$$

したがって，数値である測定値を表わすためには

$$(物理量)/(単位) = (数値)$$

のような表現が使われる．たとえば $T = 273.15\,\mathrm{K}$，あるいは $T/\mathrm{K} = 273.15$ と表わされ，$T = 273.15$ とはしない．

〈物質量とその単位〉

7 種の SI 基本単位のうちの 1 つである**物質量**の単位としてのモルは，化学の分野でとくにしばしば用いられるので，ここに改めて説明しておく．

SI 単位では物質量の単位**モル** (mole) を次のように定義する．

"0.012 kg の炭素-12 に含まれる炭素原子と同数の**単位粒子**を含む系の物質量を 1 モルとする．単位粒子とは原子，分子，イオン，電子その他の粒子またはこれらの特定の組合せなどであり，明確に規定されていなければならない．"

この定義は次のように表わすことができる．

$$n/\mathrm{mol} = \frac{(明確に規定された単位粒子の数)}{(0.012\,\mathrm{kg}\,の単位炭素\text{-}12\,に含まれる炭素原子と同じ数)}$$

または

$$n = \frac{(明確に規定された単位粒子の数)}{(0.012\,\mathrm{kg}\,の炭素\text{-}12\,に含まれる炭素原子と同じ数) \times \mathrm{mol}^{-1}}$$

$(0.012\,\mathrm{kg}\,の炭素\text{-}12\,に含まれる炭素原子と同じ数) \times \mathrm{mol}^{-1}$ という物理量は L（または N_A）の記号で表わされ，これを**アボガドロ定数**とよび，その推奨値は

$$L/\mathrm{mol} = 6.02214199 \times 10^{23} \pm 0.000047 \times 10^{23}$$

である．単位粒子の数を N とすると $N = nL$ の関係にある．

〈諸単位の換算〉

SI 単位と他の単位との換算を示す．

SI 接頭語

大きさ	接頭語		記号	大きさ	接頭語		記号
10^{-1}	デ	シ	d	10	デ	カ	da
10^{-2}	セン	チ	centi c	10^2	ヘク	ト	hecto h
10^{-3}	ミ	リ	milli m	10^3	キ	ロ	kilo k
10^{-6}	マイクロ		micro μ	10^6	メ	ガ	mega M
10^{-9}	ナ	ノ	nano n	10^9	ギ	ガ	giga G
10^{-12}	ピ	コ	pico p	10^{12}	テ	ラ	tera T
10^{-15}	フェムト		femto f	10^{15}	ペ	タ	peta P
10^{-18}	ア ッ	ト	atto a	10^{18}	エク	サ	exa E

圧力の単位の換算表

単 位	Pa	atm	Torr (mmHg)*
1 Pa	1	$0.986\ 92 \times 10^{-5}$	$7.500\ 6 \times 10^{-3}$
1 atm	101 325	1	760
1 Torr (mmHg)*	133.322	$1.315\ 79 \times 10^{-3}$	1

$1\,\text{Pa} = 1\,\text{N}\,\text{m}^{-2} = 10\,\text{dyn}\,\text{cm}^{-2} = 10^{-5}\,\text{bar}$

エネルギーの単位の換算表

単 位	J	cal	$\text{dm}^3\,\text{atm}$
1 J	1	0.239 01	$9.869\ 2 \times 10^{-3}$
1 cal	4.184	1	$4.129\ 3 \times 10^{-2}$
$1\,\text{dm}^3\,\text{atm}$	101.325	24.217	1

$1\,\text{J} = 1\,\text{V}\,\text{C} = 10^7\,\text{erg}$

単 位	J	eV	$\text{Le V}\,\text{mol}^{-1}$
1 J	1	$6.241\ 5 \times 10^{18}$	$1.036\ 4 \times 10^{-5}$
1 eV	$1.602\ 18 \times 10^{-19}$	1	$1.660\ 6 \times 10^{-24}$
$1\,\text{Le V}\,\text{mol}^{-1}$	$9.648\ 4 \times 10^4$	$6.022\ 0 \times 10^{23}$	1

---

* Torr は大気圧を水銀柱の高さで測定した E.Torricelli による．mmHg は圧力を水銀柱の高さ (mm) で表わしたもの．

また，次に基本物理定数と物理・化学量の記号も示しておく．

基本物理定数

量	記号および等価な表現	値
真空中の光速度	c	$2.997\,924\,58 \times 10^8 \text{m} \cdot \text{s}^{-1}$
真空の誘電率	$\varepsilon_0 = (\mu_0 c^2)^{-1}$	$8.854\,187\,817 \cdots \times 10^{-12} \text{F} \cdot \text{m}^{-1}$
電気素量	e	$1.602\,176\,462(63) \times 10^{-19} \text{C}$
プランク定数	h	$6.626\,068\,76(52) \times 10^{-34} \text{J} \cdot \text{s}$
	$\hbar = h/2\pi$	$1.054\,571\,596(82) \times 10^{-34} \text{J} \cdot \text{s}$
アボガドロ定数	L, N_A	$6.022\,141\,99(47) \times 10^{23} \text{mol}^{-1}$
原子質量単位	$1\text{u} = 10^{-3} \text{kg mol}^{-1}/L$	$1.660\,538\,73(13) \times 10^{-27} \text{kg}$
電子の静止質量	m_e	$9.109\,381\,88(72) \times 10^{-31} \text{kg}$
陽子の静止質量	m_p	$1.672\,621\,58(13) \times 10^{-27} \text{kg}$
中性子の静止質量	m_n	$1.674\,927\,16(13) \times 10^{-27} \text{kg}$
ファラデー定数	$F = Le$	$9.648\,534\,15(39) \times 10^4 \text{C} \cdot \text{mol}^{-1}$
リュードベリ定数	$R_\infty = \mu_0^2 m_e e^4 c^3/8h^3$	$1.097\,373\,156\,854\,8(83) \times 10^7 \text{m}^{-1}$
ボーア半径	$a_0 = \alpha/4\pi R_\infty$	$5.291\,772\,083(19) \times 10^{-11} \text{m}$
気体定数	R	$8.314\,472(15) \text{J} \cdot \text{K}^{-1} \cdot \text{mol}^{-1}$
セルシウス目盛りにおけるゼロ	T_0	273.15K （厳密に）
	RT_0	$2.271\,081(70) \times 10^3 \text{J} \cdot \text{mol}^{-1}$
標準大気圧	P_0	$1.013\,25 \times 10^5 \text{Pa}$ （厳密に）
理想気体の標準モル体積	$V_0 = RT_0/P_0$	$2.241\,399\,6(39) \times 10^{-2} \text{m}^3 \cdot \text{mol}^{-1}$
ボルツマン定数	$k = R/L$	$1.380\,650\,3(24) \times 10^{-23} \text{J} \cdot \text{K}^{-1}$
自由落下の標準加速度	g_n	$9.806\,65 \text{ m} \cdot \text{s}^{-2}$ （厳密に）

$\pi = 3.141\,593$

$e = 2.718\,282$

$\log_{10} e = 0.434\,29$

$\ln 10 = \dfrac{1}{\log_{10} e} = 2.302\,59$

国際学術連合会議　科学技術データ委員会（1998 年）による．

物理・化学量の記号

A	ヘルムホルツエネルギー，親和力	S	エントロピー，面積
c	モル濃度単位で表わした濃度	T	熱力学的温度 (絶対温度)
C_P	定圧 (モル) 熱容量	t	セルシウス温度，時間
C_V	定積 (モル) 熱容量	U	内部エネルギー
E	起電力，結合エネルギー	$\bar{u}_i$	物質 i の部分モル内部エネルギー
f_i	物質 i の活量係数 (モル分率を用いた場合)	V	体積
G	ギブズエネルギー	$\bar{v}_i$	物質 i の部分モル体積
g	自由落下の加速度，純物質のモル当りギブズエネルギー	W	仕事
		x_i	物質 i のモル分率
H	エンタルピー	z	電池反応の電荷数
$\bar{h}_i$	物質 i の部分モルエンタルピー	α	解離度，体膨張率
i	ファント・ホッフ係数	γ	比 C_P/C_V
K	平衡定数	γ_i	物質 i の活量係数
k	ボルツマン定数	κ	圧縮率
L	アボガドロ定数	μ_i	物質 i の化学ポテンシャル
l	長さ，変位	ν	振動数
M	モル質量，分子量，モル濃度単位	ν_i	物質 i の化学量論係数
m_i	物質 i の質量モル濃度	ξ	反応進行度
N	分子数	Π	浸透圧
n	物質量	ρ	密度
P	圧力	ϕ	電位
Q	熱	$\bigcirc$	"純物質"
R	気体定数	$\ominus$	"標準"

本書では K や T に下つき添字をつけた記号を次の意味で用いている．

$\Delta H_\mathrm{a}^\ominus$	標準原子生成熱	K_P	圧平衡定数
$\Delta H_\mathrm{c}^\ominus$	標準燃焼熱	K_w	水のイオン積
$\Delta H_\mathrm{f}^\ominus$	標準生成熱	Q_a	原子化熱
K_a	活量を用いて表わした平衡定数，酸電離定数	Q_P	定圧変化に伴う熱移動量
		Q_V	定積変化に伴う熱移動量
K_b	塩基電離定数，モル沸点上昇定数	T_b	沸点
K_c	濃度平衡定数	T_f	融点 (凝固点)
K_f	モル凝固点降下定数	T_tr	転移点

1 熱力学第1法則

1.1 仕事とエネルギー

仕事 力 f で物体を dl だけ動かすときに物体になされる仕事は
$$dW = f(l)dl$$
である．外部圧力 P_e で気体の体積を dV だけ変化させたときに気体になされる仕事は
$$dW = -P_e(V)dV$$
である（例題1）．

したがって，気体を体積 V_1 から V_2 まで圧縮（膨張）させるときに気体になされる仕事（膨張では気体が外界にする仕事）は
$$W = -\int_{V_1}^{V_2} P_e(V)dV \tag{1.1}$$
で与えられる．ここで P_e は外部の圧力，W は外界が系（気体）になす仕事である．

同様にして，外部電位差 ϕ_e のもとで電荷 dq だけ運ぶときにも，電荷になされる仕事は
$$dW = \phi_e(q)dq, \quad W = \int \phi_e(q)dq \tag{1.2}$$
で与えられる．ϕ_e は電荷を運ぶ際に外部から加える電位差である．

1.2 熱と仕事の等価性と熱力学第1法則

熱と仕事とエネルギー 1840年から45年かけてマイヤーとジュールは独立に，熱と仕事はいずれも"エネルギー"の一形態であることを明らかにした．さらに彼らは，熱と仕事は互いに変換できるが，エネルギーの総量は一定不変に保たれることを命題として述べた．これを**エネルギー保存則**あるいは**熱力学第1法則**という．熱力学第1法則は
$$\begin{aligned} dU &= d'Q + d'W, \\ \Delta U &= Q + W \end{aligned} \tag{1.3}$$
と表わされる．ここで dU, ΔU は系の（内部）エネルギーの変化，$d'Q$, Q は外界から系に流入した熱量，$d'W$, W は系になされた仕事である．"d" は微小量（微分）を表わしているが"d'" は，変化の経路によって変化する不完全微分量の微小量を表わしている．

エネルギーの単位　エネルギーのSI単位はジュール（記号J）で，cgs単位はエルグ（記号erg）である．

1Jは1ボルトの電位差のもとで1アンペアの電流を通じたとき毎秒発生する熱量で，10^7 erg に相当する．また，SI単位系での力はニュートン（記号N），距離はメートル（記号m）で

$$J = N \times m$$

である．cgs系の力の単位はダイン（記号dyn）で

$$N = 10^5 \, dyn$$

である．また，$erg = dyn \times cm$ である．

日常的に用いられている熱の単位である**カロリー**（記号cal）は，1gの水の温度を1°C上昇させるのに必要な熱量で，水の温度で若干の差がある．現在用いられているのは

$$1 \, cal = 4.184 \, J = 4.184 \times 10^7 \, erg$$

である．これは，1gの水を14.5°Cから15.5°Cまで昇温させるのに必要な熱量で，これを**熱力学的カロリー**という．

1.3　準静的変化と理想気体の等温体積変化

可逆変化　ピストンを動かしてシリンダー内の気体を圧縮する場合を考える．気体は温度 T の熱浴に接しているものとする．有限の速さで気体を圧縮するときには

$$P_e > P_i \quad (P_e は外圧，P_i はシリンダー内の気体の圧力)$$

である．この場合，外界は $W_e = -P_e dV$ だけの仕事をするが，気体は $W_i = -P_i dV$ だけの仕事を受け取る．その他の仕事は熱に変わる．

$P_e = P_i$ の状態を保ち無限の時間をかけて行う変化を，**準静的変化**という．準静的変化では $W_e = W_i$ で仕事が熱に変わることはない．この場合，外界に何の痕跡も残さずに系（気体）を元の状態に戻すことができる．すなわち，準静的変化は**可逆変化**である．

等温圧縮　n mol の理想気体を V_1 から V_2 まで準静的に圧縮する場合について考える．気体の温度 T は一定に保つよう熱浴と接しているものとする．このとき，理想気体になされる仕事は

$$PV = nRT$$

であるから

$$W_r = -\int_{V_1}^{V_2} P dV = -nRT \int_{V_1}^{V_2} \frac{dV}{V} = -nRT \ln \frac{V_2}{V_1} = nRT \ln \frac{V_1}{V_2} \tag{1.4}$$

となる（気体定数 R については1.5節参照）．W_r の添字 r は可逆を意味している．

1.4 理想気体の内部エネルギーと温度

内部エネルギー　一定量の理想気体の内部エネルギーは温度だけの関数で，温度が一定のときには体積（圧力）によらない．したがって，理想気体の等温圧縮では，熱力学第1法則より，気体になされた仕事 W_r に相当するエネルギーが熱として外界へ放出されることになる．

理想気体は

> (1) 分子間に引力も斥力も働かない
> (2) 分子の占める体積がゼロである

ような気体である．分子そのものがもつエネルギーには，質量のエネルギー，核エネルギー，電子のエネルギーなどがある．理想気体ではこれらは温度によらず一定と考える．したがって，個々の分子のエネルギーのうち温度に関係するのは運動エネルギーだけである．

分子間相互作用のエネルギーがゼロであれば，分子の集団としての気体のエネルギーは，個々の分子のエネルギーの和になるので，温度だけに依存し，分子間の距離すなわち体積にはよらない．

以上のことから，理想気体の内部エネルギーは体積にはよらず，温度だけできまることが理解できる．

1.5 実在気体と気体の状態方程式

理想気体　1 mol の理想気体については，条件のいかんにかかわらずボイル–シャルルの法則

$$PV = RT \tag{1.5}$$

が成立する．ここで R は**気体定数**と呼ばれている定数である．標準状態（0°C, 1 atm）で 1 mol の理想気体は 22.414 dm³ を占めるから

$$R = \frac{1 \times 22.414}{273.15} = 0.08206 \, \text{dm}^3 \, \text{atm} \, \text{K}^{-1} \, \text{mol}^{-1}$$

である（ジュール（J）およびカロリー（cal）への換算については例題1を参照）．

状態方程式　圧力・温度が一定ならば体積は気体の物質量に比例するから，n mol の気体については

$$PV = nRT \tag{1.6}$$

となる．これを**理想気体の状態方程式**という．

実在気体　実在気体では，分子間相互作用および分子が占める体積の影響が無視できない場合がある．とくに，低温・高圧の条件でこれらの因子が無視できなくなる．これらの効果を考慮して最初に提出された状態方程式は，ファン・デル・ワールスによる

$$\left(P + \frac{n^2 a}{V^2}\right)(V - nb) = nRT \tag{1.7}$$

である．ここで a は気体分子が占める体積の影響に対する補正，b は分子間引力の影響に対する補正で，**ファン・デル・ワールス定数**とよばれている．

もっとも一般的な状態方程式は

$$\frac{PV}{nRT} = 1 + BP + CP^2 + DP^3 + \cdots \tag{1.8}$$

と表わされる．ここで B, C, D, $\cdots$ は定数で，それぞれ第二，第三，第四，$\cdots$ **ビリアル定数**とよばれている．ビリアル定数は気体の種類だけでなく，温度によってもその値が異なる．(1.8)式は

$$\frac{PV}{nRT} = 1 + B'\left(\frac{n}{V}\right) + C'\left(\frac{n}{V}\right)^2 + D'\left(\frac{n}{V}\right)^3 + \cdots \tag{1.9}$$

とも表わされる．

1.6　状　態　量

示強性の量と示量性の量　系を放置しておいても性質が変化しないとき，その系は**平衡状態**にある．平衡状態にある系は一定の物理量を示す．これを**状態量**という．

状態量は**示強性の量**と**示量性の量**とに分けられる．

> i)　示強性の量：物質の量に無関係な状態量．温度，圧力，濃度，密度など．
> ii)　示量性の量：物質の量に比例する状態量．体積，質量，物質量など．

示量性の量は物質の量に比例するので，2つの示量性の量の比は物質の量に無関係となり，示強性の量となる．たとえば質量も体積も示量性の量であるが，その比（密度）は示強性の量である．

例題 1 ───────────────────── エネルギーの単位 ───

(1) 体積×圧力で与えられる量はエネルギーの次元をもつことを示し，$dm^3\,atm$ を J および cal に換算せよ．

(2) 100 m の海中の気圧は 10 atm である．100 m の海中で $10\,dm^3$ のバルーンをふくらませるのに要する仕事は何 J か．また，$dm^3\,atm$ および erg 単位ではいくらか．

───────────────────────────────────

【解答】 (1) 次元を [ ] で示すと，SI 単位系では [体積] = m^3，[圧力] = $kg\,m^{-1}\,s^{-2}$ である．したがって，[体積×圧力] = $kg\,m^2\,s^{-2}$. 他方 [エネルギー] = $kg\,m^2\,s^{-2}$ であるから [体積×圧力] = [エネルギー] となる．SI 単位系では，体積の単位は m^3（または dm^3, cm^3），圧力の単位は Pa（パスカル），エネルギーの単位は J（ジュール）である．

1 atm は水銀柱 76 cm に相当する圧力で，水銀の密度は 0°C で $13.5951\,g\,cm^{-3}$ であり，重力の加速度の標準値は $980.665\,cm\,s^{-2}$ であるから

$$1\,atm = 76.0 \times 13.5951 \times 980.665 = 1.01325 \times 10^6\,g\,cm^{-1}\,s^{-2}$$
$$= 1.01325 \times 10^6\,dyn\,cm^{-2} = 1.01325 \times 10^5\,N\,m^{-2} = 1.01325 \times 10^5\,Pa$$

である．したがって，cgs 単位および SI 単位では

$$1\,dm^3\,atm = 1.01325 \times 10^9\,dyn\,cm = 1.01325 \times 10^2\,J$$

したがってまた $1\,dm^3\,atm = 24.217\,cal$ である．

(2) 系が外圧（10 atm で一定）に抗して仕事をする場合，$W = -P\Delta V$ である．$P = 10\,atm = 1.013 \times 10^6\,Pa$，$\Delta V = 10\,dm^3 = 1.0 \times 10^{-2}\,m^3$ であるから

$$W = -1.013 \times 10^6 \times 1.0 \times 10^{-2} = -1.013 \times 10^4\,J$$

$dm^3\,atm$ 単位では $W = -P\Delta V = -10 \times 10 = -100\,dm^3\,atm$．
$1\,J = 10^7\,erg$ であるから $W = -1.013 \times 10^4 \times 10^7 = -1.013 \times 10^{11}\,erg$．

|||||||||| 問　題 ||||||||||||||||||||||||||||||||||||||||||||||||||||||||||||||||||||

1.1 $n\,mol$ の理想気体の温度 T，圧力 P，体積 V の関係は，状態方程式 $PV = nRT$ で表わされる．ここで，R は気体定数である．R の値を $dm^3\,atm\,K^{-1}\,mol^{-1}$，$cal\,K^{-1}\,mol^{-1}$，および $J\,K^{-1}\,mol^{-1}$ で表わせ．

1.2 ナイアガラの滝の高さは 70 m である．滝の上と下とでの水温の差は理論上何度になるか．水の熱容量は $1\,cal\,K^{-1}\,g^{-1}$ として計算せよ．重力の加速度は $g = 9.8\,m\,s^{-2}$ である．

1.3 人工衛星が大気圏に突入する際の地球との相対速度は $7.8\,km\,s^{-1}$ である．10 t の人工衛星が大気圏に突入しその速度が時速 1000 km になるまでに発生する熱量はいくらか．

1.4 ある容器中の気体を真空ポンプで排気し，温度 25°C で圧力 10^{-6} Torr となった．このとき $1\,cm^3$ の体積中に平均何個の気体分子があるか．

―― 例題 2 ――――――――――――――――――――――――― 気体の体積変化の仕事 ――

　3 mol のヘリウムを 25 °C において 1 atm (1.013×10^5 Pa) から 10 atm まで圧縮するのに要するエネルギーの最小値は何 J か．また，圧縮に用いられたエネルギーは最終的にどうなるか．圧縮の前後でのヘリウム原子の運動エネルギーはどう変わるかについても考えよ．ヘリウムは理想気体とみなして計算せよ．

【解答】　圧縮に要するエネルギーは，準静的に行うときに最小となる．このときは，$P_i = nRT/V$ で与えられる内圧と同じ圧力で圧縮すればよい．準静的に圧縮しなければ外圧 P_e は P_i より大きく，したがってより多くの仕事を要する．準静的圧縮に要する仕事量は

$$W_r = -\int_{P_1}^{P_2} P dV = -nRT \int_{V_1}^{V_2} \frac{dV}{V} = -nRT \ln \frac{V_2}{V_1}$$

$V_2 = V_1/10$, $T = 298$ K, $n = 3$ mol だから

$$W_r = 3 \times 8.314 \times 298 \times \ln 10 = 1.71 \times 10^4 \text{ J}$$

理想気体の内部エネルギーは，個々の分子の内部エネルギー（核エネルギーおよび核外電子のエネルギーなど）と原子の運動エネルギーの和である．前者は一定とする．後者は温度だけの関数であるから，定温（25 °C）では運動エネルギーは一定である．したがって圧縮後でも運動エネルギーに変化はない．

　理想気体では分子間の斥力や引力によるポテンシャルエネルギーは無視できるから，圧縮の際になされる仕事はすべて気体分子の運動エネルギー（熱）に変わる．気体の温度を一定に保つ際には，気体分子が得た運動エネルギーは熱として外界に放出される．

|||||||||| 問　題 ||||||||||||||||||||||||||||||||||||||||||||||||||||||||||||||||||||||||||||||||||||||

2.1　3 mol の理想気体を 25 °C で 5 atm から 1 atm まで膨張させるときに気体が最終的に外界から吸収する熱量を (1) 可逆的，(2) 外圧を急に 1 atm にする，(3) 真空中，で行った場合について求めよ．

2.2　100 °C, 1 atm のもとで 1 mol の水が蒸発するときに水蒸気が外界に対してする仕事はいくらか．

2.3　100 °C, 1 atm における水の定圧蒸発熱は 40.67 kJ mol^{-1} である．100 °C, 1 atm で水が蒸発する際の気化熱のうち，液相中の水分子間の結合を切り離すのに要するエネルギーの割合はいくらか．

2.4　メタン 1 mol を 0 °C で 1 dm^3 の容器につめたときに示す圧力を，理想気体として，またファン・デル・ワールスの状態方程式にしたがう気体として，算出せよ．なお，メタンのファン・デル・ワールス定数は $a = 2.25$ dm^6 atm mol^{-2}, $b = 0.0428$ dm^3 mol^{-1} である．

演習問題

1. 1.5 kg の鋼球を高さ 10 m のところから地上に落下させた．鋼球の位置エネルギーがすべて熱に変わるとすると，このとき発生する熱量はいくらか．重力の加速度は $9.8\,\mathrm{m\,s^{-2}}$ とする．

2. 21.5 ℃ の水 100 g が入った魔法瓶に 300 ℃ に熱した金属塊 10 g を入れたところ，水温は 25.4 ℃ に上昇した．金属の熱容量を求めよ．

3. 1 atm 下で気体反応を行ったところ，体積が 2/3 に減少した．0 ℃ および 100 ℃ で反応を行った際に系になされる仕事量は，反応物 1 mol 当りそれぞれいくらか．

4. 1000 m の海底の水圧は約 100 atm である．この条件下で気球をふくらませて体積を $1.5\,\mathrm{dm^3}$ とするのに要する仕事を $\mathrm{dm^3\,atm}$，J，erg および cal 単位で求めよ．

5. 海中 10 m で気球をふくらませてその体積を $2.0\,\mathrm{dm^3}$ とした．この気球を静かに海水面上まで上昇させるときに気球が外界に対してする仕事を求めよ．海水温は 27 ℃ で一定とする．また気体は理想気体とみなしてよい．

6. 25 ℃，10 atm のもとで 3.5 mol の理想気体がある．これを
   (1) 定温で準静的，および
   (2) 5 atm 下で急速に膨張させ，5 atm 下でしばらく放置して気体が 25 ℃ になったのち，1 atm 下で急激に膨張させて最終的な圧力を 1 atm，温度を 25 ℃ とした．
   それぞれの場合に気体が外界に対してなした仕事量，外界から吸収した熱量，および内部エネルギー変化を求めよ．

7. 1 atm 下でヘキサンは 341.9 K で沸騰する．1 mol のヘキサンが沸点において準静的に気化するときに外界に対してなす仕事を求めよ．液体ヘキサンの体積 ($8.9 \times 10^{-2}\,\mathrm{dm^3}$) は無視してもよい．ヘキサンの気化熱は $28.85\,\mathrm{kJ\,mol^{-1}}$ である．ヘキサンの気化熱のうち，外圧に対してなす仕事の割合はいくらか．

8. 1 mol のアンモニアの体積・圧力・温度の関係をファン・デル・ワールスの状態方程式 $(P + a/V^2)(V - b) = RT$ で近似した場合，$a = 4.2\,\mathrm{dm^6\,atm\,mol^{-2}}$，$b = 0.037\,\mathrm{dm^3\,mol^{-1}}$ である．
   (1) 1 mol のアンモニアを 300 ℃ で $10\,\mathrm{dm^3}$ から $1\,\mathrm{dm^3}$ まで可逆的に圧縮するのに要する仕事を求めよ．
   (2) その際に気体から放出される熱量を求めることができるか．
   (3) また，アンモニアを理想気体としたときの圧縮の仕事と比較せよ．

9. 次の状態量を示強性量と示量性量とに分類せよ．

   温度，体積，熱容量，密度，質量，圧力，
   屈折率，内部エネルギー，濃度，物質量

2 第1法則の応用：エンタルピー，熱容量，反応熱

2.1 定積変化と定圧変化：エンタルピー

体積一定の条件下で行う変化を**定積変化**，圧力一定の条件下で行う変化を**定圧変化**という．定積変化では $dV = 0$ だから (1.1) 式より $W = 0$ である．したがって系の内部エネルギー変化は，(1.3) 式より

$$Q_V = \Delta U \tag{2.1}$$

となる．Q_V の添字 V は定積の条件を意味している．

定圧変化では $P = $ 一定 だから，(1.1) 式より

$$\begin{aligned} W &= -\int_{V_1}^{V_2} PdV = -P\int_{V_1}^{V_2} dV \\ &= -P(V_2 - V_1) = -P\Delta V \end{aligned} \tag{2.2}$$

となり，(1.3) 式は

$$Q_P = \Delta U + P\Delta V = \Delta(U + PV) \quad (P = \text{一定}) \tag{2.3}$$

となる．Q_P の添字 P は定圧の条件を意味している．そこで，状態量

$$H \equiv U + PV \tag{2.4}$$

を導入すると，(2.3) 式は

$$Q_P = \Delta H \tag{2.5}$$

となる．ΔH は定圧の条件下で系に入る熱量に等しい．H を**エンタルピー**という．Q_V と Q_P の差 $P\Delta V$ は，圧力 P に抗して系が ΔV だけの体積変化の仕事をするのに要するエネルギーに相当している．

2.2 定積熱容量と定圧熱容量

一定量の物質を一定温度上昇させるのに要する熱量を，**熱容量**という．熱容量は条件によって異なるが，特に重要なのは定積の条件および定圧の条件下での熱容量である．前者を**定積熱容量** C_V，後者を**定圧熱容量** C_P という．(2.1) 式および (2.5) 式より，定積熱容

量および定圧熱容量は

$$C_V = \left(\frac{\partial U}{\partial T}\right)_V \tag{2.6}$$

$$C_P = \left(\frac{\partial H}{\partial T}\right)_P \tag{2.7}$$

で与えられる．1 mol の物質の熱容量を**モル熱容量**という．$C_P > C_V$ である．以下特に断らない限り C_V，C_P はモル熱容量を表わすものとする．

2.3 エネルギー等分配則と理想気体の熱容量

エネルギー等分配則　ボルツマンは，温度 T において，1 mol の粒子について運動の自由度当り平均として

$$U = \frac{RT}{2} \tag{2.8}$$

のエネルギーが分配されることを明らかにした．これを**エネルギー等分配則**という．分子1個の運動の自由度は

（i）単原子分子：3次元空間における並進運動の自由度3
（ii）2原子分子：並進の自由度3の他に分子軸に垂直な軸のまわりの回転の自由度2
（iii）多原子分子：直線分子では並進3＋回転2で全体としての自由度は5．非直線分子では3軸のまわりの回転があり，回転の自由度は3で全体としての自由度は6（表2.1）．

表 2.1　分子の運動の自由度

分子	並進	回転	計
単原子	3	0	3
直線	3	2	5
非直線	3	3	6

マイヤーの式　理想気体については，定圧モル熱容量と定積モル熱容量の差は

$$C_P - C_V = R \tag{2.9}$$

の関係がある（例題3）．これを**マイヤーの式**という．

分子の運動の自由度を ν とすると，1 mol 当りの内部エネルギーは，エネルギー等分配則より

$$U = \frac{\nu}{2} RT + U_0 \tag{2.10}$$

となる.ここで U_0 は $T=0$ におけるモル当りの内部エネルギーで,分子に固有のものである.

$$\frac{dU_0}{dT} = 0$$

であるから次のようになる.

$$C_V = \left(\frac{\partial U}{\partial T}\right)_V = \frac{\nu}{2} R, \quad C_P = C_V + R = \frac{\nu+2}{2} R \tag{2.11}$$

2.4 理想気体の断熱体積変化

系と外界とのあいだで熱の出入りがない変化を**断熱変化**という.この過程では $d'Q = 0$ であるから,(1.3) 式は次のようになる.

$$d'W = dU, \quad W = \Delta U \tag{2.12}$$

定積の条件では,$T_1 \to T_2$ の温度変化に伴う 1 mol の理想気体の体積変化について

$$C_V \ln \frac{T_2}{T_1} = R \ln \frac{V_1}{V_2} \tag{2.13}$$

の関係がある.(例題 4).

C_P/C_V の比を γ とおくと,次の関係がある(例題 5).

$$\left(\frac{T_2}{T_1}\right) = \left(\frac{V_1}{V_2}\right)^{\gamma-1} \tag{2.14}$$

$$PV^\gamma = \text{一定} \quad (問題 5.1) \tag{2.15}$$

2.5 反応熱と生成熱

反応熱とヘスの法則 反応に伴って系に熱の発生や吸収がみられる.反応の前後で系の温度を一定に保った際に系に出入りする熱を**反応熱**という.反応熱は定積と定圧の条件で異なる.

定積反応熱 Q_V: $\quad Q_V = U(生成物) - U(反応物) = \Delta U \tag{2.16}$

定圧反応熱 Q_P: $\quad Q_P = H(生成物) - H(反応物) = \Delta H \tag{2.17}$

Q_V や Q_P は,出発物質と最終生成物とだけできまり,途中の経路にはよらない.これを**ヘスの法則**あるいは**総熱量一定の法則**という.

内部エネルギー U やエンタルピー H は温度の関数であるから,反応熱 $\Delta U(=Q_V)$ や $\Delta H(=Q_P)$ も温度の関数である.ΔU や ΔH の温度依存性は,反応に関与する物質の熱容量の温度依存性のデータに基づいて計算される(問題 7.3).

生成熱 熱量計を用いて燃焼熱,水素化熱,中和熱,溶解熱などの反応熱を直接に測定することができる.また,電池の起電力の温度変化からも反応熱を求めることができる(第 10 章).

これらの反応熱のデータから,標準状態(1 atm; 1.01325×10^5 Pa)で単体から 1 mol の化合物を生成するときの反応熱を求めることができる.これを**標準生成熱**あるいは**標準生成エンタルピー**といい,記号 $\Delta H_f^\ominus$ で表わす.

表 2.2 定圧モル熱容量 (1 atm)

	$C_P/\mathrm{J\,K^{-1}\,mol^{-1}}$
He, Ne, Ar	20.8
H_2	$27.3 + 3.26 \times 10^{-3}(T/\mathrm{K}) + 0.50 \times 10^5 (T/\mathrm{K})^{-2}$
O_2	$30.0 + 4.18 \times 10^{-3}(T/\mathrm{K}) - 1.67 \times 10^5 (T/\mathrm{K})^{-2}$
N_2	$28.6 + 3.76 \times 10^{-3}(T/\mathrm{K}) - 0.50 \times 10^5 (T/\mathrm{K})^{-2}$
Cl_2	$37.0 + 0.67 \times 10^{-3}(T/\mathrm{K}) - 2.85 \times 10^5 (T/\mathrm{K})^{-2}$
CO	$28.4 + 4.10 \times 10^{-3}(T/\mathrm{K}) - 0.46 \times 10^5 (T/\mathrm{K})^{-2}$
CO_2	$44.2 + 8.79 \times 10^{-3}(T/\mathrm{K}) - 8.62 \times 10^5 (T/\mathrm{K})^{-2}$
H_2O	$30.5 + 10.3 \times 10^{-3}(T/\mathrm{K})$
NH_3	$29.7 + 25.1 \times 10^{-3}(T/\mathrm{K}) - 1.55 \times 10^5 (T/\mathrm{K})^{-2}$
NO_2	$42.93 + 8.54 \times 10^{-3}(T/\mathrm{K}) + 6.74 \times 10^5 (T/\mathrm{K})^{-2}$
CH_4	$23.6 + 47.9 \times 10^{-3}(T/\mathrm{K}) - 1.92 \times 10^5 (T/\mathrm{K})^{-2}$
C(黒鉛)	$16.9 + 4.77 \times 10^{-3}(T/\mathrm{K}) - 8.54 \times 10^5 (T/\mathrm{K})^{-2}$

表 2.3 標準燃焼熱 (25°C, 1 atm)

物 質	化学式	$-\Delta H_c^\ominus/$ kJ mol^{-1}	物 質	化学式	$-\Delta H_c^\ominus/$ kJ mol^{-1}
アセチレン	CH≡CH	1299.6	酢酸	CH_3COOH	874.5
アセトン	CH_3COCH_3	1790	ショ糖	$C_{12}H_{22}O_{11}$	5653.8
硫黄(斜方)	S	296.9	水素	H_2	285.83
エタノール	CH_3CH_2OH	1367	トルエン	$C_6H_5CH_3$	3910.2
エタン	CH_3CH_3	1559.8	プロパン	C_3H_8	2220.0
エチルエーテル	$C_2H_5OC_2H_5$	2729	プロピレン	$CH_3CH=CH_2$	2058.5
エチレン	$CH_2=CH_2$	1411.2	ベンゼン	C_6H_6	3267.6
ギ酸	HCOOH	254.6	メタノール	CH_3OH	726.3
黒鉛	C	393.52	メタン	CH_4	890.31
クロロホルム	$CHCl_3$	295			

表 2.4　標準生成熱 (25°C)

物質	$\Delta H_f^\ominus$/kJ mol^{-1}	物質	$\Delta H_f^\ominus$/kJ mol^{-1}
CCl_4	−135.4	エタン	−84.68
CO	−110.5	エチルエーテル	−252.2
CO_2	−393.5	エチレン	52.30
$H_2O(g)$	−241.83	ギ酸	−424.8
NH_3	−45.90	クロロホルム	−132.2
NH_4Cl	−314.6	酢酸	−484.1
NO	90.25	トルエン	12.01
NO_2	33.18	フェノール (C_6H_5OH)	−162.8
NaCl	−411.12	プロパン	−103.8
SO_2	−296.8	プロピレン	20.42
アセチレン	226.73	ベンゼン (g)	82.927
アセトン	−248.1	メタン	−74.85
エタノール	−277.0		

2.6　原子化熱と結合エネルギー

単体を解離して原子を生成するときの反応熱を，**原子化熱** Q_a という（表 2.5）．原子化熱と標準生成熱とを組み合せると，標準状態（1 atm）で原子から分子などを生成するときの反応熱が求められる．これを**標準原子生成熱** $\Delta H_a^\ominus$ という．$\Delta H_a^\ominus$ は

表 2.5　原子化熱 Q_a

単体物質	Q_a/kJ mol^{-1}
C（黒鉛）	715.0
S（斜方）	238
1/2 H_2 (g)	217.9
1/2 N_2 (g)	472.4
1/2 O_2 (g)	249.11
1/2 F_2 (g)	77.4
1/2 Cl_2 (g)	121.1
1/2 Br_2 (g)	111.8
1/2 I_2 (g)	106.6

表 2.6　平均結合エネルギー　E/kJ mol^{-1}

結合	結合エネルギー	結合	結合エネルギー
H−H	436.0	C−H	412
F−F	157	C−F	460
Cl−Cl	242	C−Cl	330
Br−Br	193	C−Br	280
I−I	151	C−I	220
C−C	347	N−H	391
C=C	612.5	O−H	462.3
C≡C	836.0	S−H	366
O−O	150	C−O	360
O=O	404	C=O	749
N=N	380	C−N	280
N≡N	945.2	C=N	607
Li−Li	100	C≡N	891

$$\Delta H_a^{\ominus} = \Delta H_f^{\ominus} - \sum Q_a \tag{2.18}$$

で与えられる．ここで $\sum Q_a$ は化合物をつくるのに必要な原子の総原子化熱である（例題 7）．

原子化熱や簡単な分子の標準原子生成熱から，結合エネルギーを求めることができる．たとえば，メタンの標準原子生成熱は $-1661.5\,\mathrm{kJ\,mol^{-1}}$ である．これから，C–H 結合の結合エネルギーは

$$1661.5 \div 4 = 415.4\,\mathrm{kJ\,mol^{-1}}$$

と計算される．結合エネルギーは分子の種類によって多少異なる．

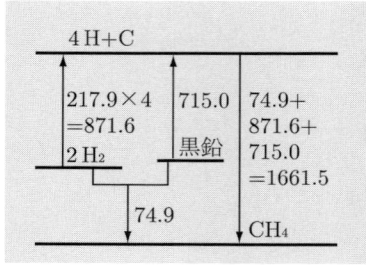

図 2.1 メタンの標準原子生成熱

2.7 ジュール・トムソン効果

多孔質の融膜を通して気体を高圧部 P_1 から低圧部 P_2 へ移すと，気体の温度が変化する．これをジュール・トムソン効果という．この過程は定エンタルピー変化である（例題 8）．

定エンタルピー下での気体の圧力変化による温度の変化率

$$\mu = \left(\frac{\partial T}{\partial P}\right)_H \tag{2.19}$$

をジュール・トムソン係数という．

ジュール・トムソン係数 μ は

$$\mu = \left(\frac{\partial T}{\partial P}\right)_H = -\frac{\left(\frac{\partial H}{\partial P}\right)_T}{\left(\frac{\partial H}{\partial T}\right)_P} = -\frac{1}{C_P}\left(\frac{\partial H}{\partial P}\right)_T \tag{2.20}$$

となる（例題 8）．μ は実験的に求められる．

表 2.7 ジュール・トムソン係数 μ

	T/K	$\mu/\mathrm{K\,atm^{-1}}$
H_2	280.0	-0.030
N_2	280.4	$+0.31$
O_2	281.9	$+0.32$
空気	280.3	$+0.26$
CO_2	283.2	$+1.24$

─ 例題 1 ─────────────────────────────── 気体の温度変化 ─

3 mol のアルゴンを 1 atm 下および 10 atm 下で 0 °C より 30 °C まで加熱するのに要するエネルギーはいくらか. その値を体積一定の条件下での温度上昇に要するエネルギーと比較せよ. アルゴンは理想気体とみなしてよい.

【解答】 アルゴンは単原子分子であるから,運動の自由度は $\nu = 3$ である. (2.11) 式より定圧モル熱容量は $C_P = \frac{5}{2}R$ である. したがって,定圧下で ΔT だけ温度上昇するのに要する熱量は

$$Q_P = \frac{5}{2}R(\Delta T)$$

である. 3 mol のアルゴンについては, $R = 8.314 \, \mathrm{J \, mol^{-1} \, K^{-1}}$ であるから

$$Q_P = 3 \times \frac{5}{2}R \times 30 = 1.87 \times 10^3 \, \mathrm{J}$$

この場合, Q_P は外圧に関係しない. これは,分子の並進の運動エネルギーの変化は外圧(体積)に無関係であり,また体積変化の仕事 $P\Delta V$ も, P が n 倍になれば ΔV は $1/n$ になるのでやはり外圧に無関係で,モル当り $R(\Delta T)$ となるためである.

体積一定の条件下では, $C_V = \frac{3}{2}R$ であるから次のようになる.

$$Q_V = 3 \times \frac{3}{2}R(\Delta T) = 3 \times \frac{3}{2} \times R \times 30 = 1.12 \times 10^3 \, \mathrm{J}$$

############## 問 題 ##############

1.1 1 atm 下および 10 atm 下で 10 dm³ のアンモニアを 0 °C より 30 °C まで加熱するのに要するエネルギーはいくらか. 両者の比を求めよ. 定積の場合はどうなるか. この温度範囲ではアンモニアについて $C_V = 26.82 \, \mathrm{J \, K^{-1} \, mol^{-1}}$ で一定とみなしてよい.

1.2 水素のような 2 原子分子は常温では運動の自由度は 5 で, $C_V = \frac{5}{2}R$ であるが,温度が高くなると H–H 原子間の伸縮振動が励起されるので, C_V は $\frac{5}{2}R$ よりも大きくなる. 2000 °C で水素のポアッソン比 γ は 1.32 である. この温度における C_P と C_V を求めよ.

1.3 一酸化炭素の定圧モル熱容量は,温度があまり高くない場合次式で近似される.

$$C_P = 28.4 + 4.10 \times 10^{-3} \, (T/\mathrm{K}) - 0.46 \times 10^5 \, (T/\mathrm{K})^{-2}$$

(1) 0 °C および 500 °C における C_P と C_V
(2) 500 °C における 1 g 当りの定積熱容量
(3) 0 °C〜500 °C における平均定圧モル熱容量
を求めよ.

── 例題 2 ─────────────────── 内部エネルギーとエンタルピー (1) ──

(1) 標準状態で $5\,\mathrm{dm^3}$ の容器につめたメタンを $1\,\mathrm{atm}$ 下で $100\,°\mathrm{C}$ まで加熱する際の内部エネルギー変化 $\varDelta U$ とエンタルピー変化 $\varDelta H$ を計算せよ.

(2) $100\,°\mathrm{C}$, $1\,\mathrm{atm}$ のもとで $2\,\mathrm{mol}$ の水が蒸発するときに系が外界に対してする仕事を求めよ. ただし水の密度は $1.0\,\mathrm{g\,cm^{-3}}$ で水蒸気は理想気体とみなしてよい. また, この条件下での水の定圧蒸発熱は $40.67\,\mathrm{kJ\,mol^{-1}}$ である. 定積蒸発熱はいくらか.

【解答】 (1) メタンの物質量は $5.0 \div 22.4 = 0.223\,\mathrm{mol}$ である. メタンは非直線分子であるから, $C_V = 3R$, $C_P = 4R$ である. したがって

$$\varDelta U = n \int_{T_1}^{T_2} C_V\, dT = 0.223 \times 3\,R \times 100 = 5.56 \times 10^2\,\mathrm{J}$$

$$\varDelta H = n \int_{T_1}^{T_2} C_P\, dT = 0.223 \times 4\,R \times 100 = 7.42 \times 10^2\,\mathrm{J}$$

(2) $100\,°\mathrm{C}$, $1\,\mathrm{atm}$ のもとで $2\,\mathrm{mol}$ の理想気体の体積は $22.4 \times \dfrac{373}{273} \times 2 = 61.2\,\mathrm{dm^3}$ である. したがって, 蒸発に伴う体積変化は $61.2 - 1.8 \times 10^{-2} \times 2 = 61.2\,\mathrm{dm^3}$ (液体の体積は無視できる). 蒸発に伴う体積変化の仕事は, $1\,\mathrm{dm^3\,atm} = 1.013 \times 10^2\,\mathrm{J}$ であるから

$$-W = P\varDelta V = 1 \times 61.2\,\mathrm{dm^3\,atm} = 6.20 \times 10^3\,\mathrm{J}$$

である. よって, 定積蒸発熱は $\varDelta U = \varDelta H - P\varDelta V = 40.67 \times 2 - 6.20 = 75.14\,\mathrm{kJ}$.

|||||||||| 問 題 ||||||||||||||||||||||||||||||||||||||||||||||||||||||||||||||||||||||||||||||||||||||||||||||

2.1 ベンゼンの沸点は $80.1\,°\mathrm{C}$, 沸点におけるモル容量は $89.0\,\mathrm{cm^3\,mol^{-1}}$, モル蒸発熱は $3.076 \times 10^4\,\mathrm{J\,mol^{-1}}$ である. 以下の問に答えよ.

(1) 沸点において $1\,\mathrm{mol}$ のベンゼンが気化するときに外界にする仕事. ベンゼンの蒸気は理想気体とみなしてよい.

(2) $1\,\mathrm{mol}$ のベンゼンが蒸発するときの $\varDelta U$ と $\varDelta H$.

2.2 $1\,\mathrm{mol}$ の水を $1\,\mathrm{atm}$ の下で $20\,°\mathrm{C}$ から $50\,°\mathrm{C}$ まで温める際の水の $\varDelta U$ と $\varDelta H$ を求めよ. 水の定圧熱容量は $C_P = 4.184\,\mathrm{J\,K^{-1}\,g^{-1}}$ で一定としてよい. また, 水の密度は $20\,°\mathrm{C}$ で 0.9982, $50\,°\mathrm{C}$ で $0.9881\,\mathrm{g\,cm^{-3}}$ である. これより, 液体の $1\,\mathrm{atm}$ 下での温度変化における体積変化の仕事の影響について考えよ.

2.3 $20\,°\mathrm{C}$ で $10\,\mathrm{atm}$ に圧縮された $1\,\mathrm{mol}$ の理想気体を, (1) $20\,°\mathrm{C}$ で準静的に $1\,\mathrm{atm}$ まで膨張させるとき, および (2) $1\,\mathrm{atm}$ 下で急激に膨張させて最終的に $20\,°\mathrm{C}$ とするとき, 気体が外界から吸収するときの熱量 Q_1 および Q_2 を求めよ. (1) と (2) の過程で気体が吸収する熱量の比 (Q_1/Q_2) はいくらか. また, 気体の $\varDelta U$ と $\varDelta H$ を求めよ.

―― 例題 3 ―――――――――――――――――――― 内部エネルギーとエンタルピー (2) ――

1 mol の理想気体について，次のマイヤーの関係式が成り立つことを証明せよ．
$$C_P - C_V = R$$

【解答】 $H = U + PV$ であるから，(2.6) 式と (2.7) 式を用いて

$$C_P - C_V = \left(\frac{\partial H}{\partial T}\right)_P - \left(\frac{\partial U}{\partial T}\right)_V = \left(\frac{\partial U}{\partial T}\right)_P + P\left(\frac{\partial V}{\partial T}\right)_P - \left(\frac{\partial U}{\partial T}\right)_V \tag{a}$$

となる．上式の $(\partial U/\partial T)_P$ と $(\partial U/\partial T)_V$ とは異なった量である．両者の関係を求めるために，V, T を変数として U の全微分をとると

$$dU = \left(\frac{\partial U}{\partial V}\right)_T dV + \left(\frac{\partial U}{\partial T}\right)_V dT \tag{b}$$

となる．$P = $ 一定 の条件で両辺を dT で割ると，$(\partial U/\partial T)_P$ の表現が得られる．すなわち

$$\left(\frac{\partial U}{\partial T}\right)_P = \left(\frac{\partial U}{\partial V}\right)_T \left(\frac{\partial V}{\partial T}\right)_P + \left(\frac{\partial U}{\partial T}\right)_V \tag{c}$$

これを (a) 式に代入すると，$(\partial U/\partial T)_V$ の項は相殺されるので

$$C_P - C_V = \left[\left(\frac{\partial U}{\partial V}\right)_T + P\right]\left(\frac{\partial V}{\partial T}\right)_P \tag{d}$$

となる．理想気体の内部エネルギーは温度だけの関数で体積（圧力）にはよらないから，$(\partial U/\partial V)_T = 0$ である．したがって，$V = RT/P$ を用いて次のようになる．

$$C_P - C_V = P \times \left[\frac{\partial}{\partial T}\left(\frac{RT}{P}\right)\right]_P = P \times \frac{R}{P} = R \tag{e}$$

(d) 式の右辺の $\left(\frac{\partial U}{\partial V}\right)_T$ は圧力の次元をもち，内部圧力と呼ばれている．内部圧力は物質の凝集力に相当し，気体では無視できるが，液体では数千気圧にもなる．

############ 問 題 ############

3.1 同じ 2 原子分子でも 25°C で酸素 O_2 の定積モル熱容量は $21.30\,\mathrm{J\,K^{-1}\,mol^{-1}}$，定圧モル熱容量は $29.71\,\mathrm{J\,K^{-1}\,mol^{-1}}$，$\gamma = C_P/C_V = 1.395$ であるのに対し，塩素 Cl_2 の相当する値はそれぞれ $25.52\,\mathrm{J\,K^{-1}\,mol^{-1}}$，$34.69\,\mathrm{J\,K^{-1}\,mol^{-1}}$ で $\gamma = 1.359$ である．この違いについて考えよ．

3.2 $(\partial U/\partial T)_P = C_P - P\,(\partial V/\partial T)_P$ となることを示せ．この式と，$(\partial H/\partial V)_T$ の表現とから，理想気体では $(\partial H/\partial V)_T = 0$ となることを証明せよ．

3.3 18.0°C，1 atm である単体が気体状となっており，密度は $1.17\,\mathrm{g\,dm^{-3}}$ である．$C_P/C_V = 1.4$ であるとすると，この気体の原子量はいくらになるか．この物質はなにか．

―― 例題 4 ――――――――――――――――――――――――― 断熱変化 (1) ――

(1) 気体の体積を断熱的に変化させると,温度が変わる.その理由を説明せよ.
(2) 理想気体の断熱変化では,変化前の体積を V_1,温度を T_1 とし,変化後の体積を V_2,温度を T_2 とすると

$$C_V \ln \frac{T_2}{T_1} = R \ln \frac{V_1}{V_2}$$

の関係があることを証明せよ.

【解答】 (1) 断熱変化では,気体を圧縮するのに外界から仕事をしなければならない.この仕事のエネルギーは,気体分子の運動エネルギー,すなわち熱に変わる.これは,(1.3) 式において,$Q = 0$ であるから,$\Delta U = W$ となることに相当している.気体になんらかの形で,すなわち仕事(あるいは熱)の形でエネルギーが与えられると,温度が上昇する.したがって,断熱圧縮では気体の温度が上昇する.逆に,断熱膨張では,気体は外界に対して仕事をするので,気体の温度は低下する.

(2) 断熱過程では $d'Q = 0$ であるから,第 1 法則より,$d'Q = d'W$ となる.一方,理想気体では内部エネルギーは温度のみの関数で,気体の体積には無関係であるから,気体の定積熱容量を C_V と書くと

$$dU = C_V dT \quad \text{あるいは} \quad dU/dT = C_V \tag{a}$$

と書ける.また $d'W = -PdV$ であるから,理想気体の状態方程式 $PV = RT$ より

$$d'W = -PdV = -\frac{RT}{V}dV \tag{b}$$

の関係がある.したがって,$d'U = d'W$ に (a) 式と (b) 式とを入れると

$$C_V dT = -\frac{RT}{V}dV \quad \text{あるいは} \quad C_V \frac{dT}{T} = -R\frac{dV}{V} \tag{c}$$

となる.左辺を $T_1 \to T_2$ まで,右辺を $V_1 \to V_2$ まで積分すると,C_V は一定だから

$$C_V \ln \frac{T_2}{T_1} = -R \ln \frac{V_2}{V_1} = R \ln \frac{V_1}{V_2} \tag{d}$$

となる.

|||||||||| 問 題 ||||||||||||||||||||||||||||||||||||||||||||||||||||||||||||||||||||||||||||||||||||||||||||

4.1 25 °C で 15 dm³ の水素がある.これを 3 dm³ まで断熱的に圧縮すると,温度は何度に上昇するか.水素は理想気体とみなしてよい.

4.2 窒素かアルゴンか不明の気体がある.この気体を 25 °C,5 dm³ の状態から 6 dm³ まで断熱的に膨張させたところ,温度が 4 °C となった.以上の結果から窒素かアルゴンかを判定せよ.

---例題 5---断熱変化 (2)---

理想気体の断熱可逆変化について,次の関係があることを証明せよ.
(1) $\left(\dfrac{T_2}{T_1}\right) = \left(\dfrac{V_1}{V_2}\right)^{\gamma-1}$ (ポアッソンの式)
(2) $\Delta U = nC_V(T_2 - T_1)$

【解答】 (1) 例題 4 の (d) 式より次式を得る.

$$\frac{T_2}{T_1} = \left(\frac{V_1}{V_2}\right)^{R/C_V} \tag{a}$$

$$C_P/C_V = \gamma \tag{b}$$

とおくと,$R/C_V = (C_P - C_V)/C_V = \gamma - 1$ となるので

$$\frac{T_2}{T_1} = \left(\frac{V_1}{V_2}\right)^{\gamma-1} \tag{c}$$

(2) 系になされる仕事はポアッソンの式より $PV^\gamma = P_1V_1^\gamma = P_2V_2^\gamma$ である(問題 5.1).したがって

$$W = -\int_{V_1}^{V_2} PdV = -P_1V_1^\gamma \int_{V_1}^{V_2} \frac{dV}{V^\gamma} = -\frac{P_1V_1^\gamma}{1-\gamma}(V_2^{1-\gamma} - V_1^{1-\gamma})$$
$$= \frac{1}{1-\gamma}(P_1V_1 - P_2V_2) \tag{d}$$

となる.マイヤーの式 $C_P - C_V = R$ と $PV = nRT$ とを用いると (d) 式は

$$W = \frac{1}{1-\gamma}(P_1V_1 - P_2V_2) = \frac{nR}{1-\gamma}(T_1 - T_2)$$
$$= nC_V(T_2 - T_1) \tag{e}$$

となる.断熱変化であるから $\Delta U = W$ である.

||||||||| 問 題 |||||||||

5.1 例題 5(1) の式よりポアッソンの式 $PV^\gamma = $ 一定 を導け.
5.2 $0\,°\mathrm{C}$,$2\,\mathrm{atm}$ の状態にある $1\,\mathrm{mol}$ のヘリウムを次の方法で断熱変化で $1\,\mathrm{atm}$ にした.
(1) 準静的変化
(2) 外圧を $1\,\mathrm{atm}$ にして急激に膨張
それぞれの変化で気体が外界に対してする仕事および気体の最終温度を求めよ.また気体の ΔU と ΔH を求めよ.

例題 6 ── 断熱変化 (3)

2 mol のヘリウムを 0 °C で 1 atm から 10 atm まで断熱可逆的に圧縮した．(1) 系になされる仕事，(2) 圧縮後の気体の温度，(3) 系のエンタルピー変化，を求めよ．

【解答】 まずポアッソンの式 $PV^\gamma = $ 一定 から，圧縮後の体積を求める．ヘリウムでは $\gamma = 5/3 = 1.67$．はじめの体積は $22.4 \times 2\,\mathrm{dm}^3$ であるから，終わりの体積を V_2 とすると

$$1 \times (22.4 \times 2)^{1.67} = 10 \times V_2^{1.67}$$

よって，$V_2 = 44.8 \times (1/10)^{1/1.67} = 44.8 \times 0.2519 = 11.28\,\mathrm{dm}^3$

(1) 系になされる仕事は，例題 5 (d) 式より

$$W = \frac{1}{1-\gamma}(P_1V_1 - P_2V_2) = -\frac{1}{0.67}(44.8 - 10 \times 11.28)$$
$$= 101.5\,\mathrm{dm}^3\,\mathrm{atm} = 1.028 \times 10^4\,\mathrm{J}$$

(2) $C_V = (3/2)R$ であるから，例題 5 (e) 式より

$$T_2 - T_1 = W/(2 \times C_V) = 1.028 \times 10^4/(3R) = 412\,\mathrm{K}. \quad T_2 = 685\,\mathrm{K}$$

あるいは，例題 5 (c) 式より，$T_2 = T_1(V_1/V_2)^{\gamma-1} = 273 \times (44.8/11.28)^{0.67} = 688\,\mathrm{K}$

(3) $\Delta U = W$ であるから，例題 5 (e) 式と，$PV = nRT$ とから

$$\Delta H = \Delta U + \Delta(PV) = nC_V(T_2 - T_1) + nR(T_2 - T_1) = nC_P(T_2 - T_1)$$

となる．このように圧力が変化しても理想気体の ΔH は ΔT と C_P のみできまる（例題 1 および問題 8.1 参照）．これより，$\Delta H = 2 \times (5/2)R \times 412 = 1.713 \times 10^4\,\mathrm{J}$

問題

6.1 25 °C の酸素を 1 atm から 10 atm まで断熱可逆的に圧縮した．最終的な温度はいくらか．酸素は理想的な 2 原子分子で $C_V = \dfrac{5}{2}R$ であるとして計算せよ．

6.2 富士山の頂上の気圧は約 0.63 atm である．空気が乾燥しているとして，地表上で 25 °C の空気団が富士山頂まで上昇すると温度はいくらになるか．上昇の際に空気は，周囲の空気から熱の供給を受けないものとする．

6.3 フェーン現象は，山にはばまれて上昇した大気が，山を越えて平地に降下した際に乾燥した高温の空気となる現象である．この現象を大気の断熱膨張・圧縮および大気に含まれる水蒸気の凝集熱に基づいて説明せよ．

それに基づいて，海水面で湿度 70 %，気温 30 °C の空気が山頂上空では 10 °C まで低下したのち再び平地まで降下したときの気温を求めよ．飽和水蒸気圧は 30 °C で 31.8 mmHg*，10 °C で 9.2 mmHg で，水の気化熱は 40.6 kJ mol^{-1} である．

---

* 1 mmHg = 1 Torr = 133.3 Pa（3 ページの脚注参照）．

---例題 7--- 反応熱（反応のエンタルピー変化）---

(1) 表 2.3 の標準燃焼熱（25°C）のデータを用いて，アセトンの標準生成熱（25°C）を求めよ．
(2) 表 2.4 の標準生成熱と表 2.5 の原子化熱のデータを用いて，アンモニアの原子化熱を求めよ．

【解答】 (1) アセトンの燃焼熱は $\Delta H_c = -1790\,\mathrm{kJ\,mol^{-1}}$ である．生成する物質は H_2O と CO_2 で，H_2 と C の燃焼熱はそれぞれ $\Delta H_c = -285.83\,\mathrm{kJ\,mol^{-1}}$ と $-393.52\,\mathrm{kJ\,mol^{-1}}$ である．熱化学方程式は

$$CH_3COCH_3 + 4\,O_2 = 3\,H_2O + 3\,CO_2\,;\ \Delta H_c = -1790\,\mathrm{kJ\,mol^{-1}} \quad (a)$$

$$H_2 + (1/2)\,O_2 = H_2O\,;\ \Delta H_c = -285.83\,\mathrm{kJ\,mol^{-1}} \quad (b)$$

$$C + O_2 = CO_2\,;\ \Delta H_c = -393.52\,\mathrm{kJ\,mol^{-1}} \quad (c)$$

である．(b)×3 + (c)×3 − (a) を計算すると次のようになる．

$$3\,H_2 + 3\,C + (1/2)\,O_2 = CH_3COCH_3\,;\ \Delta H_f = -248\,\mathrm{kJ\,mol^{-1}} \quad (d)$$

(2) 反応

$$NH_3 = N + 3\,H \quad (e)$$

の反応熱 Q_a を求める．関係する熱化学方程式は

$$(1/2)H_2 = H - 217.9\,\mathrm{kJ\,mol^{-1}} \quad (吸熱) \quad (f)$$

$$(1/2)N_2 = N - 472.4\,\mathrm{kJ\,mol^{-1}} \quad (吸熱) \quad (g)$$

$$(3/2)H_2 + (1/2)N_2 = NH_3 + 45.90\,\mathrm{kJ\,mol^{-1}} \quad (発熱) \quad (h)$$

である．(f)×3 + (g) − (h) を計算すると

$$NH_3 = N + 3\,H - 1172\,\mathrm{kJ\,mol^{-1}}\,;\ Q_a = 1172\,\mathrm{kJ\,mol^{-1}}$$

|||||||||| **問 題** ||||||||||||||||||||||||||||||||||||||||||||||||||||||||||||||||||||||||

7.1 表 2.3 および表 2.4 のデータを用いて，1 mol のショ糖がアルコール発酵によって 4 mol のエタノールと二酸化炭素に変わる際に発生する熱量を求めよ．

7.2 表 2.4 のデータを用いて，次の反応の 25°C における標準反応熱 $\Delta H^{\ominus}$ を計算せよ．
$$2\,NH_3 + (7/2)\,O_2 = 2\,NO_2 + 3\,H_2O\,(g)$$

7.3 前問の結果と表 2.2 のデータを用いて，上の反応の 500°C における $\Delta H^{\ominus}$ を計算せよ．

7.4 HCl と NaOH の中和反応の反応熱を決定する実験で，圧力一定の断熱型熱量計の中で，3.500 mmol の HCl とそれよりやや過剰の NaOH 水溶液を混合し，反応させたところ，0.1952 K の温度上昇があった．この熱量計とその内容の熱容量は 1006.3 J K^{-1} であった．生成する水 1 mol 当りの中和反応熱を求めよ．また同じ熱量計で，3.500 mmol CH_3COOH とそれよりやや過剰の NaOH 水溶液との反応を行ったところ，0.1936 K の温度上昇があった．この場合の中和反応熱を求め，前の結果との差を説明せよ．

---例題 8---------------------------------ジュール・トムソン効果---

(1) ジュール・トムソンの実験は定エンタルピーの条件下での変化であることを説明せよ．

(2) ジュール・トムソンの係数 μ は定圧熱容量 C_P とは次の関係があることを示せ．

$$\mu = -\frac{1}{C_P}\left(\frac{\partial H}{\partial P}\right)_T$$

【解答】　(1)　系は断熱壁で囲まれているので，この過程では $Q=0$ である．したがって，第1法則より

$$\Delta U = W = \Delta(-PV)$$

である．いま，(P_1, V_1) の気体が多孔質の壁を通って別室へ移り (P_2, V_2) となったとすると，$\Delta U = U_2 - U_1 = -(P_2V_2 - P_1V_1)$．これを変形すると，$U_1 + P_1V_1 = U_2 + P_2V_2$ となる．すなわち，この過程では系のエンタルピー $H = U + PV$ は一定に保たれている．

(2)　H を T, P の関数としてその全微分をとると

$$dH = \left(\frac{\partial H}{\partial T}\right)_P dT + \left(\frac{\partial H}{\partial P}\right)_T dP \tag{a}$$

定エンタルピー変化では $dH = 0$ であるから，上式より次のようになる．

$$\mu = \left(\frac{\partial T}{\partial P}\right)_H = -\frac{\left(\frac{\partial H}{\partial P}\right)_T}{\left(\frac{\partial H}{\partial T}\right)_P} = -\frac{\left(\frac{\partial H}{\partial P}\right)_T}{C_P} \tag{b}$$

|||||||||||| 問　題 ||||||||||||||||||||||||||||||||||||||||||||||||||||||||||||||||||||||||||||||||||||

8.1 理想気体について $(\partial H/\partial P)_T = 0$ であることを示せ．それに基づいて，理想気体のジュール・トムソン係数はゼロであることを示せ．

8.2 表2.7のデータを用いて，それぞれ $1\,\mathrm{dm}^3$ の (a) 水素，および，(b) 二酸化炭素，を $10\,°\mathrm{C}$，$1\,\mathrm{atm}$ から $10\,\mathrm{atm}$ まで圧縮する際の ΔH を求めよ．それぞれの気体の C_P の値は表2.2から求められる（$\mathrm{H_2}$ の μ の値は $280\,\mathrm{K}$ の式のものを用いよ）．

8.3 定積の条件下での $1\,\mathrm{mol}$ の物質の内部エネルギーの圧力変化は，膨張率 α，圧縮率 κ および定積熱容量 C_V と

$$\left(\frac{\partial U}{\partial P}\right)_T = \frac{\kappa C_V}{\alpha}$$

の関係があることを示せ．ここで $\alpha = \frac{1}{V}\left(\frac{\partial V}{\partial T}\right)_P$，$\kappa = -\frac{1}{V}\left(\frac{\partial V}{\partial P}\right)_T$ である．

演 習 問 題

1. 第1章演習問題7のデータを用いて，341.9 K，1 atm における1 mol のヘキサンの液体と蒸気との内部エネルギーおよびエンタルピーの差を求めよ．

2. 1 mol の水素を1 atm のもとで 0°C から 50°C まで熱し，次にその体積が2倍になるまで定温（50°C）で可逆的に膨張させた．水素の ΔU と ΔH を計算せよ．

3. 1 atm 下にある1 mol の水素を 50°C から 20°C になるまで断熱可逆的に膨張させた．その際に系が外界に対してなす仕事，気体の ΔU と ΔH を求めよ．

4. 100°C における鉄の熱容量は 0.4703 J g^{-1}，0°C と 100°C における平均の熱容量は 0.4556 J g^{-1} である．$C_P = a + bT$ として a と b の値を求めよ．

5. 表2.2 のデータを用いて，1000 kg の黒鉛を 20°C から 1000°C まで加熱するのに要する熱量を求めよ．

6. 表2.2 のデータを用いて1 mol の水素，塩素および一酸化炭素を 0°C から 300°C まで加熱するのに要する熱量を計算し，その結果を，直線状分子の理想気体としたときの値と比較せよ．理想気体近似による誤差は何パーセントか．

7. 単原子分子からなる 25°C，1 atm の理想気体1 mol を断熱可逆的に圧縮して 5 atm とした．気体の最終温度はいくらか．また ΔU，ΔH および最終体積も求めよ．

8. 上問と同じ変化を2原子分子からなる理想気体について行った場合はどうなるか．単原子分子の場合と違うのはなぜか．

9. 2原子分子からなる理想気体1 mol を 25°C，10 atm の状態から抑えを急に外して 1 atm の外圧のもとで急激にかつ断熱的に膨張させた．最終温度はいくらか．また ΔU および ΔH はいくらか．

10. $n\text{-}C_4H_{10}$ および $iso\text{-}C_4H_{10}$ の 25°C における標準生成熱はそれぞれ -124.34 kJ mol^{-1} および -131.17 kJ mol^{-1} である．次の熱分解反応

$$n\text{-}C_4H_{10} + 3H_2 \longrightarrow 4CH_4$$
$$iso\text{-}C_4H_{10} + 3H_2 \longrightarrow 4CH_4$$

の標準生成熱 $\Delta H^\ominus_{298}$ を求めよ．メタンの標準生成熱の値は表2.4 に示してある．

11. 尿素 $(NH_2)_2CO$ の標準燃焼熱は -634.7 kJ mol^{-1} である．CO_2 (g) および H_2O (l) の生成熱の値 -393.5 kJ mol^{-1} および -285.83 kJ mol^{-1} を用いて尿素の標準生成熱 $\Delta H^\ominus_{298}$ を求めよ．

12. メチルアルコールの沸点は 64.7°C で蒸発熱は 1.100 kJ g^{-1} である．また液体および蒸気の熱容量は 2.49 J K^{-1} g^{-1} および 0.76 J K^{-1} g^{-1} である．25°C におけるメチルアルコールのモル蒸発熱を求めよ．

13. アンモニアの標準生成熱は 25°C で -45.90 kJ mol^{-1} である．表2.2 のデータを用いて 400°C における標準生成熱を求めよ．

14. 表2.3 の標準燃焼熱のデータから，次の反応の 25°C における $\Delta U^\ominus$ と $\Delta H^\ominus$ とを計算

せよ.
$$3\,C_2H_2\,(g) = C_6H_6\,(\ell)$$
また,エチレンとベンゼンにおける C=C 結合の結合エネルギーの違いを議論する場合,ΔU と ΔH のいずれを用いた方がよいかについて考えよ.

15 次のデータを用いて水素イオンとナトリウムイオンの水和のエンタルピー変化の差を推定せよ.

HCl (g) の気相での原子解離エネルギー	431.0 kJ mol^{-1}
NaCl (s) の気相での原子解離エネルギー	623.4 kJ mol^{-1}
HCl (g) の水への溶解熱	-72.8 kJ mol^{-1}
NaCl (s) の水への溶解熱	5.4 kJ mol^{-1}
水素原子のイオン化エネルギー	1313.8 kJ mol^{-1}
ナトリウム原子のイオン化エネルギー	493.7 kJ mol^{-1}
塩素原子の電子親和力	347.3 kJ mol^{-1}

また,次の反応熱を用いてオキソニウムイオンとナトリウムイオンの水和熱の差を求めよ.
$$H^+(g) + H_2O\,(g) = H_3O^+(g) + 761.5\,kJ$$
水の蒸発熱は,37.7 kJ mol^{-1} である.

16 25 °C において 1 kg の水に m mol の NaCl を溶解する際の溶解熱は
$$\Delta H/\mathrm{J} = 7.67 \times 10^3\,m + 3.96 \times 10^3\,m^{3/2} - 6.04 \times 10^3\,m^2 + 2.02 \times 10^3\,m^{5/2}$$
で表わされる(m は質量モル濃度).
(1) $m = 2.0$ の溶液をつくる際の NaCl 1 mol 当りの ΔH
(2) 無限希釈するときの NaCl 1 mol 当りの ΔH
(3) $m = 1.0$ の溶液における微分希釈熱
を求めよ.

17 ジュール・トムソン係数 $\mu = \left(\dfrac{\partial T}{\partial P}\right)_H$ は
$$\mu = -\dfrac{1}{C_P}\left(\dfrac{\partial H}{\partial P}\right)_T$$
となる.CO_2 の C_P は 72.7 J mol^{-1} K^{-1} で一定とし,20 °C における μ の値も 1.12 K atm^{-1} で一定して,1 mol の CO_2 を 1 気圧から 10 気圧まで等温で圧縮する際の ΔH を求めよ.これを,理想気体近似による計算値と比較し,誤差を評価せよ.

18 反応に関与する物質がすべて理想気体とみなせる場合は反応のエンタルピー変化(反応熱)は圧力に無関係であることを証明せよ.

3 熱力学第2法則

3.1 自発的変化と不可逆変化

　一般に自然発生的に進行する変化は**不可逆変化**である．不可逆変化というのは，ある系に起こった変化を元の状態に戻そうとすると，外界になんらかの痕跡が残るような変化のことである．

　たとえば，ビーカーに入れた高温の水を放置しておくと，ビーカー内の水は次第と冷めて，その温度は最終的には室温に等しくなる．これは自発的な変化である．この冷めた水を暖めてやれば，水を元の高温に戻すことができる．しかし，そのためには一定量の燃料を燃やすか（酸化反応），あるいは電流を通じるかしなければならない．そのために，外界に変化の痕跡が残ることになる．

　自発的変化の例として，気体の膨張がある．図 3.1(a) のように，n mol の理想気体が入ったシリンダーが m g の錘りで押えられているとしよう．気体の体積は V_1，温度は T で同じ温度の外界と熱の良導体で接触しているものとする．このとき，錘りを急に取り去るとピストンは上昇し，気体は V_2, P_2, T となる (b)．理想気体の自由膨張であるからこの過程においては気体は熱を吸収しない．この気体を元に戻すためには，図 3.1(c) のように上部にある m g の錘りをピストンに載せなければならない．気体の圧縮の際には気体は熱を放出する．

　以上の過程の結果，気体そのものは完全に元の状態に戻る．しかし，外界では結局高い

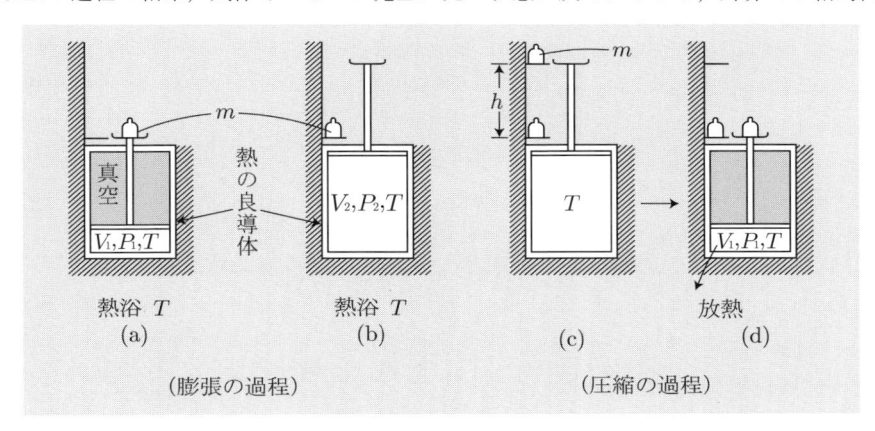

図 3.1　理想気体の自由膨張

所にあった m g の錘りが下方へ降りてしまう (d). すなわち, 外界に変化の痕跡が残る. この変化は, 高い所の錘り m が図 3.1(c) の h だけ落下して位置エネルギーが相当する熱エネルギーに変わることになっている (例題 1).

3.2 準静的変化と可逆変化

外部と内部の圧力差を無限に小さくした状態で体積変化を行う変化を, **準静的変化**という. 準静的変化は理論上でのみ可能な仮想的な過程で, 無限の時間を要する. 図 3.2 のようにして錘りを無限小ずつ降して気体を膨張させた場合, その錘りを元に戻すことによって気体をはじめの状態に戻すことができる. この場合, 気体が元に戻ったあとには外界にも変化の跡は残らない. このように, 準静的変化は可逆変化である*.

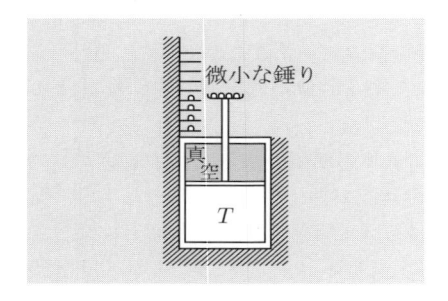

図 3.2 気体の準静的な膨張

熱の移動, 電流などの変化を温度差ゼロ, 電位差ゼロの状態で行えば可逆変化となる. 理想気体の等温での準静的体積変化で気体が外界にする仕事は, (1.4) 式で与えられたように

$$W_r = -nRT \ln \frac{V_2}{V_1} \tag{3.1}$$

である. 等温変化であるから $\Delta U = 0$. したがって, その際に気体に入る熱量 Q_r は

$$Q_r = -W_r = nRT \ln \frac{V_2}{V_1} \tag{3.2}$$

である. $Q_r > 0$ のとき気体は熱を吸収し, $Q_r < 0$ のとき気体は熱を放出する.

---

* 実際上はピストンの移動速度が気体中での圧力の伝播速度 (気体中での音速) よりも小さければ準静的変化とみなしても大きな誤差はない.

3.3 熱機関の仕事効率・カルノーサイクル

熱機関とは

(a) 循環的（サイクリック）に作動し，
(b) 高温熱源から熱をもらってその一部は仕事に変え，
(c) 残りの熱を低温熱源へ放出する

システムのことである (図 3.3).

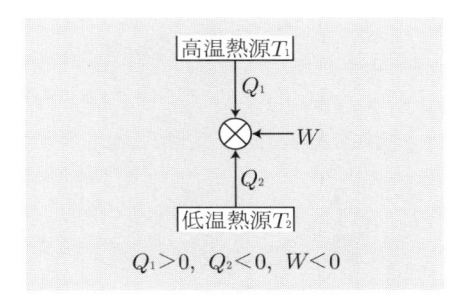

図 **3.3** システムとしての熱機関

熱機関の仕事効率は高温熱源から流入する熱量 Q_1 と，系が外界に対してする仕事 $-W$ との比

$$e = \frac{-W}{Q_1} \tag{3.3}$$

で定義される．

カルノーは，熱機関の仕事効率について研究し，その値はすべての過程を準静的変化で結んだ可逆熱機関で最大となることを示した．さらに，最大値は熱機関の構造や作業物質の種類によらず，高温熱源の温度 T_1 と低温熱源の温度 T_2 とだけできまることを明らかにした．すなわち

$$e_{\max} = F(T_1, T_2) \tag{3.4}$$

これを**カルノーの原理**という．

カルノーの原理は，たとえば海水のような低温熱源から高温熱源へと熱を汲みあげては，それを熱源として使う機関（これを**第 2 種永久機関**という）は不可能であるという原理に基づいて証明される（例題 2）．

理想気体を作業物質とし

(a) 高温での等温可逆膨張，
(b) 断熱可逆膨張（気体の温度は低下する），
(c) 低温での等温可逆圧縮，
(d) 断熱可逆圧縮（気体の温度は上昇する），

で連結するサイクルを，**カルノーサイクル**という（図 3.4）．カルノーサイクルに基づいて具体的に e_{max} を計算することができ，その値は

$$e_{max} = \frac{T_1 - T_2}{T_1} \tag{3.5}$$

となる（例題 3）．

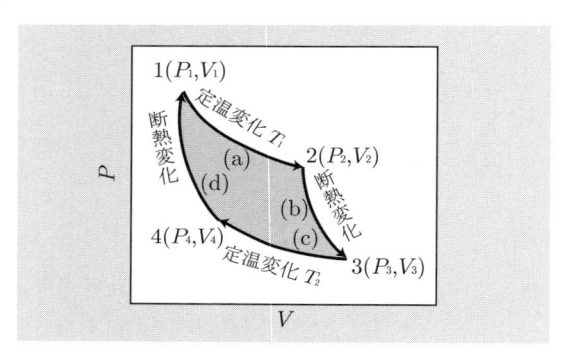

図 3.4　カルノーサイクル

3.4　熱力学第 2 法則

自然界には，一旦進行してしまうと完全には元に戻せない変化，すなわち不可逆変化があることが明らかになった．その典型的な例としては

(a) 気体の自由な膨張
(b) 熱の高温から低温への移動
(c) 位置エネルギーの熱エネルギーへの変化

などが挙げられる．はじめに述べたように，自発的変化はすべて不可逆変化である．
(3.5) 式からわかるように，$T_2 = 0$ ではない限り $e_{max} < 1$ で，熱をすべて仕事に変えることはできないことがわかる．

自然界に生じている変化が不可逆であることは，仕事をすべて熱に変えることはでき

るが，熱はすべてを仕事に変えられないことに帰着する．この仕事 → 熱の変化の不可逆性に起因する自然現象（変化）の不可逆性を法則として述べたものが，**熱力学第 2 法則**である．熱力学第 2 法則は，次のような形で述べられる．

> A. **トムソンの原理**：1 つの熱源から熱を奪い，何の影響も残さず，これをすべて仕事に変えることはできない．
> B. **クラウジウスの原理**：同時にある量の仕事を熱に変えることなしに，低温熱源から高温熱源へ熱を移すことはできない．
> C. **第 2 種永久機関不可能の原理**：1 つの熱源から熱を得て仕事をするだけで，それ以外に何の作用も行わずに，周期的に働く機関をつくることは不可能である．

これら 3 つの命題は互いに等価であることが証明される（例題 6）．

3.5 熱力学的温度

(3.3) 式と (3.5) 式および第 1 法則

$$Q_1 + Q_2 + W = 0 \tag{3.6}$$

より可逆熱機関について

$$e_{\max} = \frac{T_1 - T_2}{T_1} = \frac{Q_1 + Q_2}{Q_1} \tag{3.7}$$

となる．これより

$$\frac{T_1}{T_2} = -\frac{Q_1}{Q_2} = \frac{|Q_1|}{|Q_2|} \tag{3.8}$$

となる．ここで T_1 は理想気体の状態方程式で定義される絶対温度である．(3.8) 式は，「理想気体」のような特定の物質によらなくても，可逆熱機関の Q_1 と Q_2 の比（の絶対値）によって温度が定義されることを示している．これを**熱力学的温度**という．

熱力学的温度目盛としては，水の 3 重点（67 ページ参照）を 273.16 K と規約とすると，理想気体温度計による絶対温度と完全に一致する．

―― 例題 1 ――――――――――――――――――――――――――― 不可逆変化 ――

　図 3.1 の過程は，質量 $m\,\mathrm{g}$ の錘りが高さ h から落下して位置エネルギーが熱エネルギーに変わる過程と等価であることを証明せよ．

【解答】 過程 (a)→(b) は理想気体の自由膨張であるから，気体の温度は変化しない．$\Delta U = 0$ で，$P = 0$ だから外界に仕事をせず，$W = 0$ である．したがって $Q = 0$ である．この過程で，高さ h で質量 $m\,\mathrm{g}$ の錘りを載せると，気体は圧縮されてはじめの P_1，V_1，T の状態に戻る．最終的には気体の温度は変わらないので，この過程でも $\Delta U = 0$ である．しかし，気体は錘りによって mgh（g は重力の加速度）の仕事をされている．その際に気体は放出する熱エネルギーを Q とすると，第 1 法則より

$$\Delta U = W + Q = mgh + Q = 0$$

したがって

$$Q = -mgh$$

すなわち気体は mgh に相当する熱エネルギーを放出する．この過程を外界の立場からみれば，mgh の位置エネルギーが Q の熱エネルギーに変わったことを意味している．

|||||||||| 問　題 ||||||||||||||||||||||||||||||||||||||||||||||||||||||||||||||||||||||||||||||||||||||||

1.1　身近に見られるすべての自然発生的な変化は不可逆変化である．次の現象が不可逆変化であることを説明せよ．
(1)　滝における水の落下．
(2)　水素と酸素との反応による水の生成．
(3)　電熱器における熱の発生．
(4)　水にたらしたインクの拡散．

1.2　5 mol の理想気体が 27°C (300 K)，10 atm でシリンダー内に入れられている．この気体を体積が 5 倍になるまで
(1)　自由膨張
(2)　圧力 2 atm に相当する錘りを載せた状態
(3)　圧力 5 atm に相当する錘りを載せて膨張させ，温度が 27°C になった状態で自由膨張させる
(4)　準静的な等温可逆膨張
をさせたのち，気体の温度を 27°C として元の状態まで準静的に圧縮した．このサイクルにおいて熱に変わる仕事量はそれぞれ何 J か．

1.3　問題 1.2(2) において実際に起こる過程を，体積 – 時間のグラフを用いて説明せよ．

―― 例題 2 ――――――――――――――――――――――――― カルノーの原理 ――

カルノーの原理を証明せよ．

【解答】 全行程を準静的変化で行う熱機関は，すべての過程が可逆変化であるから，逆方向に運転することができる．そのときは，系は外部から仕事をもらって低温熱源から高温熱源に水を汲み上げる熱ポンプになる．

カルノーの原理は，帰謬法により次のようにして証明できる．いま，同じ高温熱源 (T_h) と低温熱源 (T_l) とのあいだで作動する 2 種の可逆熱機関 A と B があって，それぞれの仕事効率を e_A, e_B とする．かりに $e_A > e_B$ であるとする．したがって，同じ Q_1 の熱を用いたとしたとき，それぞれの機関が外部にする仕事と低温熱源への放熱は

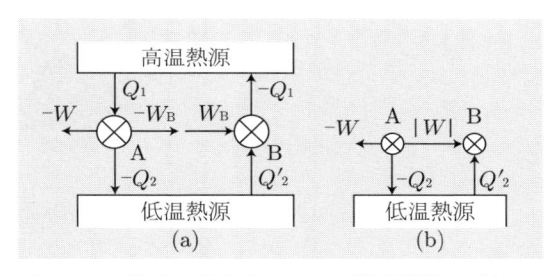

A : $-W_A = e_A Q_1,$
$\quad -Q_A = (1-e_A) Q_1$

B : $-W_B = e_B Q_1,$
$\quad -Q_B = (1-e_B) Q_1$

図 3.5 効率の異なる 2 つの可逆熱機関の連結

で，しかも $e_A > e_B$ であるから $-W_A > -W_B, -Q_A < -Q_B$ である．すなわち，Q_1 を $-W$ と $-Q_2$ に分ける割合は，A の方がより多く $-W$ に変え，その分 $-Q_2$ は少なくなる．そこで，図 3.5(a) のように，A と B とを連結する．すなわち，A は正常運転をし，その仕事を用いて B を逆運転する．Q_1 の熱を汲み上げるには，W_B の仕事しか必要としない．そこで，$-W_A$ を 2 つに分け，$-W_B$ と $-W$ とする．

$$-W_A = -(W_B + W)$$

$-W_B$ の方は B を逆運転するのに使い，$-W$ は外部への仕事として用いることにする．両者を連結したものを 1 つの系とみなすと，図 3.5(b) のように，この系は，低温熱源から熱を汲み取って外部へ仕事をする第 2 種永久機関となっている．

|||||||||| **問 題** ||||||||||||||||||||||||||||||||||||||||||||||||||||||||||||||||||||||||||||||||||||||||||

2.1 カルノーは熱素説の立場から，熱機関においては"熱流"が仕事をするが，その際熱は高温から低温へ流れるだけで，熱の総量は変わらないと考えていた．その場合にカルノーの原理が成立しないと仮定すると，帰謬法によってどのような結論が導かれるか．

例題 3 ─────────────── カルノーサイクル (1) ───

カルノーサイクルに基づいて，熱機関の最大仕事効率 $e_{\max}$ は

$$e_{\max} = \frac{T_1 - T_2}{T_1}$$

となることを証明せよ．

【解答】

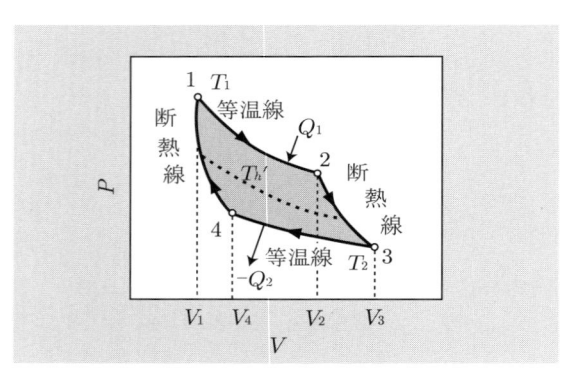

図 3.6 可逆カルノーサイクル

図 3.6 における 4 つの過程 $1 \to 2$, $2 \to 3$, $3 \to 4$, $4 \to 1$ について考える．

(i) 過程 $1 \to 2$：**等温可逆膨張** 温度 T_1 において，体積 V_1 から V_2 まで準静的に膨張する．温度 T_1 の高温熱源から熱 Q_1 を吸収する．

(ii) 過程 $2 \to 3$：**断熱可逆膨張** 体積 V_2 から V_3 までの断熱の条件で準静的に膨張する．温度は T_1 から T_2 まで低下する．

(iii) 過程 $3 \to 4$：**等温可逆圧縮** 温度 T_2 において，体積 V_3 から V_4 まで準静的に圧縮する．温度 T_2 の低温熱源へ熱 Q_2 ($Q_2 < 0$) を放出する．

(iv) 過程 $4 \to 1$：**断熱可逆圧縮** 体積 V_4 から V_1 まで断熱の条件で準静的に圧縮する．温度は T_2 から T_1 に上昇する．

$1 \to 2$ および $3 \to 4$ の等温可逆変化では，理想気体の内部エネルギーは一定に保たれるので

$$\Delta U = 0, \quad Q = -W$$

の関係が成り立つ．したがって，(3.2) 式より系が外部から吸収する熱量は

$$Q_1 = nRT_1 \ln \frac{V_2}{V_1}, \quad Q_2 = nRT_2 \ln \frac{V_4}{V_3} \tag{a}$$

となる．一方，$2 \to 3$ および $4 \to 1$ の断熱可逆変化では，第2章例題5の (h) 式より

$$\frac{T_2}{T_1} = \left(\frac{V_2}{V_3}\right)^{\gamma-1} = \left(\frac{V_1}{V_4}\right)^{\gamma-1} \quad \therefore \quad \frac{V_4}{V_3} = \frac{V_1}{V_2} \tag{b}$$

の関係がある．このことから

$$Q_2 = -nRT_2 \ln \frac{V_2}{V_1}$$

となるから，$1 \to 2 \to 3 \to 4 \to 1$ の1サイクルによって系が外界にする仕事は，$\Delta U = 0$ の関係より

$$-W = Q_1 + Q_2 = nR(T_1 - T_2) \ln \frac{V_2}{V_1} \tag{c}$$

となる．したがって，仕事効率は次のようになる．

$$e_{\max} = \frac{-W}{Q_1} = \frac{Q_1 + Q_2}{Q_1} = \frac{T_1 - T_2}{T_1} \tag{d}$$

|||||||||| 問　題 |||||||||||||||||||||||||||||||||||||||||||||||||||||||||||||||||||||||||||||||||||||||||||||

3.1　同じ高温熱源（T_1）と低温熱源（T_2）のあいだで働く2つのカルノーサイクルの効率は等しいことを証明せよ．

3.2　次の可逆熱機関の仕事効率の大小を比較せよ．高温熱源を T_1，低温熱源 T_2 とする．
(1)　$T_1 = 800$ K，　$T_2 = 400$ K
(2)　$T_1 = 600$ K，　$T_2 = 300$ K
(3)　$T_1 = 800$ K，　$T_2 = 300$ K

3.3　400 °C と 50 °C のあいだで作動している熱機関がある．効率は理論上の最大値の7割であるとして，この機関で 1 kJ の仕事を得るのに要する熱量を求めよ．

3.4　金属を 500 °C から 20 °C まで冷却するときに仕事に変え得るエネルギーの割合の最大値を求めよ．熱容量は温度に依存しないものとする．

---例題 4---――――――――――――――――――――カルノーサイクル (2)---

標準状態の空気 1 mol を等温可逆的にはじめの体積の 1/2 にまで圧縮し，ついで断熱可逆的に最初の圧力までに膨張させた．
(1) 気体が外界に対してした仕事，
(2) 気体に流入する熱量，
(3) 内部エネルギー変化，
(4) 気体の最終的な温度
を求めよ．空気は N_2 と O_2 の混合物とし，理想気体とみなしてよい．

【解答】 (1) 等温圧縮で気体に対して

$$W = -nRT \ln \frac{V_2}{V_1}$$
$$= -8.314 \times 273 \times \ln 0.5$$
$$= 1.57 \times 10^3 \text{ J}$$

の仕事がなされる．2 原子分子であるから $\gamma = 7/5$ で，$P_1 = 2$ atm, $P_2 = 1$ atm, $V_1 = 11.2$ dm^3 である．ポアッソンの式より

$$V_2 = V_1 \times 2^{1/\gamma} = 11.2 \times 2^{5/7}$$
$$= 18.38 \text{ dm}^3$$

であるから

$$W = \frac{1}{1-\gamma}(P_1 V_1 - P_2 V_2)$$
$$= -\frac{5}{2}(2 \times 11.2 - 1 \times 18.4)$$
$$= -10.0 \text{ dm}^3 \text{ atm}$$
$$= -1.013 \times 10^3 \text{ J}$$

結局気体は $1.57 \times 10^3 - 1.01 \times 10^3 = 560$ J の仕事をされる．
(2) 等温変化で気体は

$$Q = -W = -1.57 \times 10^3 \text{ J}$$

の熱を得る．すなわち気体から 1.57×10^3 J の熱が流出する．
(3) 等温変化では $\Delta U = 0$．断熱変化では $\Delta U = W$ であるから

$$\Delta U = -1.013 \times 10^3 \text{ J}$$

(4)
$$\begin{aligned} T_2 &= T_1 \left(\frac{V_1}{V_2}\right)^{\gamma-1} \\ &= 273 \times \left(\frac{11.2}{18.4}\right)^{2/5} \\ &= 224 \text{ K} \quad (-49\ ^\circ\text{C}) \end{aligned}$$

問題

4.1 3 mol の窒素が 5 atm, 25 dm³ から 100 dm³ まで断熱可逆的に膨張する際に気体がする仕事を求めよ．

4.2 3 mol の窒素が 5 atm, 25 dm³ から 100 dm³ まで等温可逆的に膨張する際に外界に対してする仕事を求めよ．得られた結果を問題 4.1 の場合と比較し，その違いの理由について考察せよ．

4.3 熱機関を逆運転すると低温から高温へ熱を汲み上げるヒートポンプになる．ヒートポンプの冷却効果 e_c は

$$e_c = \frac{Q_2}{W} \quad (Q_2 \text{は低温熱源から汲み上げる熱量})$$

で定義される．理想熱機関の e_c を高温熱源の温度 T_1 と低温熱源の温度 T_2 の関数に表わせ．

4.4 最近の空調機には，夏は冷房機として作動し，冬にはヒートポンプとして室外から室内へ熱を汲み上げて暖房に使うものがある．いずれも理想的熱機関として作動するとして，夏，外気温度が 35 °C のとき室内温度を 25 °C に保つのに要する電力と，冬，室外温度が 0 °C のとき室内温度を 20 °C に保つのに必要な電力の大小を比較せよ．また，冬期に同じだけの熱を電熱として発生させるのに要する電力とも比較せよ．

4.5 10 atm, 800 K の水蒸気 1 mol を 2 倍の体積まで等温可逆的に膨張させ，それからさらにその体積の 5 倍まで断熱可逆的に膨張させる．ついではじめの体積の 5 倍まで等温可逆的に圧縮し，最後に断熱可逆圧縮ではじめの状態に戻した．水蒸気を理想気体とみなし，また，$C_V = 3R$ として，このカルノーサイクルにおいて仕事に変わる熱量を計算せよ．

4.6 問題 4.5 と同じカルノーサイクルを，ヘリウムを作業物質として行うとどうなるか．

---例題 5--- カルノーサイクル (3) ---

可逆カルノーサイクルを T–S 面上に画き,このサイクルの仕事効率を図示せよ.

【解答】 カルノーサイクルの 4 段階
(1) 定温膨張, (2) 断熱膨張, (3) 定温圧縮, (4) 断熱圧縮
の際のエントロピー変化と温度変化は次のとおりである(図 3.7 (a) 参照).

(1) $\Delta S_1 = nR \ln \dfrac{V_2}{V_1}$, $T = T_1$ で一定

(2) $Q = 0$ より $\Delta S_2 = 0$, T_1 より T_2 まで低下

(3) $\Delta S_3 = nR \ln \dfrac{V_4}{V_3}$, $T = T_2$ で一定

(4) $Q = 0$ より $\Delta S_4 = 0$, T_2 より T_1 まで上昇

カルノーサイクルにおいては

$$\frac{V_2}{V_3} = \frac{V_1}{V_4} \quad \text{より} \quad \frac{V_2}{V_1} = \frac{V_3}{V_4}$$

の関係があるので(例題 3)

$$\Delta S_3 = -\Delta S_1$$

したがって可逆カルノーサイクルを T–S 面に画くと図 3.7 (b) となる.

次に,仕事効率を求めるために,(1) と (3) の過程で系に流入する熱量 Q_1 と Q_2 を計算する.系がなす仕事は

$$W + Q_1 + Q_2 = 0$$

より計算される.可逆変化であるから

(1) $Q_1 = T_1 \Delta S_1 = T_1 (S_2 - S_1)$ は図 3.7 (b) の直線 $1 \to 2$ の下の面積に等しい.

(2) $Q_2 = T_2 \Delta S_2 = T_2 (S_2 - S_1)$ は図 3.7 (b) の直線 $3 \to 4$ の下の面積(符号はマイナス)に等しい.

したがって効率は

$$e = \frac{-W}{Q_1} = \frac{Q_1 + Q_2}{Q_1}$$
$$= \frac{\square\, 1234}{\square\, 122'1'}$$

となる.

(a) P-V面におけるカルノーサイクル

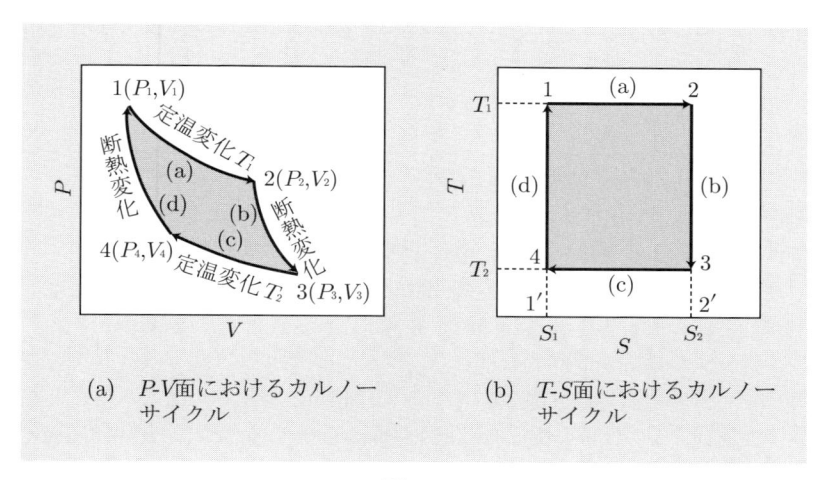

(b) T-S面におけるカルノーサイクル

図 3.7

問題

5.1 n mol の理想気体を作業物質として下図に示すサイクルを画く熱機関の最大仕事効率を求めよ．このサイクルは図からわかるように，T_1 での定温膨張（$1 \to 2$），定積での冷却（$2 \to 3$），定温圧縮（$3 \to 4$），定積での加熱（$4 \to 1$）の 4 つの過程よりなっている．

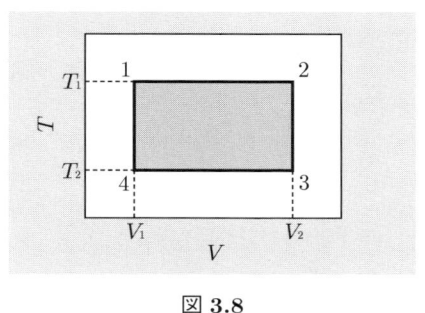

図 3.8

5.2 1 mol の理想気体を作業物質とする可逆カルノーサイクルを
(1) U-S 面， (2) T-P 面， (3) T-H 面
上に画け．

5.3 P-V 面上に画いた 2 本の可逆断熱線は交叉しないことを証明せよ．

---例題 6---　　　　　　　　　　　　　　　　　　　　　　　　　　　　　　熱力学第 2 法則---

熱力学第 2 法則を命題として述べたトムソンの命題とクラウジウスの命題は等価であることを証明せよ．

【解答】　熱機関はいずれも循環的に，すなわちサイクル的に作動し，必ずはじめの状態へ戻るものと考える．1 サイクルの作動の後には，機関ははじめと全く同じになっており，変化は系の外部にのみ生じているとして考える．

トムソンの原理とクラウジウスの原理が等価であることを証明するためには，対偶の関係を利用して，一方が否定されれば他方も否定されることを示せばよい．

まず，トムソンの原理が成立しなければ，クラウジウスの原理も成立しないことを示す．トムソンの原理の否定は，図 3.9(a) の形で作動する機関が可能であることを意味している．この場合，この仕事を使って第 2 の熱機関を熱ポンプとして使い，高温熱源へと熱を汲み上げることができる．したがって，図 3.9(b) のように，両者の組合せにより仕事を熱に変えることなしに低温から高温へと熱を移すことができる（$Q = Q' + W$ とする）．これはクラウジウスの原理に反している．

次に，クラウジウスの原理が否定されればトムソンの原理も否定されることを示す．いま，クラウジウスの原理に反して，仕事を熱に変えることなしに熱が低温から高温へ移せたとする（(c) の左側の機関，熱を仕事に変えないので W' の仕事をされても同じだけの仕事を外にするので，機関になされる仕事は差引きゼロとなる．$W' = 0$ として考えてもよい）．そのときは，汲み上げた高温の熱を使って熱機関を働かせ，熱を仕事に変えることができる（図 3.9(c)）．汲み上げた熱 Q と同じだけの熱を使って第 2 の熱機関を作動

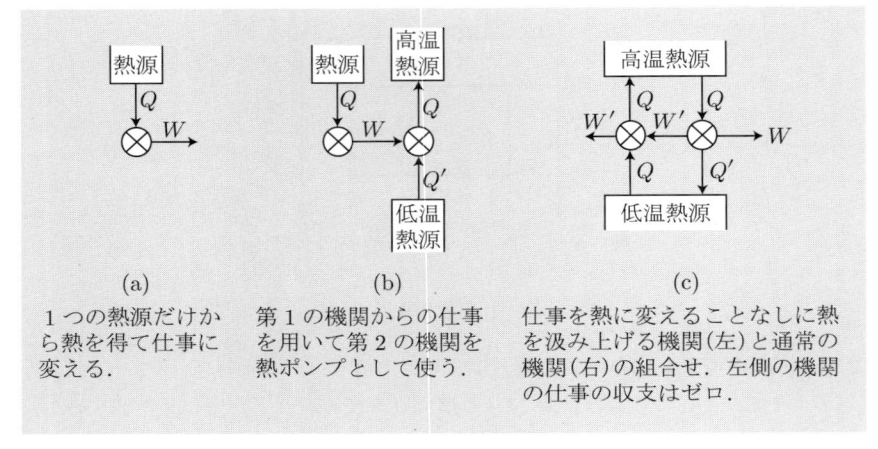

(a)	(b)	(c)
1 つの熱源だけから熱を得て仕事に変える．	第 1 の機関からの仕事を用いて第 2 の機関を熱ポンプとして使う．	仕事を熱に変えることなしに熱を汲み上げる機関(左)と通常の機関(右)の組合せ．左側の機関の仕事の収支はゼロ．

図 **3.9**　トムソンの原理とクラウジウスの原理の等価性

させれば，結局，低温熱源から $Q-Q'$ の熱を取り込んで仕事に変える熱機関がつくられることになる．これはトムソンの原理に反している．

|||||||||| 問　題 ||||||||||||||||||||||||||||||||||||||||||||||||||||||||||||||||||||||||||||||||||||||||||||||||||||||||||||||||||

6.1　トムソンの原理およびクラウジウスの原理と第2種永久機関不可能の原理との関係を説明せよ．

6.2　気体を定温で膨張させれば，1つの熱源から熱をとってこれをすべて仕事に変えることができる．これはトムソンの原理および第2種永久機関不可能の原理に矛盾していないか．

6.3　下図の小鳥はコップに口をつっ込んでは頭を持ち上げて，永遠に上下運動をくりかえす．この系が熱力学第2法則と矛盾しない理由を説明せよ．

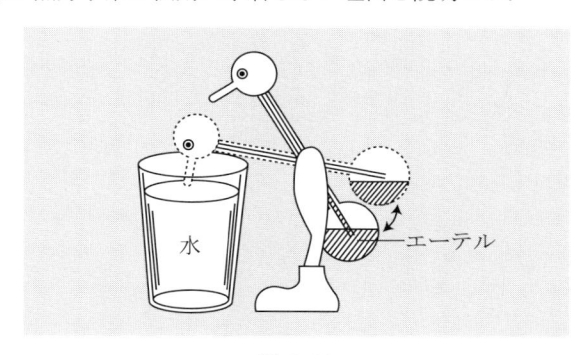

図 3.10

演習問題

1. 同じ温度差で作動する熱機関の最大仕事効率は，温度が低いほど大きくなることを証明せよ．
2. 仕事効率が1より大きい熱機関が実現したら永久機関が可能になることを証明せよ．
3. いま同じ高温熱源と低温熱源間で作動する2つの熱機関1,2の効率は e_1 と e_2 で，$e_1 > e_2$ であるとする．同じ熱量 Q_1 を高温熱源から取り込んで1サイクルの作動を行ったとすると，いずれの熱機関でより多く熱を低温熱源へ放出するか．
4. 外気温度が0°C，室内温度20°Cとして理想機関の1/3の効率で作動するヒートポンプで戸外から熱を汲み上げるのに要する電力と，同じ熱量をジュール熱として発生させるのに要する熱量の大小を比較せよ．
5. $e_{\max}$ が1を越えないことから，温度に下限があることを証明せよ．
6. 300°C，1 atm で1 mol の水蒸気がある．これを最初の体積の2倍まで定温膨張させ，ついで最初の体積の4倍まで断熱膨張した．この気体を定積圧縮ののち断熱圧縮で最初の状態に戻すものとする．水蒸気の定積熱容量は $3R$ で理想気体とみなせるとし，この熱機関の最大仕事効率を求めよ．また，作業物質としてアルゴンを用いた場合の最大仕事効率はいくらになるか．
7. 上問の結果から，この

    定温膨張 → 断熱膨張 → 定積圧縮 → 断熱圧縮

を用いた可逆サイクルの仕事効率は，作業物質のポアッソン比 γ と，断熱膨張の際の膨張率だけできまることを示せ．

4 エントロピー

4.1 状態量としてのエントロピー

理想熱機関については (3.8) 式が成立する．これより

$$\frac{Q_{1,r}}{T_1} + \frac{Q_{2,r}}{T_2} = 0 \tag{4.1}$$

を得る．ここで，$Q_{1,r}$ の添字 r は可逆 reversible を意味している．(4.1) 式は，可逆変化においては，1 サイクルの変化で系が元の状態に戻ったときには，$Q_{i,r}/T_i$ なる量の和は零となることを意味している．いいかえると，量 $Q_{i,r}/T_i$ は内部エネルギーなどと同じく保存量である．

Q_r/T を系の**エントロピー変化**といい，記号 ΔS で表わす．多数の熱源に接している系あるいは無限に多くの熱源に接している系について (4.1) 式を一般化すると

$$\sum_{i=1}^{n}\frac{Q_{i,r}}{T_i} = 0, \quad \sum_{i=1}^{n}\Delta S_i = 0 \tag{4.2}$$

あるいは

$$\oint \frac{d'Q_r}{T} = 0, \quad \oint dS = 0 \tag{4.3}$$

となる．ここで $\oint$ は閉じた経路について積分をとることを意味している．

(4.3) 式は，(i) 可逆サイクルにおいてはエントロピー S は保存され，(ii) 状態 I のエントロピーがわかれば，状態 II のエントロピーは

$$S(\mathrm{II}) = S(\mathrm{I}) + \int_{\mathrm{I}}^{\mathrm{II}} d'Q_r/T \tag{4.4}$$

により求められることを示している．(4.3) 式は，エントロピーが状態量であることを示している．

4.2 エントロピーの計算

エントロピー変化は，準静的変化による熱の出入りから，(4.4) 式によって計算できる．
(1) 温度変化に伴うエントロピー変化

> (a) 定圧変化：この場合，温度上昇に伴って系に流入する熱量は

$$d'Q_P = dH = C_P dT \tag{4.5}$$

である．したがって，系のエントロピー変化は

$$\Delta S = \int_{T_1}^{T_2} \frac{C_P}{T} dT = \int_{\ln T_1}^{\ln T_2} C_P d(\ln T) \tag{4.6}$$

で計算される．

(b) 定積変化：定圧変化の場合と同様にして

$$\Delta S = \int_{T_1}^{T_2} \frac{C_V}{T} dT = \int_{\ln T_1}^{\ln T_2} C_V d(\ln T) \tag{4.7}$$

で計算される．

(2) 相変化に伴うエントロピー変化

定圧下で，一定温度で起こる相変化を，**1次相転移**という．1次相転移は定温・定圧で準静的に行うことができるので，転移に伴うエントロピー変化は

$$\Delta S = \frac{\Delta H_{\mathrm{tr}}}{T_{\mathrm{tr}}} \tag{4.8}$$

となる．ここで ΔH_{tr} は転移に伴う**エンタルピー変化**，T_{tr} は**転移温度**である．

(3) 理想気体の定温変化に伴うエントロピー変化

理想気体の定温での準静的変化に伴うエントロピー変化は，(3.2)式より

$$\Delta S = \frac{Q_r}{T} = nR \ln \frac{V_2}{V_1} \tag{4.9}$$

となる．

(4) 理想気体の混合に伴うエントロピー変化

一定温度 T，一定圧力 P で2種の理想気体 A，n_1 mol と B，n_2 mol を混合するときのエントロピー変化は，次のようにして計算される．混合前のそれぞれの気体の体積を V_1，V_2 とすると，混合後のそれぞれの気体が占める体積は $V_1 + V_2$ となる．

混合に伴う系のエントロピー変化は

(a) 気体 A，B を $V_1 + V_2$ まで膨張させる．
(b) 膨張した気体を混合する．

の2段階に分けて考える（図4.1）．

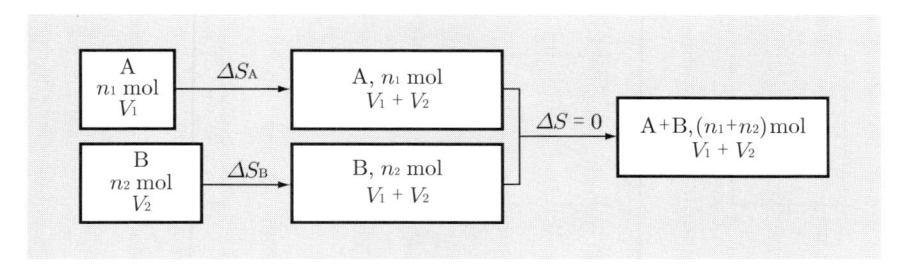

図 4.1　理想気体の混合に伴うエントロピー変化

(a) の段階では，気体 A，B のエントロピー変化は次式のようになる．

$$\Delta S_A = n_1 R \ln \frac{V_1 + V_2}{V_1} \qquad (4.10) \qquad \Delta S_B = n_2 R \ln \frac{V_1 + V_2}{V_2} \qquad (4.11)$$

(b) の段階では，気体の重ね合せに伴う熱の出入りはなく，かつそれぞれの気体の体積も変わらないので，$\Delta S = 0$ である．したがって，全体としてのエントロピー変化は

$$\Delta S = \Delta S_A + \Delta S_B = -R \sum n_i \ln x_i \quad (i = 1, 2) \qquad (4.12)$$

となる（問題 5.4）．ここで $x_i = n_i / \sum n_i = V_i / \sum V_i$ は i 成分のモル分率である．

4.3　エントロピーと配置の数

ボルツマンはエントロピーを，統計力学の立場から

$$S = k \ln W \qquad (4.13)$$

と定義した．ここで k はボルツマン定数で

$$k \equiv \frac{R}{L} = \frac{8.314}{6.022 \times 10^{23}} = 1.381 \times 10^{-23} \, \text{J K}^{-1} \qquad (4.14)$$

である．W は与えられた条件下で粒子系が到達可能な配置の数（微視的状態の数）である．

たとえば，4 つの格子点へ 2 個の等価な球を入れる入れ方の数は $_4C_2 = 6$ であるから，この系は $W = 6$ である．

この考えを，気体の場合に拡張して考えてみよう．気体では格子を明確には定義できないが，気体が入っている容器を体積 v の仮想的な細胞に分割して考える．いま図 4.2(a) のように，容積 V_2 の容器に 1 個の粒子があるときの配置の数は，V_2/v（細胞の数）である．それに対し，容積 V_1 の中に 1 個の粒子が閉じ込められているときの配置の数は V_1/v である．いま，V_1 の中に閉じ込められている N 個の粒子が V_2 に拡散する場合について

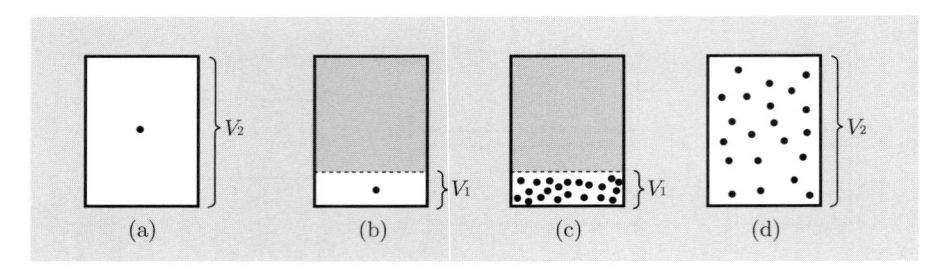

図 4.2　容器 V_1 と V_2 の内の気体粒子

考える．各細胞に入る粒子の数に制限がないとし，粒子間に引力・斥力などの力が働いていないとするとき，粒子は全く独立であるから，配置の数はそれぞれ $(V_1/v)^N$, $(V_2/v)^N$ となる．したがって，(4.13) 式を用いて，状態 (c) から状態 (d) へ気体が拡散したときのエントロピー変化は，次のようになる．

$$\Delta S = k \left[\ln\left(\frac{V_2}{v}\right)^N - \ln\left(\frac{V_1}{v}\right)^N \right] = Nk \ln \frac{V_2}{V_1} = nR \ln \frac{V_2}{V_1} \tag{4.15}$$

ここで $N = nL$, $Lk = R$ の関係を用いた．これはまさに (4.9) 式である．

以上のことから，統計力学的には配置の数 W によって，(4.13) 式のように系のエントロピーを定義すれば，熱力学的エントロピーと合致することがわかる．このことは，多くの実例によって正当性が保証されている．

4.4　熱力学第 3 法則と残留エントロピー

プランクは，「すべての新物質の完全結晶のエントロピーは，0 K においては 0 である」とした．これを**熱力学第 3 法則**という．

完全結晶ではすべての原子・イオン・分子は格子点に整然と配置されており，0 K ではそれらの粒子は格子点上に静止していると考えられる．したがって粒子の数を N とすると次のようになる．

$$W = {}_N\mathrm{C}_N = 1, \quad S = k \ln 1 = 0 \tag{4.16}$$

したがって，エントロピーはエネルギー（内部エネルギー，エンタルピー，自由エネルギー）とは異なり，零点が明確に定義される．

プランクの熱力学第 3 法則によれば，結晶において分子の配向などに乱れがあれば，0 K において $S = 0$ とならない．配向の乱れなどにより 0 K においてもなお残っているエントロピーを**残留エントロピー**という．

4.5 標準エントロピー

エントロピーについては，熱力学第3法則によって零点が定められているので，絶対値を求めることができる．たとえば，一酸化炭素の 25°C におけるモルエントロピーは次のようにして求められる．1気圧下では CO は 61.6 K において固相 α より固相 β へ転移し，67.2 K で融解し，81.7 K で気化する．したがって，相転移のエンタルピーをそれぞれ $\Delta H_{\alpha\beta}$, ΔH_f, ΔH_v, モル熱容量を低温から順に C_P^α, C_P^β, C_P^l, C_P^g とすると

$$S^{th}(298.15) = \int_0^{61.6} \frac{C_P^\alpha}{T}dT + \frac{\Delta H_{\alpha\beta}}{61.6} + \int_{61.6}^{67.2} \frac{C_P^\beta}{T}dT + \frac{\Delta H_f}{67.2}$$

$$+ \int_{67.2}^{81.7} \frac{C_P^l}{T}dT + \frac{\Delta H_v}{81.7} + \int_{81.7}^{298.15} \frac{C_P^g}{T}dT \qquad (4.17)$$

によって 298.15 K におけるモルエントロピーが計算される．このようにして求めたエントロピーは，**熱力学的エントロピー**とよばれる．CO の場合は 4.2 J K^{-1} mol の残留エント

表 4.1 標準エントロピー (25 °C)

物　質	$S^{\ominus}$/J K^{-1} mol^{-1}	物　質	$S^{\ominus}$/J K^{-1} mol^{-1}
O_2 (g)	205.03	Fe_2O_3 (s)	90.0
H_2 (g)	130.59	Al (s)	28.32
H_2O (g)	188.72	Al_2O_3 (s)	50.986
H_2O (ℓ)	69.940	Ca (s)	41.6
He (g)	126.05	CaO (s)	40
Cl_2 (g)	222.94	$CaCO_3$ (s)	92.9
HCl (g)	184.68	Na (s)	55.2
S (斜方)	31.9	NaCl (s)	72.4
S (単斜)	32.6	CH_4 (g)	186.2
SO_2 (g)	248.5	C_2H_6 (g)	229.5
SO_3 (g)	256.2	C_3H_8 (g)	269.9
H_2S (g)	205.6	n-C_4H_{10} (g)	310.0
N_2 (g)	191.5	C_2H_4 (g)	219.5
NO (g)	210.68	C_2H_2 (g)	200.81
NO_2 (g)	240.5	C_6H_6 (ℓ)	172.8
NH_3 (g)	192.5	CH_3OH (ℓ)	127
C (ダイヤモンド)	2.439	C_2H_5OH (ℓ)	161
C (黒鉛)	5.694	HCHO (g)	218.7
CO (g)	197.90	CH_3CHO (g)	266
CO_2 (g)	213.64	HCOOH (ℓ)	129.0
Fe (s)	27.2	CH_3COOH (ℓ)	160

ロピーがあるので，298.15 K におけるエントロピーの絶対値は，次のようになる．

$$S(298.15) = S^{\text{th}}(298.15) + S^{\text{res}} \tag{4.18}$$

標準状態における物質 1 mol 当りのエントロピーの絶対値を，モル標準エントロピーという．標準状態としては通常 1 atm をとる．(4.17) 式で求めた CO のエントロピーは，1 atm のデータを用いた場合には，25°C における標準エントロピーということになる．表 4.1 にいろいろな物質の 25°C における標準エントロピーが示してある．

4.6 不可逆変化とエントロピー増大則

エントロピー増大則 可逆変化では，自然界のエントロピーは一定に保たれるが，不可逆変化では，自然界のエントロピーが増大する．これを**エントロピー増大則**という．

たとえば，理想気体の自由膨張においては，気体は外界に仕事をせず，したがって外界からの熱の流入もない．したがって，外界のエントロピーは不変である．一方気体のエントロピーは，$V_1 \to V_2$ の膨張について

$$\Delta S = nR \ln \frac{V_2}{V_1} > 0, \quad V_2 > V_1 \tag{4.19}$$

だけエントロピーが増大する．したがって，自然界全体としてはエントロピーが増大する．

これに対し，理想気体の等温可逆膨張では，外界から気体へ ΔS だけのエントロピーが移動するので自然界のエントロピーの総量は一定に保たれる．

不可逆過程を含む熱機関の仕事効率は，可逆熱機関の仕事効率よりも小さいから

$$e = \frac{-W}{Q_1} = \frac{Q_1 + Q_2}{Q_1} \leq \frac{T_1 - T_2}{T_1} \tag{4.20}$$

となる．ここで，W, Q_1, Q_2, T_1, T_2 は図 3.3 で定義したとおりである．(4.20) 式は

$$\frac{Q_1}{T_1} + \frac{Q_2}{T_2} \leq 0 \tag{4.21}$$

あるいはこれを一般化して

$$\oint \frac{d'Q}{T_e} \leqq 0 \tag{4.22}$$

と書くことができる．

クラウジウスの不等式 可逆過程と不可逆過程からなるサイクルを考える（図 4.3）．過程 I→II は可逆，過程 II→I は不可逆とする．サイクル全体としては不可逆であるから，(4.22) 式より

$$\int_{\mathrm{I}}^{\mathrm{II}} \frac{d'Q_r}{T_e} + \int_{\mathrm{II}}^{\mathrm{I}} \frac{d'Q_{ir}}{T_e} = \oint \frac{d'Q}{T_e} < 0 \tag{4.23}$$

となる．第1項は (4.4) 式より $S(\mathrm{II}) - S(\mathrm{I})$ に等しいから，(4.23) 式は

$$S(\mathrm{I}) - S(\mathrm{II}) > \int_{\mathrm{II}}^{\mathrm{I}} \frac{d'Q_{ir}}{T_e} \tag{4.24}$$

となる．これより，微小変化に対しては

$$dS \geqq \frac{d'Q}{T_e} \tag{4.25}$$

が得られる．これを**クラウジウスの不等式**という．ここで > は不可逆変化に，= は可逆変化に対応している．

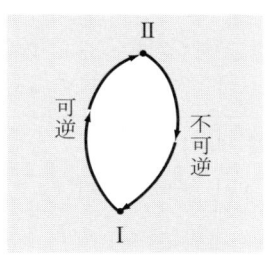

図 4.3　可逆・不可逆の2つの過程からなるサイクル

クラウジウスの不等式は，不可逆変化においては外界から流入するエントロピー $d'Q_{ir}/T_e$ よりは系のエントロピーの増大 dS の方が大きいことを示している．この差は，不可逆変化に伴う系内におけるエントロピーの生成によっている．クラウジウスの不等式は，不可逆変化によって自然界のエントロピーが増大することを示している．

孤立系において気体の自由膨張や化学反応などの不可逆変化が自発的に進行する場合，$d'Q = 0$ であるから，(4.25) 式は次のようになる．

$$dS \geqq 0 \tag{4.26}$$

すなわち，孤立系において自発的変化が進行するときは，系のエントロピーは増大する．これを**エントロピー増大則**という．このことをクラウジウスは

「世界のエネルギーは一定不変に保たれる．世界のエントロピーはある極大へむけて増大する」

と表現した．

不可逆過程に対するクラウジウスの不等式は，系へ流入する熱 $d'Q_{ir}$ と T_e との比よりも dS の方が大きいことを示している．そこで，**非補償熱** $d'Q_u$ を導入して，(4.25) 式を

$$dS = \frac{d'Q_{ir}}{T_e} + \frac{d'Q_u}{T_e} \tag{4.27}$$

と書くことができる．$d'Q_u$ は摩擦などにより熱に変えられる仕事あるいは不可逆変化で無為に失われる仕事能力に相当している．

例題 1 ───────────── エントロピー変化 (1)

いま風呂槽に $20\,°C$ の水 $3\,m^3$ が入っている. この水を $40\,°C$ まで暖めるときの水のエントロピー変化を計算せよ. ただし水の密度は $1\,g\,cm^{-3}$ で一定とし, 熱容量も $1\,cal\,g^{-1}\,K^{-1}$ で一定とする. また, 同じ $40\,°C$ の水 $3\,m^3$ をつくるのに, まず $20\,°C$ の水 $2\,m^3$ を $50\,°C$ まで暖め, それに $20\,°C$ の水を $1\,m^3$ 加えて $40\,°C$ とするときの水のエントロピー変化と比較せよ.

【解答】 エントロピーの計算のために, 水を準静的に加熱する際に水に流入する熱量を計算する. $1\,cal = 4.184\,J$ であるから

$$\Delta S = 3 \times 10^6 \int_{293}^{313} \frac{C_P}{T} dT = 3 \times 10^6 \times 4.184 \ln \frac{313}{293} = 8.29 \times 10^5\,J\,K^{-1}$$

次に, $2\,m^3$ の水を $50\,°C$ に加熱し, これを $20\,°C$ の水でうめる場合についても個々の過程のエントロピー変化を計算すると, 次のようになる.

(1) $2\,m^3$ の水を $50\,°C$ まで加熱するときの ΔS_1 : $\Delta S_1 = 2 \times 10^6 \times 4.184 \ln(323/293)$
(2) $1\,m^3$ の水を $40\,°C$ に加熱するときの ΔS_2 : $\Delta S_2 = 10^6 \times 4.184 \ln(313/293)$
(3) $2\,m^3$ の水を $50\,°C$ から $40\,°C$ まで冷すときの ΔS_3 : $\Delta S_3 = 2 \times 10^6 \times 4.184 \ln(313/323)$

全体としてのエントロピー変化は

$$\Delta S = \Delta S_1 + \Delta S_2 + \Delta S_3 = 2 \times 10^6 \times 4.184 \left(\ln \frac{323}{293} - \ln \frac{313}{323} \right) + 10^6 \times 4.184 \ln \frac{313}{293}$$
$$= 3 \times 10^6 \times 4.184 \ln \frac{313}{293}$$

となり, 結局直接に暖める場合と, 水そのもののエントロピーは変わらない. この結果は, エントロピーが状態量であることを考えれば当然である.

問 題

1.1 $10\,°C$ の水 $1.5\,mol$ に $60\,°C$ の水 $0.5\,mol$ を加えてかきまぜ, 均一としたときの水のエントロピー変化を求めよ. $C_P = 4.184\,J\,g^{-1}\,K^{-1}$ とする.

1.2 $t_1\,°C$ の水と $t_2\,°C$ の水を等量混合した場合について, ΔS は必ず正となることを証明せよ.

1.3 冷却水で $10\,°C$ の定温に保たれている $100\,\Omega$ の抵抗体に $10\,A$ の電流を通じた. 1 分当りの水および抵抗体のエントロピー変化を求めよ. また水温が $80\,°C$ の場合はどうか.

1.4 $1\,mol$ のヘリウムと水素をそれぞれ $1\,atm$ 下で $0\,°C$ から $100\,°C$ まで熱するときのエントロピー変化を求め, 両者を比較せよ. いずれの気体も理想気体で熱容量は温度によらないものとする.

---例題 2--- ───────────────────── エントロピー変化 (2)───

5 mol の理想気体が 0 °C, 1 atm から容積が 10 倍になるまで次のようにして膨張する場合について, W, Q, ΔU, ΔH, ΔS を求めよ.
(1) 等温可逆的
(2) 真空にした容器中
また, (1) と (2) の場合について気体とその周囲の ΔS の合計を求めよ.

【解答】 (1) 等温可逆的膨張

$$W = -\int PdV = -5R \times 273 \int_{V_1}^{V_2} \frac{dV}{V} = -5 \times 8.314 \times 273 \ln 10 = -2.61 \times 10^4 \text{ J}$$

$\Delta U = 0$ だから $Q = -W = 2.61 \times 10^4$ J

$\Delta H = 0$ (第 2 章問題 3.2 参照)

$\Delta S = Q_r/T = 95.6 \text{ J K}^{-1}$

(2) 真空中への自由膨張

自由膨張であるから $W = Q = 0$. 理想気体であるから $\Delta U = \Delta H = 0$.
ΔS は状態量変化であるからはじめの状態と終わりの状態とだけできまるので, (1) の場合と同じである. $\Delta S = 95.6 \text{ J K}^{-1}$.

(1) と (2) との違いは, 外界のエントロピー変化として現われる. すなわち, (1) の場合には Q_r の熱が 273 K の外界から失われるので, 外界では 95.6 J K^{-1} だけのエントロピーが減少する. すなわち, (1) の場合には外界から気体へエントロピーが "移動" するだけである. (2) の場合には, 外界からの熱の移動はないので, 外界のエントロピーは変化しない. この場合は気体の内部においてエントロピーが "発生" する.

したがって, 結局 (1) の場合には自然界全体としてのエントロピーは変わらないが, (2) の場合には 95.6 J K^{-1} だけのエントロピーが増大する.

|||||||||| 問 題 ||||||||||||||||||||||||||||||||||||||||||||||||||||||||||||||||||||||||||||||||||||||

2.1 n mol の理想気体を断熱的かつ不可逆的に容積 V_1 から V_2 まで膨張させる. 不可逆変化の際 (1) 外界に仕事をしない, (2) 外界に多少の仕事をする場合, 気体の温度はどのように変わるか. また気体と外界のエントロピーはどのように変わるか.

2.2 空気の組成は N_2 : 79 %, O_2 : 20 %, Ar : 1 % とみなせる. 0 °C, 1 atm で 1 dm^3 の空気を 0 °C, 1 atm の成分気体に分けるときの気体のエントロピー変化を求めよ.

2.3 25 °C, 1 atm で 1 mol の二酸化炭素を定圧で加熱したところ, その体積が 2 倍となった. このときの Q, W_1, ΔU, ΔH および ΔS を計算せよ. 二酸化炭素の定圧モル熱容量は表 2.2 の値を用いよ. また二酸化炭素は理想気体の近似で扱えるものとする.

---例題 3---　　　　　　　　　　　　　　　　　　　　　　　　　　エントロピー変化 (3)---

0°Cの氷 18g (1 mol) を 1 atm のもとで 100°C の水蒸気にするときの水のエントロピー変化はいくらか．0°C における氷の融解熱は $333.9\,\mathrm{J\,g^{-1}}$，100°C における水の気化熱は $2254\,\mathrm{J\,g^{-1}}$，水の熱容量は $4.184\,\mathrm{J\,K^{-1}\,g^{-1}}$ である．

【解答】　0°C で氷から水に変わる際のエントロピー変化 ΔS_1 は

$$\Delta S_1 = \frac{333.9}{273.2} = 1.22\,\mathrm{J\,K^{-1}\,g^{-1}}$$

0°C の水を 100°C にまで暖める際のエントロピー変化 ΔS_2 は

$$\Delta S_2 = \int_{273.2}^{373.2} \frac{4.184}{T}dT = 4.184\ln\frac{373.2}{273.2} = 1.31\,\mathrm{J\,K^{-1}\,g^{-1}}$$

100°C，1 atm で水が水蒸気に変わるときのエントロピー変化 ΔS_3 は

$$\Delta S_3 = \frac{2254}{373.2} = 6.04\,\mathrm{J\,K^{-1}\,g^{-1}}$$

したがって，全体としてのエントロピー変化 ΔS は

$$\Delta S = \Delta S_1 + \Delta S_2 + \Delta S_3 = 8.57\,\mathrm{J\,K^{-1}\,g^{-1}} = 154.3\,\mathrm{J\,K^{-1}\,mol^{-1}}$$

両者を比較すると，水を 100°C 昇温するよりは，水 → 水蒸気のエントロピー変化の方が遥かに大きい．一般に，気体のエントロピーは固体や液体のエントロピーよりも遥かに大きい（表 4.1 参照）．

|||||||||| 問　題 ||||||||||

3.1 1 mol の水素を定圧で 0°C から 500°C まで加熱するときのエントロピー変化を求めよ．ただしこの温度範囲における水素の定圧モル熱容量は

$$C_P/\mathrm{J\,K^{-1}\,mol^{-1}} = 29.06 - 0.837\times 10^{-3}(T/\mathrm{K}) + 2.013\times 10^{-6}(T/\mathrm{K})^2$$

で与えられるものとする．また，C_P の値を 0°C の値で一定としたときの ΔS の値との差はいくらになるか．

3.2 ベンゼンの融点は 5.5°C，沸点は 80.1°C で融解熱は $125.9\,\mathrm{J\,g^{-1}}$，沸点における気化熱は $392.6\,\mathrm{J\,g^{-1}}$ である．また液状のベンゼンの熱容量は $1.72\,\mathrm{J\,K^{-1}\,g^{-1}}$ である．5.5°C のベンゼンの結晶と 80.1°C，1 atm におけるベンゼンの蒸気のモル当りのエントロピーの差を求めよ．

3.3 熱容量が $1.75\,\mathrm{J\,K^{-1}\,g^{-1}}$ の金属 1 kg を 0°C から 500°C まで，500°C の電気炉に入れて加熱する際の金属のエントロピー変化を求めよ．また，その際に電気炉そのもののエントロピーの変化はいくらか．

―― 例題 4 ――――――――――――――――――――― 不可逆変化とエントロピー ――

1 atm で $-20\,°\mathrm{C}$ の過冷却水 1 g が $-20\,°\mathrm{C}$ の氷に変わるときのエントロピー変化およびエンタルピー変化を求めよ．ただし，$0\,°\mathrm{C}$ における水の融解熱は $333.8\,\mathrm{J\,g^{-1}}$，水および氷の熱容量は $4.18\,\mathrm{J\,K^{-1}\,g^{-1}}$ および $2.06\,\mathrm{J\,K^{-1}\,g^{-1}}$ である．また，この際のエントロピー変化を，$-20\,°\mathrm{C}$ におけるエンタルピー変化 ΔH_{253} を用いて $\Delta S = \Delta H_{253}/253$ として求められない理由を説明せよ．

【解答】 エントロピー変化の計算のためには，変化を準静的な変化の過程で結び，その際に系に出入する熱量 Q_r を求める必要がある．1 atm では $0\,°\mathrm{C}$ の水と氷とが平衡状態にあり，$0\,°\mathrm{C}$ での水 → 氷の変化は準静的に行えるが，$-20\,°\mathrm{C}$ での水 → 氷の変化は準静的な変化ではない．

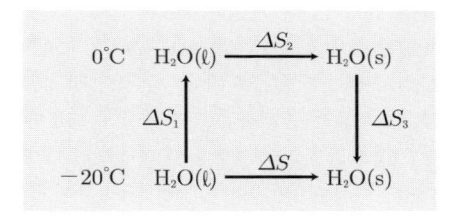

図 4.4

したがって，エントロピーの計算は右図のように，
(1) $-20\,°\mathrm{C}$ の過冷却水を $0\,°\mathrm{C}$ まで加熱する．　(2) $0\,°\mathrm{C}$ の水を $0\,°\mathrm{C}$ の氷に変える．
(3) $0\,°\mathrm{C}$ の氷を $-20\,°\mathrm{C}$ まで冷却する．
の 3 段階に分けて考える．それぞれの段階のエントロピー変化は

$$\Delta S_1 = 4.18 \ln \frac{273}{253}, \quad \Delta S_2 = -\frac{333.8}{273}, \quad \Delta S_3 = 2.06 \ln \frac{253}{273}$$

$$\Delta S = \Delta S_1 + \Delta S_2 + \Delta S_3 = (4.18 - 2.06) \ln \frac{273}{253} - \frac{333.8}{273} = -1.06\,\mathrm{J\,K^{-1}}$$

エンタルピー変化もエントロピー変化と同様に計算できる．

$$\Delta H = (4.18 - 2.06) \times (273 - 253) - 333.8 = -291.4\,\mathrm{J}$$

これより，$\Delta H_{253}/253 = -1.15\,\mathrm{J\,K^{-1}}$ となり，ΔS とは異なる．これは，$-20\,°\mathrm{C}$ では水と氷は平衡状態にないため，$\Delta H_{253} = Q_r$ とはならないためである．

|||||||||| 問　題 ||||||||||

4.1 $-20\,°\mathrm{C}$ で水が氷に変わる変化は不可逆であることを証明せよ．

4.2 熱力学第 2 法則の結論として「自発的変化は不可逆変化であり，エントロピーは増大する」．しかし $-20\,°\mathrm{C}$ で水が氷になる変化は不可逆変化であるにもかかわらず，$\Delta S = -1.06\,\mathrm{J\,K^{-1}}$ で水のエントロピーは減少する．これは第 2 法則に矛盾していないか．

4.3 $500\,°\mathrm{C}$ で一定温度に保たれている電気炉に $20\,°\mathrm{C}$ の金属 1 kg を入れて $500\,°\mathrm{C}$ まで加熱した．この変化が不可逆であることを示せ（問題 3.3 参照）．

---**例題 5**───────────────────**残留エントロピー**───

クレイトンとジョークは 0 K 近傍から 298.15 K までの一酸化炭素 CO の熱容量や転移熱を正確に測定し，298.15 K における CO の熱力学的エントロピーは 193.3 J K^{-1} mol^{-1} という値を得た．一方，気体状態の CO のスペクトルのデータなどから統計力学に基づいて求めた CO のエントロピーの理論値は，197.5 J K^{-1} mol^{-1} であった．

【解答】　この差 4.2 J K^{-1} mol^{-1} のエントロピーは，CO が結晶化の際に図 4.5(a) のような完全結晶とはならず，(b) のように配向に乱れを生じ，それがそのまま凍結されるためであるとして説明される．図 4.5(b) のように CO の配向が乱雑である場合，CO の向きの自由度が 2 であるから，各分子当りの配置の数は 2 となる．したがって，0 K 近傍において残留しているエントロピーは，1 mol 当り

$$S^{\mathrm{res}} = k \ln 2^L = R \ln 2$$
$$= 5.7 \, \mathrm{J\,K^{-1}\,mol^{-1}}$$

となる．このことから，CO の結晶中では CO はほぼランダムに配向しており，残留エントロピー 4.2 J K^{-1} mol^{-1} はそのためであるとして説明できる．

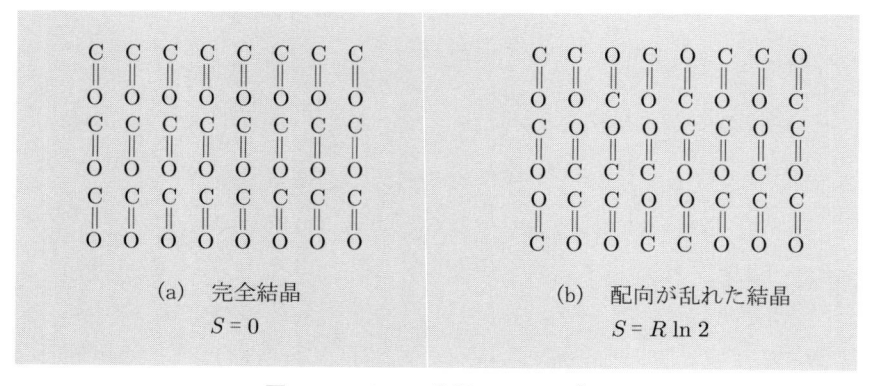

(a) 完全結晶　　$S = 0$

(b) 配向が乱れた結晶　　$S = R \ln 2$

図 4.5　CO の残留エントロピー

問題

5.1 3とおりの配向をとったままで 0 K に凍結された結晶がある．この結晶 1 mol 当りの残留エントロピーはいくらか．

5.2 氷の結晶中では酸素原子が 2 個の水素原子と水素結合で結合しており，各酸素原子のまわりの 4 個の水素原子の配置は正四面体構造となっている．O 原子と結合している各 H 原子には，2 つの等価な位置 O–H$\cdots$O または O$\cdots$H–O がある．氷の残留エントロピーはいくらになると考えられるか．ただし，各 O 原子について，直接結合している（共有結合している）H 原子は 2 個に限られている．

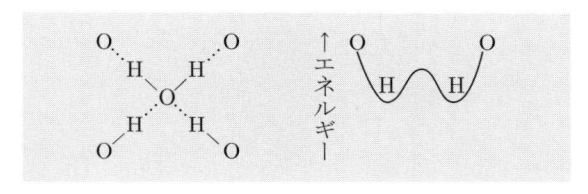

図 4.6

5.3 同温・同圧で n_1 mol の気体 A と n_2 mol の気体 B を混合するときのエントロピー変化は

$$\Delta S = -R(n_1 \ln x_1 + n_2 \ln x_2) = -R \sum n_i \ln x_i$$

で表わされることを示せ．ここで

$$x_1 = \frac{n_1}{n_1 + n_2}, \quad x_2 = \frac{n_2}{n_1 + n_2}$$

は各成分のモル分率である．

―― 例題 6 ――――――――――――――――――――――――― 標準エントロピー ――

25°C ではベンゼンは液状で,標準エントロピーは $172.8\,\mathrm{J\,K^{-1}\,mol^{-1}}$ である.この温度ではベンゼンは 0.1235 atm で沸騰し,気化熱は $33.744\,\mathrm{kJ\,mol^{-1}}$ である.25°C; 1 atm におけるベンゼン蒸気の標準エントロピーを求めよ.

【解答】 25°C では 0.1235 atm で液体と気体とが平衡状態になる.そこで次の過程でのベンゼンのエントロピー変化を考える.

$$(25\,°\mathrm{C},\,1\,\mathrm{atm},\,液) \xrightarrow[\Delta S_1]{膨張} (25\,°\mathrm{C},\,0.1235\,\mathrm{atm},\,液) \xrightarrow[\Delta S_2]{気化} (25\,°\mathrm{C},\,0.1235\,\mathrm{atm},\,気)$$

$$\xrightarrow[\Delta S_3]{圧縮} (25\,°\mathrm{C},\,1\,\mathrm{atm},\,気)$$

ΔS_1:液体の圧力による体積変化は無視できるほど小さい.したがって $\Delta S_1 = 0$ とおいてもよい.

ΔS_2:平衡状態での相変化であるから $\Delta S_2 = 33744/298.15 = 113.18\,\mathrm{J\,K^{-1}\,mol^{-1}}$

ΔS_3:25°C での気体の等温圧縮である.ベンゼン蒸気を理想気体とみなすと

$$\Delta S_3 = R\ln(P_1/P_2) = R\ln(0.1235/1) = -17.39\,\mathrm{J\,K^{-1}\,mol^{-1}}$$

したがって,25°C,1 atm におけるベンゼン蒸気のエントロピーは

$$S^\ominus = 172.8 + 113.2 - 17.4 = 268.6\,\mathrm{J\,K^{-1}\,mol^{-1}}$$

下図に,0 K から 400 K までのベンゼンの標準エントロピー変化が示してある.

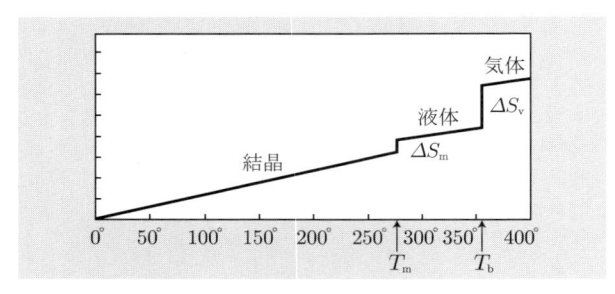

図 4.7 ベンゼンのエントロピーの温度依存性

######## 問 題 ########

6.1 固体の熱容量は低温では絶対温度の 3 乗に比例する.すなわち $C_P = aT^3$(a は定数).これを**デバイの 3 乗則**という.10 K における固体の標準エントロピーを求めよ.

6.2 表 4.1 のデータを用いて,次の反応に伴う 25°C における標準エントロピー変化を計算せよ.

(1) $2\mathrm{NO(g)} + \mathrm{O_2(g)} = 2\mathrm{NO_2(g)}$ (2) $2\mathrm{Fe(s)} + (3/2)\,\mathrm{O_2(s)} = \mathrm{Fe_2O_3(s)}$

(3) $\mathrm{C_3H_8(g)} + 5\mathrm{O_2} = 3\mathrm{CO_2(g)} + 4\mathrm{H_2O(\ell)}$

演 習 問 題

1. 100 g のアルゴンと窒素を 1 atm 下で 0 °C から 100 °C まで加熱した．気体のエントロピー変化はそれぞれいくらか．

2. 表 2.2 の値を用いて，1 atm 下で 1 mol の水素および塩素を 0 °C から 100 °C まで加熱するときのエントロピー変化を求めよ．これらを，2 原子分子の理想気体の値と比較せよ．

3. 表 2.2 の値を用いて，1 atm 下で 3 mol のアンモニアを 0 °C から 300 °C まで加熱するときのエントロピー変化を求め，その値を $C_P = 4R$ としたときの値と比較せよ．

4. 0 °C，1 atm における水の融解熱は $6.004 \times 10^3 \, \mathrm{J \, mol^{-1}}$ である．1 atm 下で 1 kg の 0 °C の水と 0 °C の氷のエントロピー差はいくらか．

5. 100 °C，1 atm における水の蒸発熱は $4.029 \times 10^4 \, \mathrm{J \, mol^{-1}}$ である．1 atm，100 °C における水と水蒸気のエントロピー差を求め，その値を 0 °C における氷と水のエントロピー差と比較せよ．

6. 2 mol の水素を 25 °C において 1 atm から 5 atm まで圧縮した．水素を理想気体として気体のエントロピー変化を計算せよ．

7. アンモニアの合成反応を行うために，300 °C，50 atm において 30 mol の水素と 10 mol の窒素を混合した．このときのエントロピー変化はいくらか．理想混合気体と仮定して計算せよ．

8. 100 °C，1 atm で 2 mol のアンモニアを定圧で加熱してその体積を 3 倍とした．このときの系における W，Q，ΔU，ΔH，および ΔS を計算せよ．アンモニアは理想気体とみなしてマイヤーの関係式を用いてもよいものとする．ただし定圧モル熱容量は表 2.2 のデータを用いよ．

9. 理想気体について次の各問に答えよ．
   (1) 状態 I (T_1, V_1) より状態 II (T_2, V_1) へ変化したときの ΔU，ΔH および ΔS を表わす式を求めよ．
   (2) 状態 I (T_1, V_1) より状態 II (T_2, V_2) へ変化したときの ΔU および ΔS を表わす式を求めよ．
   (3) 2 mol の 2 原子分子気体が 300 K，0.1 atm から 500 K，2 atm まで変化した．この系の ΔS を求めよ．
   (4) 容積 10 dm^3 で一定の閉じた容器に 300 K，0.1 atm の 2 原子分子気体が入れてある．容積一定の条件でこの気体を 400 K まで加熱するときの Q，ΔU，ΔS を求めよ．

10. 気体の断熱可逆変化で I $(T_1, V_1) \to$ II (T_2, V_2) とした．
    (1) 理想気体について W_r，ΔU，ΔH，ΔS を表わす式を導け．
    (2) C_V は一定と仮定して，ファン・デル・ワールス気体 $P = \dfrac{nRT}{V - nb} - \dfrac{n^2 a}{V^2}$ について，Q_r，ΔU，ΔS を表わす式を導け．計算においては関係式 $\left(\dfrac{\partial U}{\partial V}\right)_T = T \left(\dfrac{\partial P}{\partial T}\right)_V - P$ (69 ページ例題 2(1) 参照) を用いよ．

11 メチルアルコールの 1 atm 下での沸点は 64.7°C で，沸点におけるモル蒸発熱は 35.2 kJ mol^{-1} である．液体および蒸気の定圧熱容量はそれぞれ 79.7 および 24.4 J K^{-1} mol^{-1} である．沸点および 0°C におけるモル当りの蒸発のエントロピー変化を計算せよ．

12 1 気圧下における下記の沸点とモル蒸発熱に関するデータを用いて，各物質の蒸発に伴うモルエントロピー変化を計算せよ．

物　　質	沸点/K	蒸発熱/kJ mol^{-1}
水　素	20.39	0.904
メタン	111.67	8.180
n-ヘキサン	341.90	28.85
ベンゼン	353.3	30.6
エタノール	351.7	38.6
水	373.15	40.66
酢　酸	391.4	24.4

13 箱の中にある N_1 個の球 A と N_2 個の球 B を $N = N_1 + N_2$ 個の格子点に乱雑に配列する際のエントロピー変化を表わす式を求め，ΔS は理想気体の混合エントロピーと同じになることを示せ．配列前は A は N_1 個の，B は N_2 個の格子点にそれぞれ別々に配置されているものとし，配置変えによるエネルギー変化はないものとする．N_1, N_2 とも十分に大きな数であるとする．

14 量 $M(x, y)$ が完全微分であるための必要十分条件は，M の全微分

$$dM = \left(\frac{\partial M}{\partial x}\right)_y dx + \left(\frac{\partial M}{\partial y}\right)_x dy$$

において，関係式

$$\left[\frac{\partial}{\partial y}\left(\frac{\partial M}{\partial x}\right)_y\right]_x = \left[\frac{\partial}{\partial x}\left(\frac{\partial M}{\partial y}\right)_x\right]_y$$

が成立することである [付録 (30) 式]．これを用いて，理想気体が準静的変化で吸収する熱量 $d'Q_{\text{rev}}$ は完全微分量ではないが，$d'Q_{\text{rev}}/T$ は完全微分量であることを示せ．ここで T は絶対温度（熱力学的温度）である．

15 理想気体 1 mol のエントロピーは

$$S = S_0 + C_V \ln \frac{T}{T_0} + R \ln \frac{V}{V_0}$$

で与えられることを示せ．ここで S_0 は T_0, V_0 における気体のモルエントロピーである．

5 自由エネルギーと純物質の相平衡

5.1 自由エネルギー

熱力学第1法則を表わす (1.3) 式と熱力学第2法則を表わす (4.25) 式とを組み合わせると次の (5.1) 式となる.

$$\left.\begin{array}{r} dU = d'Q + d'W \\ TdS \geqq d'Q \end{array}\right\} \longrightarrow dU - TdS \leqq d'W \tag{5.1}$$

ここで等号は可逆変化, 不等号は不可逆変化に相当している.

$d'W$ のうち, 大気圧下で行う通常の実験条件では, 体積変化の仕事は大気を押し上げるだけで有効な仕事としては使えない. そこで $d'W$ を体積変化の仕事 $d'W_V = -PdV$ と有効に使える正味の仕事 $d'W_{\text{net}}$ の2つに分ける.

$$d'W = d'W_V + d'W_{\text{net}} \tag{5.2}$$

そうすると, (5.1) 式は次のように書ける.

$$dU - TdS \leqq d'W_V + d'W_{\text{net}} \tag{5.3}$$

(1) 定温・定積変化

$$A \equiv U - TS \tag{5.4}$$

でヘルムホルツ(の自由)エネルギーを定義する. 定温では $dA = dU - TdS$ であるから, (5.1) 式は

$$dA \leqq d'W \tag{5.5}$$

となる. 状態量である U, T, S の関数であるから, A も状態量である.

(2) 定温・定圧変化

$$G \equiv U - TS + PV = H - TS \tag{5.6}$$

でギブズ(の自由)エネルギーを定義する. 定温・定圧では, $dG = dU - TdS + PdV$ であるから, (5.1) 式は

$$dG \leqq d'W_{\text{net}} \tag{5.7}$$

と書ける. ここで $d'W_{\text{net}}$ は $d'W$ のうちから体積変化の仕事 $-PdV$ を除いたものである.

(5.5) 式や (5.7) 式は

$$-dA \geqq -d'W, \quad -dG \geqq -d'W_{\mathrm{net}} \tag{5.8}$$

と書ける．$-dA$ や $-dG$ は所与の条件（定温・定積や定温・定圧）での系の自由エネルギーの減少であり，$-d'W$ は系が外部にする仕事であるから，これらの式は，定積ないし定圧で系が外界に対してなす仕事よりも，系の自由エネルギーの減少は等しいか（可逆）大きい（不可逆）であることを意味している．すなわち，ΔA や ΔG は，系の変化において取り出し得る仕事量の最大値に相当している．A のことを**仕事関数**ともいう．(5.4) 式や (5.6) 式から，TS は内部エネルギーやエンタルピーのうち，仕事としては取り出せない部分に相当していることがわかる．すなわち

$$U = A + TS, \quad H = G + TS$$

である．A や G を**自由エネルギー**とよぶのに対し，TS を**束縛エネルギー**という．

5.2 平衡条件

外界の仕事のやりとりが体積変化 PdV のみの場合，$d'W_{\mathrm{net}}$ であるから

$$\text{定温・定積}: dA \leqq 0 \quad (\text{定積なので } PdV = -d'W_V = 0) \tag{5.9}$$
$$\text{定温・定圧}: dG \leqq 0 \tag{5.10}$$

となる．等号は平衡状態に相当し不等号は不可逆変化すなわち自発的変化に相当している．

以上のことから，自発的変化が進行すると系の自由エネルギーは減少し，平衡状態に到達するともはや変化しなくなることがわかる．すなわち，自由エネルギー極小が定温における系の平衡の条件である．

孤立系においては，クラウジウスの不等式 $dS \geqq 0$

表 5.1

条件	平衡	自発的変化
定温定積	$dA = 0$	$dA < 0$
定温定圧	$dG = 0$	$dG < 0$

より，エントロピー極大の状態が平衡状態であることがわかる．

5.3 自然変数とルジャンドル変換

体積変化の仕事のみを考える場合，$d'W = -PdV$ であるから，平衡状態に対して (5.1) 式は

$$dU = TdS - PdV \tag{5.11}$$

と書ける．(5.11) 式は，U の独立変数として (S, V) を選ぶと，U の全微分をとったとき微分 dS と dV の係数となる導関数が熱力学的量 T，$-P$ となることを示している．そこで，(S, V) を U の**自然変数**という．$U \equiv U(S, V)$ としたときの全微分

$$dU = \left(\frac{\partial U}{\partial S}\right)_V dS + \left(\frac{\partial U}{\partial V}\right)_S dV \tag{5.12}$$

と (5.11) 式とを比較することにより次の関係を得る.

$$T = \left(\frac{\partial U}{\partial S}\right)_V, \quad P = -\left(\frac{\partial U}{\partial V}\right)_S \tag{5.13}$$

エンタルピー $H = U + PV$ の全微分をとり，これに (5.11) 式を代入すると

$$dH = dU + PdV + VdP = TdS + VdP \tag{5.14}$$

となる．これより，H の自然変数は (S, P) であることがわかる．以下同様にして，$A = U - TS$, $G = H - TS$ より

$$dA = -SdT - PdV \qquad (5.15) \qquad dG = -SdT + VdP \tag{5.16}$$

を得る．したがって，A の自然変数は (T, V)，G の自然変数は (T, P) である．以上の結果は表 5.2 にまとめてある．

表 5.2 における熱力学的関数とその自然変数の組をみると，次のことがわかる (表 5.3)．すなわち，独立変数を $V \to P$ と変換する場合，元の関数に積 PV を加える．また，$S \to T$ の変換では，元の関数から TS を減ずる．このような独立変数の変換は**ルジャンドル変換**とよばれている．

表 5.2 熱力学的関数とその自然変数および全微分

	熱力学的関数	自然変数	全 微 分
内部エネルギー	U	S, V	$dU = TdS - PdV$
エンタルピー	$H = U + PV$	S, P	$dH = TdS + VdP$
ヘルムホルツエネルギー	$A = U - TS$	T, V	$dA = -SdT - PdV$
ギブズエネルギー	$G = H - TS$	T, P	$dG = -SdT + VdP$

表 5.3 熱力学的関数と独立変数の変換

熱力学的関数の変換	独立変数の変換	ルジャンドル変換
$U(S,V) \to H(S,P)$	$V \to P$	$H = U + PV$
$U(S,V) \to A(T,V)$	$S \to T$	$A = U - TS$
$U(S,V) \to G(T,P)$	$S \to T, V \to P$	$G = U - TS + PV = H - TS$

(5.15) 式と (5.16) 式より

$$\left(\frac{\partial A}{\partial T}\right)_V = -S, \quad \left(\frac{\partial A}{\partial V}\right)_T = -P, \quad \left(\frac{\partial G}{\partial T}\right)_P = -S, \quad \left(\frac{\partial G}{\partial P}\right)_T = V \tag{5.17}$$

の関係式が得られる．これらに付録 (30) 式の関係を適用すると

$$\left(\frac{\partial S}{\partial V}\right)_T = \left(\frac{\partial P}{\partial T}\right)_V, \quad -\left(\frac{\partial S}{\partial P}\right)_T = \left(\frac{\partial V}{\partial T}\right)_P \tag{5.18}$$

を得る．これらの関係式を，**マクスウェルの関係式**という．

5.4 ギブズエネルギーの圧力,温度による変化

定圧あるいは定温の条件では,ギブズエネルギーの圧力あるいは温度依存性について (5.17) 式の関係が成り立つ.(5.17) 式の右側の式から,G の圧力による変化について

$$\Delta G = G_2 - G_1 = \int_{P_1}^{P_2} \left(\frac{\partial G}{\partial P}\right)_T dP = \int_{P_1}^{P_2} V dP \tag{5.19}$$

が成り立つ.1 mol の理想気体に対しては,$V = RT/P$ であるから

$$\Delta G = G_2 - G_1 = \int_{P_1}^{P_2} \frac{RT}{P} dP = RT \ln \frac{P_2}{P_1} \tag{5.20}$$

となる.標準状態として 1 atm (101 325 Pa) を選び,これを $P^{\ominus}$ で表わすと,G_1 を $G^{\ominus}$ と書いて,(5.20) 式は

$$G = G^{\ominus} + RT \ln \frac{P}{P^{\ominus}} \tag{5.21}$$

となる*.$G^{\ominus}$ は $P = P^{\ominus}$ のときの 1 mol 当りの G で,気体の種類によって変わり,また温度によっても変わる.

次に,G の温度による変化に注目しよう.(5.6) 式より,定温では

$$\Delta G = \Delta H - T\Delta S \tag{5.22}$$

となる.これに (5.17) 式の左側の式を $(\partial \Delta G/\partial T)_P = -\Delta S$ と改めて代入すると

$$\Delta G = \Delta H + T\left(\frac{\partial \Delta G}{\partial T}\right)_P \tag{5.23}$$

が得られる.これを**ギブズ・ヘルムホルツの式**という.(5.23) 式は

$$\left[\frac{\partial}{\partial T}\left(\frac{\Delta G}{T}\right)\right]_P = -\frac{\Delta H}{T^2} \tag{5.24}$$

となる.あるいは次のようにも書ける.

$$\left[\frac{\partial}{\partial(1/T)}\left(\frac{\Delta G}{T}\right)\right]_P = \Delta H \tag{5.25}$$

---

* 一般に標準状態として $P^{\ominus} = 1$ atm をとるので,P を atm 単位で表わす場合,(5.21) 式は $G = G^{\ominus} + RT \ln(P/\text{atm})$ と書くことがある.

5.5 純物質の相平衡とクラペイロン・クラウジウスの式

クラペイロン・クラウジウスの式　一定温度Tにおいて液体または固体と共存する蒸気の圧力は一義的に定まる．この蒸気の圧力をその液体の**蒸気圧**または固体の**昇華圧**という．

いま，ある温度で気体−液体が平衡状態にあるとする．この系全体のギブズエネルギーをG，液相と気相の物質1 mol当りのギブズエネルギーを$g^{(\ell)}$，$g^{(g)}$とし，液相と気相には$n^{(\ell)}$ molと$n^{(g)}$ molの物質があるとする．そうすると，界面エネルギーを無視すると

$$G = n^{(\ell)} g^{(\ell)} + n^{(g)} g^{(g)} \tag{5.26}$$

である．いま，$dn^{(\ell)}$だけの液体が蒸発したとすると，$-dn^{(\ell)} = dn^{(g)}$であるから

$$dG = g^{(\ell)} dn^{(\ell)} + g^{(g)} dn^{(g)} = (g^{(g)} - g^{(\ell)}) dn^{(g)} \tag{5.27}$$

となる．T, P一定下での系の平衡条件は$dG = 0$であるから

$$g^{(g)} = g^{(\ell)} \tag{5.28}$$

が気−液平衡の条件となる．すなわち，モル当りのギブズエネルギーが等しいときに気−液平衡となる．平衡状態に微小な摂動を加えても(5.28)式の関係は保たれるので

$$dg^{(g)} = dg^{(\ell)} \tag{5.29}$$

の関係も成立している．(5.29)式に(5.16)式を代入すると

$$V^{(\ell)} dP - S^{(\ell)} dT = V^{(g)} dP - S^{(g)} dT \tag{5.30}$$

$$\frac{dP}{dT} = \frac{S^{(g)} - S^{(\ell)}}{V^{(g)} - V^{(\ell)}} = \frac{\Delta S}{\Delta V} = \frac{\Delta H}{T \Delta V} \tag{5.31}$$

が得られる．(5.31)式では相変化について$\Delta S = \Delta H / T$が成り立つことが利用してある．ここでΔHは相転移のエンタルピー変化，Tは転移温度である．(5.31)式は**クラペイロン・クラウジウスの式**とよばれている．

蒸気に対して理想気体の近似が成立し，かつ$V^{(\ell)} \ll V^{(g)}$とすると，蒸気圧の温度依存性について

$$P = P^{\ominus} \exp\left\{-\frac{\Delta H_v}{R}\left(\frac{1}{T} - \frac{1}{T^{\ominus}}\right)\right\} = c \exp\left(-\frac{\Delta H_v}{RT}\right) \tag{5.32}$$

$$c = P^{\ominus} \exp\left(\frac{\Delta H_v}{RT^{\ominus}}\right) \tag{5.32}'$$

を得る．ここで$P^{\ominus}$は$T^{\ominus}$における蒸気圧，ΔH_vはモル気化熱である（例題3）．図5.1にいろいろな物質の蒸気圧曲線が，図5.2にそれらの物質について$\log P \sim 1/T$の関係がプロットしてある．

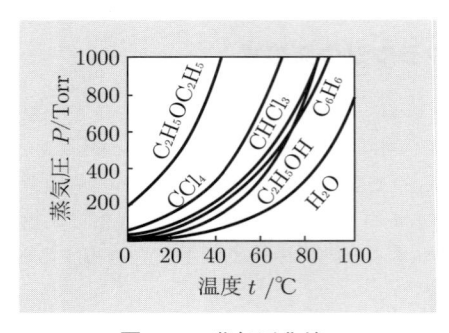

図 5.1 蒸気圧曲線

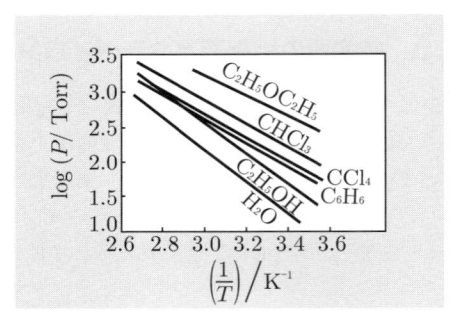

図 5.2 $\log P \sim 1/T$ のプロット

トルートンの規則 蒸気圧が 1 atm に達する温度をその物質の**標準沸点**という．標準沸点を T_b とすると，多くの物質について，$\Delta H_v/RT_b$ はほぼ一定で

$$\frac{\Delta H_v}{RT_b} = \frac{\Delta S_v}{R} \cong 10.5 \, \mathrm{J\,K^{-1}\,mol^{-1}} \tag{5.33}$$

の関係がある．これを**トルートンの規則**という．これは 1 atm 下での蒸発のモルエントロピー変化 ΔS_v が，物質の種類によらずほぼ一定で，$10.5R = 87 \, \mathrm{J\,K^{-1}\,mol^{-1}}$ であることを示している（表 5.4）．

表 5.4 に見られるように，ヘリウム，水素など沸点が非常に低い物質およびエタノール，水，酢酸などの会合性物質はトルートンの規則からずれている．低沸点物質では，沸点における蒸気が占める空間が小さく，蒸気のエントロピーが小さいためである．エタノー

表 5.4 蒸発熱と蒸発のエントロピー変化

物 質	T_b/K	ΔH_v/kJ mol^{-1}	ΔS_v/J K^{-1}mol^{-1}	$\Delta S_v/R$
He	4.25	0.1	23.5	2.8
CCl$_4$	349.9	30.0	85.7	10.3
Cl$_2$	239.10	20.41	85.36	10.3
HCl	188.11	16.2	86.1	10.4
H$_2$	20.39	0.904	44.3	5.3
H$_2$O	373.15	40.66	109.0	13.1
アセトン	329.7	29.0	88.0	10.6
エタノール	351.7	38.6	110	13.2
酢 酸	391.4	24.4	62.3	7.5
ブタン	272.7	21.29	78.1	9.4
フェノール	455.1	48.5	107	12.9
ヘキサン	341.90	28.85	84.4	10.2
メタン	111.67	8.180	73.25	8.8

ルや水では，液相中で分子間に水素結合による会合を形成しており，蒸発の際にその結合を切るための余分のエネルギーを必要とするからである．また，酢酸で ΔS_v が小さいのは，気相中でもなお，分子間水素の結合による二量体を形成しているためである．

5.6　固体の融解と昇華，状態図（相図）

クラペイロン・クラウジウスの式 (5.31) は固相−液相，固相−気相あるいは固相 (I)−固相 (II) の平衡関係にも成り立つ．

図 5.3 に，水の各状態（相）の共存関係が示してある．このような図を**状態図**あるいは**相図**という．図中曲線 OC は融解曲線で，固相−液相が共存し得る温度と圧力の関係を示したものである．水の場合，凝固することによって体積が膨張する特異な物質で，$V^{(s)} > V^{(l)}$ であるので，(5.31) 式において $\Delta V < 0$ となり，dP/dT は負となる．水の融解曲線が右下りとなっているのはそのためである．

昇華に関しては，$V^{(g)} \gg V^{(s)}$ の関係があるので，クラペイロン・クラウジウスの式は (5.32) 式で近似される．ただし，ΔH_v は ΔH_s でおきかえる．

図 5.3 に見られるように，昇華曲線，蒸発曲線，融解曲線は 1 点で交わる．この点を **3 重点**という．3 重点では温度も圧力も一意的に定まる．水の場合 $P = 4.58$ Torr（0.0060 atm，610 Pa），$T = 0.01\,°\mathrm{C}$ である．

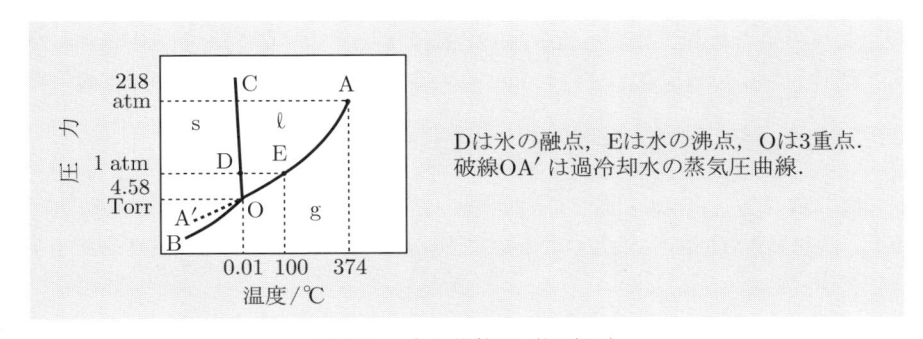

図 5.3　水の状態図（概略図）

Dは氷の融点，Eは水の沸点，Oは3重点．破線OA′は過冷却水の蒸気圧曲線．

図 5.3 で s, ℓ, g の領域内では T, P ともに自由に変えられる．したがってただ 1 つの相のみが存在する場合，系の自由度は 2 である．それに対し，蒸気圧曲線等の 2 相間の平衡曲線上では，T, P のいずれかを定めると他方は一意的に定まる．したがって，2 つの相が共存する場合，系の自由度は 1 である．さらに，3 重点では，T, P とも一意的に定まっており，3 つの相が共存する場合の系の自由度は 0 であることがわかる．共存する相の数と系の自由度に関する一般式について次章（78 ページ）で導く．

─ 例題 1 ────────────────────────────────── 自由エネルギー ─

(1) 2 mol の水素を 100 °C で 1 atm から 3 atm まで圧縮するときの ΔA と ΔG を求めよ．これを同じく 1 atm から 3 atm までの圧縮を 0 °C で行うときの ΔA と ΔG の値と比較せよ．

(2) 1 atm, 25 °C で 2 mol のヘリウムと 5 mol の水素を混合するときの ΔG を求めよ．

【解答】 (1) $dA = -SdT - PdV$, $dG = -SdT + VdP$ より, $dT = 0$ であるから $dA = -PdV$, $dG = VdP$ となる．これより

$$\Delta A = -\int P dV = -\int_{V_1}^{V_2} \frac{nRT}{V} dV = -2\,RT \ln \frac{V_2}{V_1} = -2\,RT \ln \frac{P_1}{P_2} = 2\,RT \ln 3$$
$$= 6.81 \times 10^3 \,\text{J}$$

$$\Delta G = \int V dP = \int_{P_1}^{P_2} \frac{nRT}{P} dP = 2\,RT \ln \frac{P_2}{P_1} = -2\,RT \ln \frac{P_1}{P_2} = 2\,RT \ln 3$$

であるから $\Delta G = \Delta A$．

ΔG も ΔA も温度 T に比例するから, $\Delta A(100\,°\text{C})/\Delta A(0\,°\text{C}) = 373/273$ となる．

(2) (5.22) 式より $\Delta G = \Delta H - T\Delta S$ であるが, 理想気体については混合のエンタルピー変化 $\Delta H = 0$ であるから, $\Delta G = -T\Delta S$ となる．

理想気体の混合エントロピーは, (4.12) 式より $\Delta S = -R \sum n_i \ln x_i$ であるから $\Delta G = RT \sum n_i \ln x_i$ となる．$n_1 = 2$ mol, $n_2 = 5$ mol で $x_1 = 2/7$, $x_2 = 5/7$ であるから

$$\Delta G = 8.314 \times 298 \left(2 \ln \frac{2}{7} + 5 \ln \frac{5}{7}\right) = -1.038 \times 10^4 \,\text{J}$$

|||||||||| **問　題** ||||||||||||||||||||||||||||||||||||||||||||||||||||||||||||||||||||||||||||||||

1.1 理想気体 0.5 mol を 27 °C において 10 dm^3 から 30 dm^3 まで膨張させたときの ΔG を求めよ．

1.2 100 °C, 1 atm で 2 mol の水素と 1 mol の酸素がある．両者を混合して全体を 3 atm とするときの ΔA と ΔG を求めよ．

1.3 断熱したボンベ中で水素と酸素とを反応させて水を生成した．この系における ΔU, ΔH, ΔS, ΔA および ΔG の変化の有無やその符号について述べよ．

1.4 表 2.3（標準燃焼熱）および表 4.1（標準エントロピー）のデータを用いて, 25 °C, 1 atm 下で 1 mol の CH$_4$(g) を燃焼して H$_2$O(ℓ) と CO$_2$(g) とするときの ΔA および ΔG を求めよ．

1.5 酸素の沸点は $-182.97\,°\text{C}$ である．$-182.97\,°\text{C}$ において 1 mol の酸素を 1 atm の気体に変える場合および 0.2 atm の気体に変える場合の ΔG を求めよ．

---- 例題 2 ─────────────────────────────────── 熱力学的関係式 ────

次の関数式を導け.

(1) $\left(\dfrac{\partial U}{\partial V}\right)_T = T\left(\dfrac{\partial P}{\partial T}\right)_V - P = T\dfrac{\alpha}{\kappa} - P$　　　（α は体膨張率, κ は圧縮率）

(2) $\left(\dfrac{\partial H}{\partial P}\right)_T = -T\left(\dfrac{\partial V}{\partial T}\right)_P + V$

【解答】 (1) まず $(\partial U/\partial V)_T$ を得るために, U の独立変数として少なくとも V を選ぶ必要がある. 他の独立変数として U の自然変数である S をとると次式を得る.

$$dU = TdS - PdV \quad \text{より} \quad \left(\dfrac{\partial U}{\partial V}\right)_T = T\left(\dfrac{\partial S}{\partial V}\right)_T - P$$

マクスウェルの関係式 (5.18) 式より, 上式は $(\partial U/\partial V)_T = T(\partial P/\partial T)_V - P$ となる. $(\partial P/\partial T)_V = \alpha/\kappa$ となることは第 2 章問題 8.3 で証明したが, ここでは別解を示す. P を T, V の関数とすると $dP = (\partial P/\partial T)_V dT + (\partial P/\partial V)_T dV$. $dP = 0$ の条件では

$$\left(\dfrac{\partial P}{\partial T}\right)_V = -\left(\dfrac{\partial P}{\partial V}\right)_T \left(\dfrac{\partial V}{\partial T}\right)_P = -\dfrac{1}{V}\left(\dfrac{\partial V}{\partial T}\right)_P \Big/ \dfrac{1}{V}\left(\dfrac{\partial V}{\partial P}\right)_T = \dfrac{\alpha}{\kappa}$$

(2) H の自然変数 (S, P) を独立変数として全微分をとると, $dH = TdS + VdP$ となる. これより $(\partial H/\partial P)_T = -T(\partial S/\partial P)_T + V$ を得る. マクスウェルの関係式 (5.18) を用いると, 上式は $(\partial H/\partial P)_T = -T(\partial V/\partial T)_P + V$ となる.

|||||||||| 問　題 ||||||||||||||||||||||||||||||||||||||||||||||||||||||||||||||||||||||||||||||||||||||||||

2.1 次の関数式を導け.

(1) $C_P - C_V = \left\{\left(\dfrac{\partial U}{\partial V}\right)_T + P\right\}\left(\dfrac{\partial V}{\partial T}\right)_P$

(2) $C_P - C_V = TV\alpha^2/\kappa$　　（α は体膨張率, κ は圧縮率）.

2.2 ボイルの法則にしたがい, かつ内部圧 $(\partial U/\partial V)_T$ が零であるような気体は $PV = nRT$ の関係を満たすことを証明せよ.

2.3 ファン・デル・ワールスの状態方程式, $(P + a/V^2)(V - b) = RT$ にしたがう気体について次を表わす式を求めよ.

(1) $\left(\dfrac{\partial U}{\partial V}\right)_T$　　(2) $\left(\dfrac{\partial H}{\partial P}\right)_T$

ただし, (2) の計算においては, ファン・デル・ワールスの式を $PV = RT + (b - a/RT)P$ と近似してよい. また, 得られた結果の物理的意味について議論せよ.

---- 例題 3 ---- クラペイロン・クラウジウスの式 (1) ----

(1) クラペイロン・クラウジウスの式
$$dP/dT = \Delta H/T\Delta V \qquad (a)$$
より，蒸気についても理想気体近似が成立しかつ $V^{(g)} \gg V^{(l)}$ とすると
$$P = P^{\ominus} \exp\left\{-\frac{\Delta H_v}{R}\left(\frac{1}{T} - \frac{1}{T^{\ominus}}\right)\right\} \qquad (b)$$
が成立することを証明せよ．ここで ΔH_v はモル気化熱である．
(2) n-ブタンの蒸気圧は右の表のとおりである．$-77.8 \sim -0.5\,°C$ における平均のモル気化熱を求めよ．

温度/°C	蒸気圧/Torr
-77.8	10
-52.8	60
-16.3	400
-0.5	760

【解答】 (1) $V^{(g)} \gg V^{(l)}$ でかつ $V^{(g)} = RT/P$ とおけるとすると，(a) 式は
$$dP/dT = \Delta H_v/TV^{(g)} = \Delta H_v P/RT^2 \qquad (c)$$
となる．(c) 式は $dP/P = (\Delta H_v/R)(dT/T^2)$ となり，ΔH_v が温度に依存しないとすると，これを積分して
$$\ln\frac{P}{P^{\ominus}} = -\frac{\Delta H_v}{R}\left(\frac{1}{T} - \frac{1}{T^{\ominus}}\right) \qquad (d)$$
となる．ここで $P^{\ominus}$ は温度 $T^{\ominus}$ における蒸気圧でもある．(d) 式より (b) 式が得られる．

(2) (d) 式で $T, T^{\ominus}$ に 195.4 K ($-77.8\,°C$) と 272.7 K ($-0.5\,°C$) を，P と $P^{\ominus}$ に 10 Torr と 760 Torr を代入すると
$$\ln\frac{10}{760} = -\frac{\Delta H_v}{R}\left(\frac{1}{195.4} - \frac{1}{272.7}\right) = -1.45 \times 10^{-3}\frac{\Delta H_v}{R}, \quad \Delta H_v = 24.8\,\text{kJ/mol}^{-1}$$

||||||||| 問 題 |||||||||||||||||||||||||||||||||||||||||||||||||||||||||||||||||||||

3.1 水の標準沸点における蒸発熱は $40.65\,\text{kJ mol}^{-1}$ である．$90\,°C$ および $110\,°C$ における水の蒸気圧を求めよ．

3.2 大気圧が 5 atm における水の沸点を求めよ．$\Delta H_v = 40.65\,\text{kJ/mol}^{-1}$ である．

3.3 右表の酢酸の蒸気圧のデータから酢酸のモル気化熱を求めよ．酢酸の標準沸点は $117.4\,°C$ である．この温度における気化のエントロピー変化 ΔS_v を求めよ．一方，酢酸の蒸発熱の実測値は $406\,\text{J g}^{-1}$ である．実測される ΔS_v と計算値とに差があればその理由について考えよ．

温度/°C	蒸気圧/Torr
110	583
130	1040

3.4 ベンゼンの蒸気圧は温度の関数として $\log P = 26.075 - 6.203 \log T - 2610/T$ で近似される．$V^{(g)} \gg V^{(l)}$ としてベンゼンのモル当りの蒸発エントロピー変化を温度の関数として表わせ．

---例題 4--クラペイロン・クラウジウスの式 (2)---

右にシクロヘキサンの蒸気圧の温度依存性を示す．この表のデータからシクロヘキサンのモル昇華熱，モル気化熱，モル融解熱，標準沸点および 3 重点を推定せよ．ΔH_s, ΔH_v, ΔH_m は一定でかつ蒸気については理想気体の近似が成立するものとしてよい．

温度/℃	状態	蒸気圧/Torr
-15.9	固	10
-5.0	固	20
14.7	液	60
42.0	液	200

【解答】 転移熱を一定とすると次式が成立する．

$$\ln P = -(\Delta H_{tr}/RT) + C \quad (C = 定数) \tag{a}$$

(1) 昇華について，$\ln \dfrac{20}{10} = -\dfrac{\Delta H_s}{R}\left(\dfrac{1}{268.2} - \dfrac{1}{257.3}\right) = \dfrac{\Delta H_s}{R} \times 1.580 \times 10^{-4}$

$\Delta H_s = 3.648 \times 10^4 \,\mathrm{J\,mol^{-1}}$. $C = \ln 20 + 3.648 \times 10^4/(8.314 \times 268.2) = 19.36$

$$\ln P/\mathrm{Torr} = -\dfrac{4.39 \times 10^3}{T/\mathrm{K}} + 19.36 \tag{b}$$

(2) 液体の蒸発について，同様にして $\Delta H_v = 3.327 \times 10^4 \,\mathrm{J\,mol^{-1}}$. $C = 17.99$

$$\ln P/\mathrm{Torr} = -\dfrac{4.00 \times 10^3}{T/\mathrm{K}} + 17.99 \tag{c}$$

(3) 昇華熱 = 融解熱 + 気化熱 の関係が近似的に成立するので

$$\Delta H_m = \Delta H_s - \Delta H_v = 3.21 \times 10^3 \,\mathrm{J\,mol^{-1}}$$

(4) 標準沸点は (c) 式において $P = 760\,\mathrm{Torr}$ とおいて

$\ln 760 - 17.99 = -4.00 \times 10^3/T_b$ より $T_b = 352\,\mathrm{K}\,(79\,°\mathrm{C})$

(5) 3 重点は $P(固) = P(液) = P_{tr}$ となる．この温度を T_{tp} とすると，(b) と (c) 式より

$-4.39 \times 10^3 + 19.36\,T_{tr} = -4.00 \times 10^3 + 17.99\,T_{tr}$; $T_{tp} \fallingdotseq 285\,\mathrm{K}\,(12\,°\mathrm{C})$

$P_{tr} \fallingdotseq 52.3\,\mathrm{Torr}$

|||||||||| 問 題 ||||||||||||||||||||||||||||||||||||||||||||||||||||||||||||||||||

4.1 水の 20 °C における蒸気圧は 17.54 Torr である．25 °C における $\mathrm{H_2O(\ell)} \longrightarrow \mathrm{H_2O(g)}$ の変化に伴う標準ギブズエネルギー変化 $\Delta G^{\ominus}_{298}$ はいくらか．

4.2 25 °C におけるダイヤモンドと黒鉛の燃焼熱はそれぞれ -395.32 および $-393.52\,\mathrm{kJ\,mol^{-1}}$ である．また 25 °C における標準モルエントロピーはそれぞれ 2.439 および $5.694\,\mathrm{J\,K^{-1}\,mol^{-1}}$ である．25 °C, 1 atm の下での黒鉛 $\longrightarrow$ ダイヤモンドの転移の $\Delta G^{\ominus}$ を求めよ．また密度はそれぞれ 3.513 および $2.260\,\mathrm{g\,cm^{-3}}$ である．密度が圧力によらないとして 25 °C で黒鉛とダイヤモンドが平衡になる圧力を求めよ．

┌─ 例題 5 ──────────────────────────────── 状態図 ─┐
水の状態図（図 5.3）について次の問に答えよ．
(1)　s, ℓ, g と記した領域は何を示すか．
(2)　曲線 OA, OB, OC はそれぞれ何を示すか．
(3)　曲線 OA′ は何を意味するか．
(4)　点 O は何を意味するか．
(5)　点 A は何を意味するか．
(6)　点 D, E は何を意味するか．
└───┘

【解答】　(1)　s は固相（氷：solid），ℓ は液相（水：liquid），g は気相（水蒸気：gas）を示す．これらの領域内でそれぞれの相のみが安定に存在する．

(2)　それぞれ 2 つの相が共存する温度・圧力の条件を示す．たとえば，OA は水と水蒸気が共存する温度・圧力の条件を示す．いいかえると水の蒸気圧曲線である．同様に，曲線 OB は氷の昇華曲線である．

(3)　曲線 OA′ は過冷却水の蒸気圧曲線である．

(4)　点 O は氷，水，水蒸気が共存する温度・圧力を示しており，3 重点という．温度 0.01°C，圧力 4.58 Torr と一義的にきまる．

(5)　点 A は臨界点で，これ以上の温度ではいくら圧縮しても液状にならない．圧力を増せば濃縮された気体となるだけで，外力で抑えつけておかない限り自由に膨張する．点 A の温度を**臨界温度**，圧力を**臨界圧力**という．水の場合臨界温度は 374°C，臨界圧力は 218 atm である．

(6)　点 D および E はそれぞれ 1 atm 下で氷と水および水と水蒸気が共存する温度を示している．すなわち水の融点および沸点を示している．

|||||||||||| 問　題 ||||||||||||||||||||||||||||||||||||||||||||||||||||||||||||||||||||||||||

5.1　1 atm 下で水は 100°C で沸騰して水蒸気に変わる．この現象を 1 atm 下での水のモル当りギブズエネルギーの温度依存曲線の概略図に基づいて説明せよ．また，80°C における水の平衡蒸気圧は 355 Torr である．この事実も図の上で説明せよ．

5.2　0°C，1 atm における水および氷の密度は 0.9999 g cm^{-3} と 0.9168 g cm^{-3} で，融解熱は 333.9 J g^{-1} である．3 重点 4.58 Torr における氷の融点を求めよ．

5.3　水の 3 重点が 0°C ではなく 0.01°C である理由を説明せよ．

5.4　固体ヨウ素の蒸気圧は 50°C において 2.16 Torr で，114.5°C において 3 重点に達する．3 重点における蒸気圧は 90.1 Torr である．また 150°C における蒸気圧は 294 Torr である．ヨウ素は融解に伴ってわずかながら体積が増大する．以上の事実に基づいてヨウ素の状態図の概略を示せ．

演習問題

1. 次の過程に伴う系のギブズエネルギー変化を求めよ．
   (1) 1 mol の水を 100 °C，1 atm で 100 °C の水蒸気とする．
   (2) 1 mol の水を 0 °C から 100 °C まで加熱する．水の熱容量は $4.18\,\text{J g}^{-1}$ で一定とする．
   (3) 100 °C，1 atm で 1 mol の水蒸気を 100 °C で 0.1 atm まで膨張させる．水蒸気は理想気体で近似できるものとする．

2. 30 °C における水の飽和蒸気圧は 31.8 Torr である．いま 100 g の水をビーカーに入れて $10\,\text{m}^3$ の室内に放置しておいたところ全部蒸発してしまった．室は完全に密封されており，かつ室温は 30 °C に保たれているとして，室内における ΔA, ΔS および ΔU を求めよ．ただし水のモル蒸発熱は $40.6\,\text{kJ mol}^{-1}$ である．

3. 25 °C，1 atm で $3\,\text{dm}^3$ の理想気体がある．これを 25 °C で 10 atm まで圧縮した．系の ΔA と ΔG を求めよ．また ΔS はいくらか．

4. -5 °C で水の蒸気圧は 3.012 Torr である．また -5 °C に過冷却された水の蒸気圧は 3.163 Torr である．-5 °C において過冷却水 1 mol が氷になるときの ΔG はいくらか．

5. 次の関係式を証明せよ．
   (1) $\left(\dfrac{\partial A}{\partial T}\right)_V = -S$ (2) $\left(\dfrac{\partial G}{\partial T}\right)_P = -S$
   (3) $\left(\dfrac{\partial S}{\partial V}\right)_T = \left(\dfrac{\partial P}{\partial T}\right)_V$ (4) $\left(\dfrac{\partial S}{\partial P}\right)_T = -\left(\dfrac{\partial V}{\partial T}\right)_P$

6. 状態方程式 $P(V-b) = RT$ にしたがう気体について，次の量を表わす式を求めよ．
   (1) $\left(\dfrac{\partial U}{\partial V}\right)_T$ (2) $\left(\dfrac{\partial H}{\partial P}\right)_T$
   (3) $C_P - C_V$

7. 298.15 K，1 atm におけるベンゼン（液）の標準モルエントロピーは $172.3\,\text{J K}^{-1}\,\text{mol}^{-1}$ である．この温度でベンゼンは 0.1235 atm で沸騰し，モル蒸発熱は $33.744\,\text{kJ mol}^{-1}$ である．298.15 K におけるベンゼン蒸気の標準エントロピーを求めよ．

8. 1 atm のもとで 263.15 K に過冷却された水 1 mol が同温・同圧の氷に変わるときの ΔG を計算せよ．273.15 K，1 atm における氷のモル融解熱は $6.008\,\text{kJ mol}^{-1}$，水と氷のモル熱容量は 75.6 および $37.8\,\text{J K}^{-1}\,\text{mol}^{-1}$ である．

9. 1 atm のもとで尿素の融点は 405.85 K であり，このときの融解エントロピーは $37\,\text{J K}^{-1}\,\text{mol}^{-1}$ である．1 atm で 397.85 K に過冷却された尿素 1 mol がその温度で結晶化するときの ΔG を，ΔH が温度によらないとして計算せよ．

10. エベレストの山頂（8848 m）における大気圧は 250 Torr である．水のモル蒸発熱は $40.66\,\text{kJ mol}^{-1}$ である．エベレストの山頂では水は何度で沸騰するか．

11 n-ブタン の蒸気圧は温度とともに下の表のように変わる．

温度/°C	−68.0	−52.8	−31.2	−16.3	18.8
蒸気圧/Torr	20.0	60.0	200.0	400.0	1520.0

(1) −68.0 °C から 18.8 °C までの温度範囲における蒸発熱の平均値．
(2) −68.0 °C 〜 −52.8 °C における蒸発熱．
(3) 沸点と沸点における蒸発熱．
を求めよ．

12 1 atm のもとでのクロロベンゼン C_6H_5Cl の沸点は 132 °C である．この温度における液体の密度は 0.9814 g cm^{-3}，飽和蒸気の密度は 0.00359 g cm^{-3} である．また，蒸気圧 P の温度による変化 dP/dT は 20.5 Torr K^{-1} である．この温度におけるクロロベンゼンの蒸発熱を求め，クロロベンゼンの蒸気を理想気体と近似して計算したときの値と比較せよ．

13 いろいろな温度における水銀の蒸気圧は次の表のとおりである．

t/°C	70	100	130	160
P/Torr	0.052	0.270	1.137	4.013

水銀の融解熱は 2.32 kJ mol^{-1} で温度によらず一定として
(1) 水銀のモル蒸発熱（70〜160 °C における平均値）．
(2) 水銀の凝固点（−38.9 °C）における蒸気圧の近似値．
を求めよ．

14 下図から，エタノールのモル蒸発熱を求めよ．また，エタノールとアセトンのモル蒸発熱の大小を比較せよ．

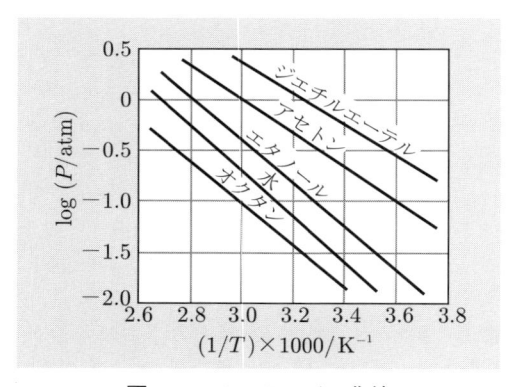

図 5.4　$\log P \sim 1/T$ 曲線

15 シュウ素の昇華熱は 243 J g^{-1}，−21 °C における昇華圧は 15.7 Torr である．融点 −7.2 °C における蒸気圧はいくらか．

16 水の 3 重点は 4.58 Torr，0.01 °C である．すなわち，0.01 °C では水と氷とは 4.581 Torr

で平衡となる．固相および液相の密度がそれぞれ 0.917 および $1.000\,\mathrm{g\,cm^{-3}}$ で一定として，$10\,\mathrm{atm}$ 下で氷と水が平衡となる温度を計算せよ．氷の融解熱は $6.009\times10^3\,\mathrm{J\,mol^{-1}}$ である．

17 前問と同様にして，体重 $60\,\mathrm{kg}$ の人が面積 $2\,\mathrm{cm^2}$ のスケート靴の刃で氷上に立ったときの刃の下の氷の融点を求めよ．$1\,\mathrm{N}$ は $0.102\,\mathrm{kg}$ の物体に作用する重力である．

18 $P\,\mathrm{atm}$ のもとでスズの融点 t は

$$t/{}^\circ\mathrm{C} = 231.8 + 0.0033\,(P-1)$$

で与えられる．スズの融解熱は $58.785\,\mathrm{J\,g^{-1}}$ で，$1\,\mathrm{atm}$ のもとでの液状スズの密度は $6.988\,\mathrm{g\,cm^{-3}}$ である．固体の密度はいくらか．

19 次の値から二酸化炭素 CO_2 の状態図の略図を書け．
(1) 臨界点は $31\,{}^\circ\mathrm{C}$，$73\,\mathrm{atm}$ であり，3 重点は $-57\,{}^\circ\mathrm{C}$，$5.3\,\mathrm{atm}$ である．
(2) 3 重点での固体の密度は液体の密度よりも大きい．

20 問題 **19** の結果に基づき，$1\,\mathrm{atm}$ 下および $10\,\mathrm{atm}$ 下で CO_2 を加熱‐冷却するときの変化を説明せよ．

21 図 5.5 は炭素の状態図である．図に基づいて次の問に答えよ．

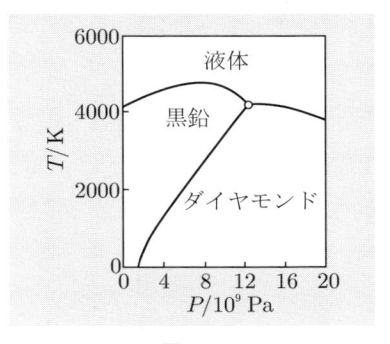

図 5.5

(1) $2000\,\mathrm{K}$ において黒鉛をダイヤモンドに変えるために必要な圧力はいくつか．
(2) 任意の温度，圧力で，黒鉛とダイヤモンドとどちらの密度のほうが高いか．ただし，ダイヤモンドから黒鉛への転移熱は $\Delta H_\mathrm{d}^{(\mathrm{g})}$ は正である．
(3) 黒鉛と溶融炭素が同じ密度をもつ温度，圧力はいくつか．

6 多成分系の相平衡

6.1 化学ポテンシャル

この章では物質の出入が許される**開放系**について考える.いま考察している系に物質 i ($i = 1, 2, \cdots, k$) が dn_i だけ入ったとして,そのときの内部エネルギーの増分を $\mu_i dn_i$ とすると,エネルギー保存則は

$$dU = d'Q + d'W + \sum_{i=1}^{k} \mu_i dn_i \tag{6.1}$$

となる.準静的変化については $d'Q = TdS$, $d'W = -PdV$ となるから,平衡状態にある系について (6.1) 式は

$$dU = TdS - PdV + \sum \mu_i dn_i \tag{6.2}$$

となる.5.3 節のルジャンドル変換を行うことにより,開放系については (6.2) 式より

$$dH = TdS + VdP + \sum \mu_i dn_i \tag{6.3}$$

$$dA = -SdT - PdV + \sum \mu_i dn_i \tag{6.4}$$

$$dG = -SdT + VdP + \sum \mu_i dn_i \tag{6.5}$$

が得られる.μ_i は**化学ポテンシャル**とよばれている.定温・定積あるいは定温・定圧の条件では,化学ポテンシャルは次のようになる.

$$\mu_i = \left(\frac{\partial A}{\partial n_i}\right)_{T,V}, \quad \mu_i = \left(\frac{\partial G}{\partial n_i}\right)_{T,P} \tag{6.6}$$

ギブズエネルギーは示量性の状態量であるから,定温,定圧で各成分を λ 倍すると,G の値も λ 倍になる.

$$G(T, P, \lambda n_1, \lambda n_2, \cdots, \lambda n_k) = \lambda G(T, P, n_1, n_2, \cdots, n_k) \tag{6.7}$$

(6.7) 式の両辺の λ についての偏導関数を求めると

$$\text{(左辺)}: \sum_{i=1}^{k} \left[\frac{\partial G(T, P, \cdots, \lambda n_i, \cdots)}{\partial (\lambda n_i)}\right]_{T,P,n_j} \left(\frac{\partial \lambda n_i}{\partial \lambda}\right)$$

$$= \sum_{i=1}^{k} \left[\frac{\partial G(T, P, \cdots, \lambda n_i, \cdots)}{\partial (\lambda n_i)}\right]_{T,P,n_j} n_i \tag{6.8}$$

右辺の偏導関数は当然 G となる．したがって，両辺の偏導関数をとり，$\lambda = 1$ とおくと，(6.6) 式より次のようになる（定温・定圧）．

$$\sum_{i=1}^{k}\mu_i n_i = G \tag{6.9}$$

定温，定圧の条件下で純物質の液体－蒸気平衡が成立している場合，液相の物質量と化学ポテンシャルをそれぞれ $n^{(\ell)}, \mu^{(\ell)}$，気相のそれらを $n^{(g)}, \mu^{(g)}$ とすると，平衡状態では $dG = 0$ であるから

$$dG = d(n^{(\ell)}\mu^{(\ell)} + n^{(g)}\mu^{(g)}) = \mu^{(\ell)}dn^{(\ell)} + \mu^{(g)}dn^{(g)} = 0 \tag{6.10}$$

である（1 成分系では，定温・定圧のときは μ は一定である）．物質保存の関係から，$dn^{(g)} = -dn^{(\ell)}$ であるから，(6.10) 式は次のようになる．

$$\mu^{(\ell)} = \mu^{(g)} \tag{6.11}$$

定温・定圧の条件下で自発的変化が起こる場合，$dG < 0$ であるから，$(\mu^{(\ell)} - \mu^{(g)})dn^{(\ell)} < 0$．これより

$$\mu^{(\ell)} > \mu^{(g)} \text{ のとき } dn^{(\ell)} < 0 \implies \text{液相より気相へ移動（蒸発）}$$

$$\mu^{(\ell)} < \mu^{(g)} \text{ のとき } dn^{(\ell)} > 0 \implies \text{気相より液相へ移動（凝縮）}$$

という変化が自発的に進行する．

6.2 理想気体の化学ポテンシャル

1 mol の純粋な理想気体のギブズエネルギーは (5.21) 式

$$G = G^{\ominus} + RT\ln(P/P^{\ominus}) \tag{6.12}$$

で与えられる．理想気体の混合の際に内部エネルギーは変化しない．すなわち

$$\Delta U_{\text{mix}} = U_{\text{mix}} - (n_1 u_1^{\circ} + n_2 u_2^{\circ}) = 0 \tag{6.13}$$

である．ここで n_i は i 成分の物質量，u_i° は純粋な i のモル内部エネルギー，U_{mix} は混合物の内部エネルギーである．また，理想気体の混合の際に体積が変化しないというドルトンの法則より次のようになる．

$$\Delta V_{\text{mix}} = V_{\text{mix}} - (n_1 v_1^{\circ} + n_2 v_2^{\circ}) = 0 \tag{6.14}$$

ここで v_i° は純粋な i のモル容積である．したがって理想混合気体については

$$\Delta G_{\text{mix}} = \Delta U_{\text{mix}} + P\Delta V_{\text{mix}} - T\Delta S_{\text{mix}} = -T\Delta S_{\text{mix}}$$
$$= RT(n_1 \ln x_1 + n_2 \ln x_2) \tag{6.15}$$

となり，混合物のギブズエネルギーは

$$G_{\text{mix}} = n_1 g_1^\circ + n_2 g_2^\circ + RT(n_1 \ln x_1 + n_2 \ln x_2) \tag{6.16}$$

となる．ここで g_i° は純粋な i のモルギブズエネルギーである．したがって，化学ポテンシャル μ_i は次のようになる．

$$\mu_i = \left(\frac{\partial G_{\text{mix}}}{\partial n_i}\right)_{T,P} = g_i^\circ + RT \ln x_i = \mu_i^\circ + RT \ln x_i \tag{6.17}$$

ここで μ_i° は純粋な i の化学ポテンシャルすなわちモルギブズエネルギー g_i° である．

理想混合気体については，全圧を P とすると $P_i = x_i P$ であるから，(6.17) 式より

$$\mu_i = \mu_i^\circ + RT \ln(P_i/P) = \mu_i'^\circ + RT \ln P_i \tag{6.18}$$

となる．ここで $\mu_i'^\circ = \mu_i^\circ - RT \ln P$ である．

6.3 ギブズの相律

いま，図 6.1 に示すように，c 個の成分から成る多成分系で p 個の相が共存して平衡状態にあるとする．系全体の温度は T，圧力は P で均一であるとする．各相における組成には，$(c-1)$ 個の自由度がある．この他に，T, P を自由に変えられるので，$(c+1)$ 個の自由度があることになる．相の数は p 個であるから全体としての自由度は $p(c+1)$ 個あることになる．

しかし，各相の温度・圧力が等しいということから

$$T^{(1)} = T^{(2)} = \cdots = T^{(p)} \tag{6.19}$$
$$P^{(1)} = P^{(2)} = \cdots = P^{(p)} \tag{6.20}$$

の関係がある．それぞれは，$(p-1)$ 個の関係式である．また，c 個の成分について異なる相の間で物質の移動がないことから

$$\mu_i^{(1)} = \mu_i^{(2)} = \cdots = \mu_i^{(p)} \quad (i=1,2,\cdots,c) \tag{6.21}$$

の関係がある．(6.19)〜(6.21) 式における関係式の総数は $(p-1)(c+2)$ 個である．したがって，結局系の自由度は次式のようになる．これを**ギブズの相律**という．

$$f = p(c+1) - (p-1)(c+2) = c+2-p \tag{6.22}$$

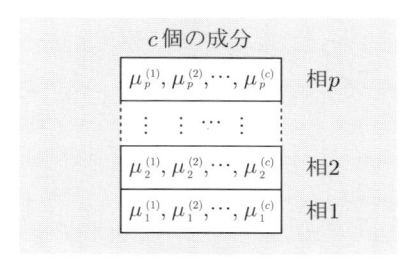

図 6.1　各相が c 個の成分から成る p 個の相の共存

6.4　2成分系の液相-気相平衡

理想溶液　2成分系で $p=1$ のときは $f=3$ である．$f=3$ の系の状態図は3次元空間の図となる．そこで2成分系の状態図は $T=$ 一定 または $P=$ 一定 の条件下で圧力-組成または温度-組成平面に描く．

すべての成分について全組成範囲で**ラウールの法則**

$$P_i = x_i^{(\ell)} P° \tag{6.23}$$

が成立する溶接を**理想溶液**という．ここで P_i は成分 i の蒸気圧，$P°$ は純粋な i の蒸気圧，$x_i^{(\ell)}$ は i 成分の溶液中でのモル分率である．

理想溶液と共存する蒸気中の組成（モル分率）は，蒸気が理想気体とみなせるとして

$$y_1 = \frac{P_1}{P} = \frac{P}{P_1+P_2} = \frac{x_1^{(\ell)} P_1°}{x_1^{(\ell)} P_1° + x_2^{(\ell)} P_2°} = \frac{P_1° x_1^{(\ell)}}{P_2° + (P_1° - P_2°) x_1^{(\ell)}} \tag{6.24}$$

$$y_2 = \frac{P_2}{P} = \frac{P_2° x_2^{(\ell)}}{P_1° + (P_2° - P_1°) x_2^{(\ell)}} \tag{6.25}$$

となる．図 6.2 は理想溶液について液相および気相中の組成 ($x_1^{(\ell)}$ と y_1) に対して蒸気圧をプロットしたものである．$P \sim x_1^{(\ell)}$ のプロットを**液相線**，$P \sim y_1$ のプロットを**気相線**という．

図 6.3 は，理想溶液の沸点を $x_1^{(\ell)}$ および y_1 に対してプロットしたものである．この場合には，液相線も気相線も直線とはならない．液相線は**沸騰曲線**，気相線は**凝縮曲線**ともよばれる．$P=$ 一定 とした図 6.3 のような状態図は，**沸点図**（沸点-組成図）ともよばれる．

沸点図は，分留の原理を示している．図 6.3 で破線が液相線および気相線と交わる点 a, b は，温度 T_b における液相と気相の組成 x_a, x_b を示している．この場合，沸点が低い成分の割合は気相中の方が多いことを示している．蒸気を集めて凝縮させ，再び蒸発させ

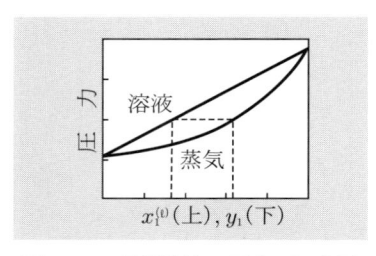

図 6.2 理想溶液の圧力−組成図

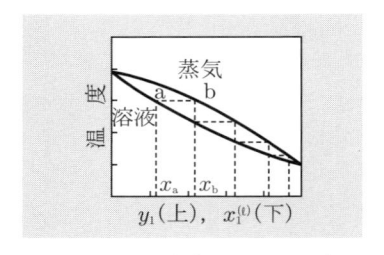

図 6.3 理想溶液の温度−組成図

ると，さらに沸点が低い成分の濃度が高い蒸気が得られる．

共沸混合物 実在溶液では蒸気圧の組成依存性は一般には直線とはならず，極端な場合には極大や極小が現われる．その場合，沸点図にも極小や極大が現われる（図 6.4(a) と (b)）．気相線や液相線の極大は全蒸気圧の極小に相当している．

沸点図における気相線・液相線の極大に相当する組成においては，液相と気相の組成が同じになり，したがって蒸発が進行しても組成が変わらず，沸点も変わらない．このような溶液を**共沸混合物**という．共沸混合物は，液相線や気相線が極小となる場合にも実現される．

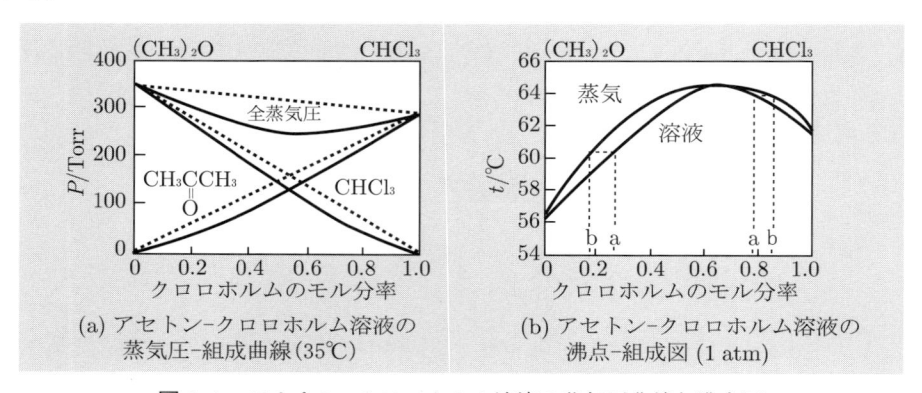

(a) アセトン−クロロホルム溶液の蒸気圧−組成曲線(35℃)

(b) アセトン−クロロホルム溶液の沸点−組成図 (1 atm)

図 6.4 アセトン−クロロホルム溶液の蒸気圧曲線と沸点図

6.5　2 成分系の固相−液相平衡

図 6.5 に，A と B の 2 成分からなる系について，固相においても任意の割合で溶け合って固溶体を全組成範囲において形成する系 (a)，全く固溶体を形成しない系 (b)，および部分的に固溶体を形成する系 (c) の温度−組成図が示してある．図 6.5(c) 中，領域 I は A に少量の B が溶けた固溶体，領域 II は B に少量の A が溶けた固溶体，領域 III は溶液と固溶体 I とが共存する領域，領域 IV は溶液と固溶体 II が共存する領域を示している．

図 6.5(b) および (c) の z で示した組成の溶液を冷却すると，一定温度で凝固が進行し，A と B の微結晶が混合した**共晶**が析出する．図 6.5(b) の a 点の溶液を冷却していくと，b 点に達したところで純粋な B の結晶が析出しはじめ，溶液の組成と温度は曲線 $\alpha\beta$ 上を移動し，点 β に達すると一定温度で共晶が析出しはじめる．図 6.5(c) の a 点の溶液を冷却していくと，b 点に達したところで固溶体 c が析出しはじめる．溶液の組成と温度は曲線 $\alpha\beta$ 上を移動し，析出する固溶体の組成と温度は曲線 $\alpha\gamma$ 上を移動する．

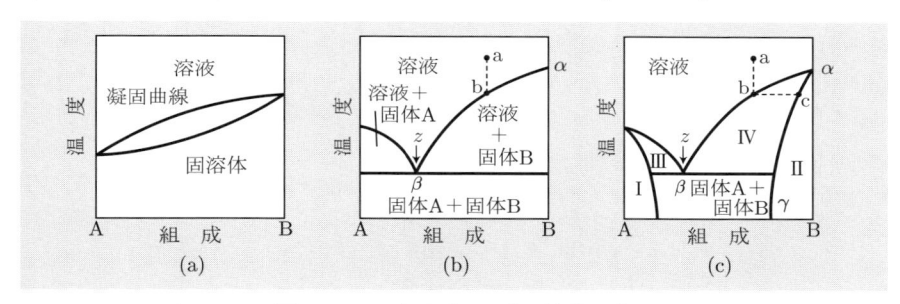

図 6.5　2 成分系の固体−液体平衡

図 6.6 は亜鉛−マグネシウム系の固相−液相平衡の状態図である．この系では，中間の組成で $MgZn_2$ という金属間化合物を形成し，状態図は $Zn-MgZn_2$ と $MgZn_2-Mg$ の 2 つの系の状態図を合わせたものとなっている．$MgZn_2$ の融点に相当する点を**高融点**という．図 6.7 は水−硫酸系の固相−液相平衡の状態図である．$H_2SO_4 \cdot H_2O, H_2SO_4 \cdot 2H_2O$ および $H_2SO_4 \cdot 4H_2O$ の 3 種の分子間化合物があることがわかる．

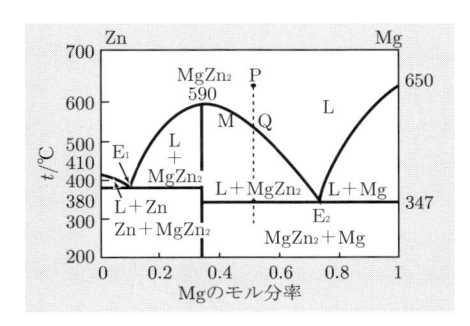

図 6.6　亜鉛−マグネシウム系の融点図

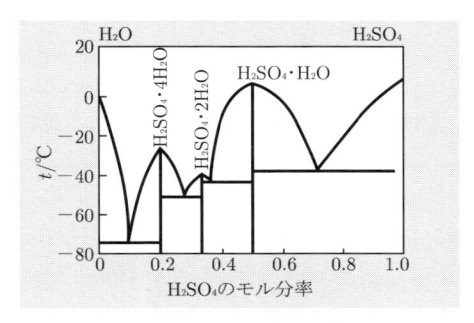

図 6.7　$H_2O-H_2SO_4$ 系の状態図 (1 atm)

6.6　2成分系の液相-液相平衡

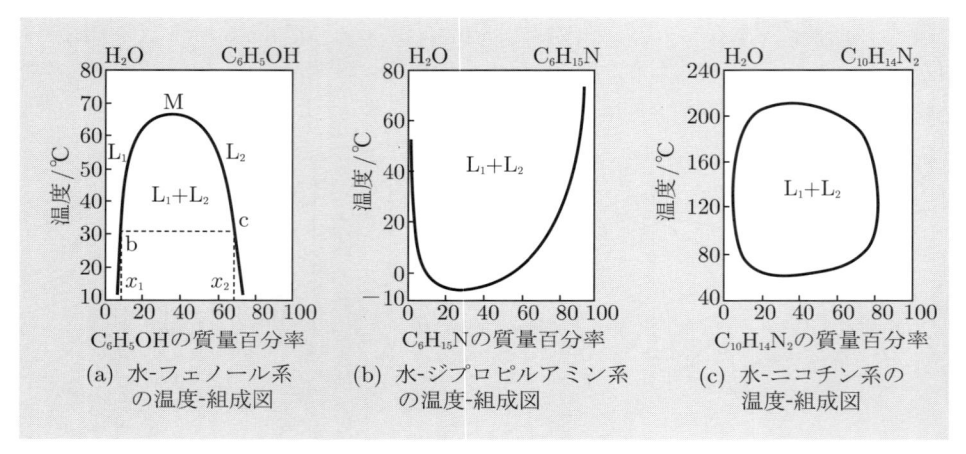

図6.8　種々の2成分系における液相-液相平衡

図 6.8 は，水-フェノール系 (a)，水-ジプロピルアミン系 (b)，および水-ニコチン系 (c) の 1 atm における液相-液相平衡の状態図を示したものである．水-フェノール系では，66.4°C 以下では 2 つの相が共存する．このときの系の自由度は (6.22) 式より $f = 2 + 2 - 2 = 2$ である．図のように圧力を固定すれば残る自由度は 1 で，さらに温度を一定とすれば自由度はゼロとなる．すなわち，共存する 2 つの相の組成は一意的に定まる．たとえば破線 b-c で示される温度では，水にフェノールが溶けた相の組成は x_1，フェノールに水が溶けた相の組成は x_2 である．

温度の上昇とともに共存する 2 つの相の組成は互いに近づき，66.4°C（点 M）で両者は一致する．すなわち，均一な溶液となる．この温度を，**臨界共溶温度**という．

図 6.8(b) は，下部に臨界共溶温度が現われる場合，(c) は上部と下部に臨界共溶温度が現われる場合である．

---例題 1---　　溶液–蒸気平衡---

2種の液体 A と B は理想溶液をつくる．いま，A と B の溶液中では A のモル分率は 0.25 であるのに，25 °C で平衡にある蒸気中の A のモル分率は 0.50 である．また A の気化熱は $20\,\mathrm{kJ\,mol^{-1}}$，B の気化熱は $28\,\mathrm{kJ\,mol^{-1}}$ である．次の値を求めよ．
(1) 25 °C における純粋な A と純粋な B の蒸気圧の比
(2) 100 °C における平衡蒸気中の A のモル分率

【解答】 (1) 理想溶液であるから，純粋な A, B の蒸気圧を $P_\mathrm{A}^\circ, P_\mathrm{B}^\circ$ とすると，ラウールの法則より $P_\mathrm{A} = x_\mathrm{A} P_\mathrm{A}^\circ = 0.25 P_\mathrm{A}^\circ$, $P_\mathrm{B} = x_\mathrm{B} P_\mathrm{B}^\circ = 0.75 P_\mathrm{B}^\circ$ である．全蒸気圧中の A の分率は 0.5 であるから

$$\frac{0.25 P_\mathrm{A}^\circ}{0.25 P_\mathrm{A}^\circ + 0.75 P_\mathrm{B}^\circ} = 0.5 \quad \text{より} \quad \frac{P_\mathrm{A}^\circ}{P_\mathrm{B}^\circ} = 3$$

(2) 蒸気圧の温度依存性は，(5.32) 式で与えられる．25 °C においては $P_\mathrm{A}^\circ/P_\mathrm{B}^\circ = 3$ であるから，(5.32) 式より

$$c_\mathrm{A} \exp\left(-2 \times 10^4/298R\right) = 3 c_\mathrm{B} \exp\left(-2.8 \times 10^4/298R\right)$$

となる．これより

$$c_\mathrm{A}/c_\mathrm{B} = 3 \exp\left(-8 \times 10^3/298R\right) = 0.119$$

となる．したがって，100 °C における $P_\mathrm{A}^\circ/P_\mathrm{B}^\circ$ は

$$P_\mathrm{A}^\circ = c_\mathrm{A} \exp\left(-2 \times 10^4/373R\right), \quad P_\mathrm{B}^\circ = c_\mathrm{B} \exp\left(-2.8 \times 10^4/373R\right)$$
$$(P_\mathrm{A}^\circ/P_\mathrm{B}^\circ) = (c_\mathrm{A}/c_\mathrm{B}) \exp\left(8 \times 10^3/373R\right) = 0.119 \exp(2.58) = 1.57$$

ゆえに，蒸気中の A のモル分率は

$$\frac{P_\mathrm{A}}{P_\mathrm{A} + P_\mathrm{B}} = \frac{0.25 P_\mathrm{A}^\circ}{0.25 P_\mathrm{A}^\circ + 0.75 P_\mathrm{B}^\circ} = \frac{1.57 \times 0.25}{1.57 \times 0.25 + 0.75} = 0.343$$

|||||||||| 問 題 ||||||||||||||||||||||||||||||||||||||||||||||||||||||||||||||||||||||||||||||

1.1 クロロホルムと四塩化炭素のモル比 3:1 混合物は理想溶液であると仮定して，25 °C における平衡蒸気中の四塩化炭素のモル分率と質量分率を求めよ．25 °C における蒸気圧はそれぞれ 199.1 Torr と 114.5 Torr である．

1.2 50 °C で純ヘキサンの蒸気圧は 408 Torr，純ヘプタンの蒸気圧は 141 Torr，純オクタンの蒸気圧は 56 Torr である．これら 3 成分混合溶液と 50 °C で平衡状態にある蒸気中の各成分のモル分率が等しいときの溶液中の各成分のモル分率はいくらか．理想溶液とみなして計算せよ．

6 多成分系の相平衡

例題2 ────────────────────────────────── 固相-溶液平衡 ─

右図は銀-銅系の固体-液体の状態図である．いま，点 a に示される温度・組成の溶液を冷却していくときの状態の変化を説明せよ．また，同じ割合で系から熱を奪うときの系の温度変化の概略を温度-時間曲線で示せ．

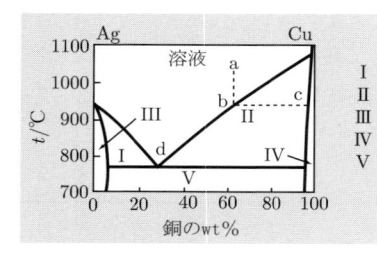

図中:
- I   溶液+Cuで飽和しているAg(s)
- II 溶液+Agで飽和しているCu(s)
- III Cuを溶かしているAg(s)
- IV Agを溶かしているCu(s)
- V   Cuで飽和しているAg(s)+Agで飽和しているCu(s)

図 6.9　Au-Cu 系の状態図 (1 atm)

【解答】　点 b に達するまでは等速度で冷却が進む．点 b に達すると点 c の組成をもつ銅と銀の固溶体が析出する（Cu に Ag が飽和した固溶体）．固溶体の析出が進むにつれ溶液中の銀の割合が増え，平衡点は曲線 b-d にそって移動し，系の温度が低下する．固溶体の析出のために冷却のしかたは遅くなる．析出する固相中の銀の割合も少しずつ増加する．点 d に到達すると，銀で飽和した銅と銅で飽和した銀の微結晶からなる共晶が析出する．共晶が析出しているあいだは系の温度は一定に保たれる．共晶の析出が終わると，固体の冷却がほぼ等速度で進みはじめる．

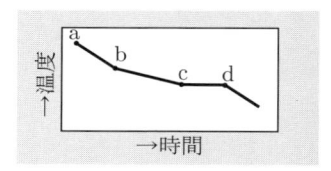

図 6.10　点 a から出発するときの冷却曲線

||||||||||| **問　題** |||||||||||

2.1　図 6.11 は A と B との 2 成分系の状態図である．点 a で示される温度-組成の溶液を，(1) 冷却していくとき，(2) 温度を一定に保って成分 A だけを揮発させるとき，に起こる現象を説明せよ．

2.2　図 6.12 は圧力一定における A, B 2 成分系の溶液-蒸気平衡の状態図である．点 a で示される温度・組成の蒸気を冷却していくとき，次の (1), (2) を図示せよ．
(1)　最初に液相が生成する温度と液相の組成
(2)　液化が終了するときの温度と液相の組成

図 6.11

2.3　水と塩化ナトリウムの 2 成分系は 1 atm で塩化ナトリウム 22.4 % のところに −21.2 °C の共融点をもつ．状態図の要部を示し，それによって，(1) 氷水と塩化ナトリウムとで寒剤がつくられることを説明し，(2) 寒剤の最低温を得るための食塩の添加量は，ある量以上であれば大略でよいことを，相律の立場から示せ．ただし氷と塩化ナトリウムは固溶体を全くつくらない．

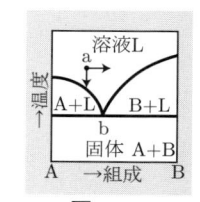

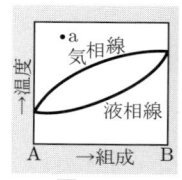

図 6.12

演習問題

1. 化学ポテンシャルを定温・定圧の条件および定温・定積の条件において定義せよ．また，開放系についてギブズエネルギーおよびヘルムホルツエネルギーの全微分を示せ．

2. (S, V) 一定および (S, P) 一定の条件下で化学ポテンシャルを定義せよ．

3. $20\,°C$ でメタノールの蒸気圧は $88.7\,\mathrm{Torr}$，エタノールの蒸気圧は $44.5\,\mathrm{Torr}$ である．メタノールとエタノールの質量比が $1:1$ の混合溶液中のメタノールのモル分率，およびこの混合系が理想溶液であるとしたときの平衡蒸気中のメタノールのモル分率を求めよ．

4. $20\,°C$ におけるベンゼンおよびトルエンの蒸気圧はそれぞれ $74.7\,\mathrm{Torr}$ および $22.3\,\mathrm{Torr}$ である．$20\,°C$ におけるベンゼン–トルエン系の圧力–組成図（液相線および気相線）を書け．

5. 圧力一定における 2 成分系の溶液–蒸気平衡を図 6.13 に示す．いま O で表わされる蒸気を冷却していく．
   (1) A で生じる溶液相の組成
   (2) B での蒸気相と溶液相の組成
   (3) 液化がはじまってから終わるまでの温度範囲
   を図上で求めよ．

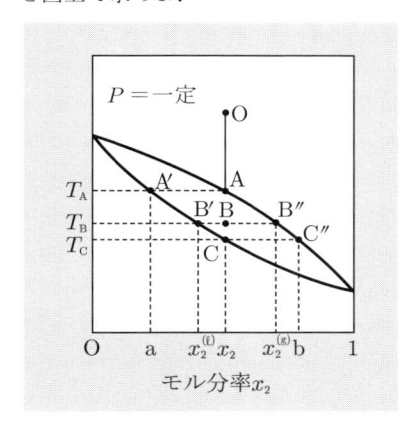

図 6.13　温度–組成曲線

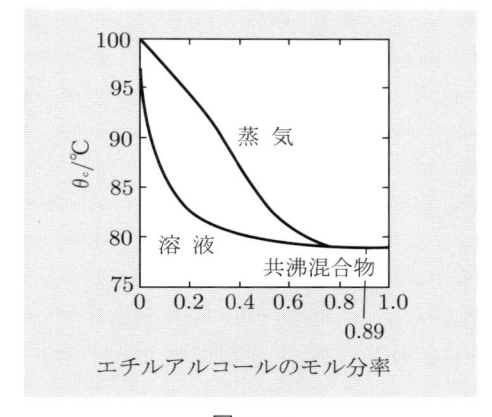

図 6.14

6. 水–エタノール系の $1\,\mathrm{atm}$ における沸点–組成図を図 6.14 に示す．この図を用いて，エタノール水溶液の単なる分留では純粋なエタノールを得ることのできない理由を説明せよ．また，この系にベンゼンを加えて分留すると純粋なエタノールを得ることができる．その理由を推論せよ．

7. 図 6.15 は A と B からなる 2 成分系の液相–気相平衡の温度一定下での圧力–組成図である．液相線と気相線に囲まれる領域内にある点 c で水平線（圧力一定の線）を引き，液相線と交る点を a，気相線と交る点を b とする．c 点で共存する液相と気相の量のあいだには，てこの関係

$$\frac{n^{(\ell)}}{n^{(g)}} = \frac{\overline{bc}}{\overline{ac}} = \frac{x_b - x_c}{x_c - x_a}$$

の関係が成り立つことを証明せよ．ここで $n^{(\ell)}, n^{(g)}$ はそれぞれ液相および気相における A と B の物質量の和である．

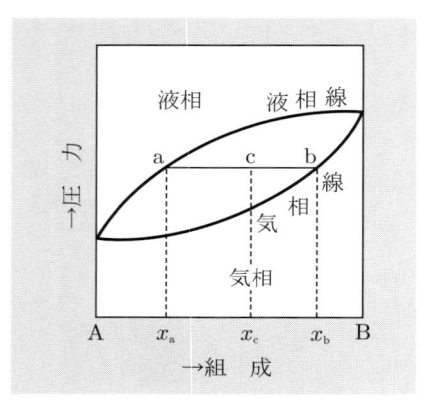

図 **6.15**

8 次の場合，系の自由度はいくつか．またそれは何を指定するために使われているか．
(1) ベンゼンの蒸気と液体と結晶が平衡になっている．
(2) 水に NaCl が飽和溶解し，結晶 NaCl が沈殿している．

7 溶液の熱力学

7.1 理想溶液

次の諸性質を満たす溶液を**理想溶液**という.

$$\Delta V_{\mathrm{mix}} = V_{\mathrm{mix}} - (n_1 v_1^\circ + n_2 v_2^\circ) = 0 \tag{7.1}$$

$$\Delta U_{\mathrm{mix}} = U_{\mathrm{mix}} - (n_1 u_1^\circ + n_2 u_2^\circ) = 0 \tag{7.2}$$

$$\Delta S_{\mathrm{mix}} = S_{\mathrm{mix}} - (n_1 s_1^\circ + n_2 s_2^\circ) = -R(n_1 \ln x_1 + n_2 \ln x_2) \tag{7.3}$$

これらの式において,ΔZ_{mix} は混合による変化量で,z_i° 等は純粋な i の 1 mol 当りの量である.以上の式から次の式が導かれる.

$$\Delta H_{\mathrm{mix}} = \Delta U_{\mathrm{mix}} - P\Delta V_{\mathrm{mix}} = 0 \tag{7.4}$$

$$\Delta A_{\mathrm{mix}} = \Delta G_{\mathrm{mix}} = RT(n_1 \ln x_1 + n_2 \ln x_2) \tag{7.5}$$

(7.5) 式より,理想溶液については,各成分の化学ポテンシャルは

$$\mu_i = \mu_i^\circ + RT \ln x_i \tag{7.6}$$

と書ける.ここで μ_i° は $x_i = 1$ すなわち純粋な i の化学ポテンシャルすなわちモル当り自由エネルギーである.(7.6) 式が各成分につき全組成範囲にわたって成立することが,理想溶液の熱力学的な定義となっており,(7.6) 式より (7.1)〜(7.5) 式が導かれる(例題 1).また,ラウールの法則も導かれる(問題 1.2).

7.2 実在溶液と部分モル量

理想溶液では体積について加成性が成り立っているので,混合物のモル体積は図 7.1 の上側の実線のようになる.すなわち,混合物のモル体積を

$$v_{\mathrm{mix}} = V_{\mathrm{mix}}/(n_1 + n_2)$$

とすると次が成り立つ.

$$v_{\mathrm{mix}} = (n_1 v_1^\circ + n_2 v_2^\circ)/(n_1 + n_2) = x_1 v_1^\circ + x_2 v_2^\circ \tag{7.7}$$

しかし,**実在溶液**では一般に $\Delta V_{\mathrm{mix}} = 0$ とはならず,したがって,モル体積は図 7.1 の破線のように,加成性から上へずれたり,($\Delta V_{\mathrm{mix}} > 0$) あるいは下へずれたり ($\Delta V_{\mathrm{mix}} < 0$)

する．この場合，$V_{\mathrm{mix}} = V(T, P, n_1, n_2)$ の全微分は

$$dV_{\mathrm{mix}} = \left(\frac{\partial V}{\partial T}\right)_{P, n_i} dT + \left(\frac{\partial V}{\partial P}\right)_{T, n_i} dP + \sum_{i=1}^{2} \left(\frac{\partial V}{\partial n_i}\right)_{T, P, n_j} dn_i \tag{7.8}$$

となる．ここで添字 n_j はこれまでどおり i 以外の物質量を一定とすることを意味している．T, P 一定の条件下では

$$dV_{\mathrm{mix}} = \sum_{i=1}^{2} \left(\frac{\partial V}{\partial n_i}\right)_{T, P, n_j} dn_i = \sum \bar{v}_i \, dn_i \tag{7.9}$$

となる．ここで

$$\bar{v}_i = \left(\frac{\partial V}{\partial n_i}\right)_{T, P, n_j} \tag{7.10}$$

は i の**部分モル体積**とよばれている．ギブズエネルギーについての (6.6)〜(6.9) 式の議論をそのまま用いると，(7.9) と (7.10) 式より次を得る．

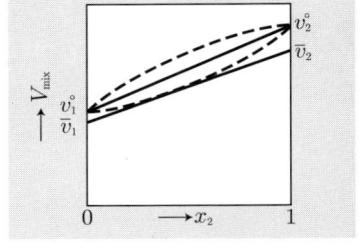

図 7.1 理想溶液（実線）および実在溶液（破線）の V_{mix} の組成依存性 v_1°, v_2° は 1, 2 のモル体積

$$V_{\mathrm{mix}} = \sum n_i \bar{v}_i, \quad v_{\mathrm{mix}} = \sum x_i \bar{v}_i \tag{7.11}$$

(7.11) 式は，ある組成（ある x_2 の値）における混合物の体積は，その組成における部分モル体積について，理想溶液と同じような加成性が成り立つことを示している．図 7.1 の下方の実線がそれを意味している．(7.11) 式を微分すると

$$dV_{\mathrm{mix}} = \sum \bar{v}_i \, dn_i + \sum n_i \, d\bar{v}_i \tag{7.12}$$

となる．これと (7.9) 式とから

$$\sum n_i \, d\bar{v}_i = 0 \tag{7.13}$$

が得られる．これを**ギブズ・デュエムの式**という．

ギブズ・デュエムの式を用いると，他の部分の $\bar{v}_j$ の値から残りの成分の $\bar{v}_i$ の値を求めることができる．たとえば，2 成分系では

$$d\bar{v}_2 = -\frac{n_1}{n_2} d\bar{v}_1 \tag{7.14}$$

となり，一方の成分の部分モル体積の変化がわかれば，他の成分の部分モル体積の値は計算によって求めることができる．

全く同様にして，化学ポテンシャルについてもギブズ・デュエムの式

$$\sum n_i d\mu_i = 0, \quad d\mu_2 = -\frac{n_1}{n_2} d\mu_1 \quad (2 \text{ 成分系}) \tag{7.15}$$

を導くことができる．したがって，2 成分系では，一方の成分の化学ポテンシャルの組成依存性がわかれば他方の成分の化学ポテンシャルを計算によって求めることができる．

7.3 理想溶液の熱力学的性質

(1) ヘンリーの法則

A, B 2 成分からなる理想溶液が T, P 一定の条件下でその蒸気と平衡状態にある場合

$$\mu_A^{(g)} = \mu_A^{(\ell)}, \quad \mu_B^{(g)} = \mu_B^{(\ell)} \tag{7.16}$$

が成り立っている．蒸気も理想混合気体とすると (7.6) 式より

$$\mu_A^{\circ(g)} + RT \ln x_A^{(g)} = \mu_A^{\circ(\ell)} + RT \ln x_A^{(\ell)} \tag{7.17}$$

$$\mu_B^{\circ(g)} + RT \ln x_B^{(g)} = \mu_B^{\circ(\ell)} + RT \ln x_B^{(\ell)} \tag{7.18}$$

が成り立つ．溶媒を A，溶質を B とすると，(7.18) 式は

$$x_B^{(g)} = x_B^{(\ell)} \exp\{(\mu_B^{\circ(\ell)} - \mu_B^{\circ(g)})/RT\} \tag{7.19}$$

となる．理想気体についてはラウールの法則 $P_B = x_B^{(g)} P$（P は全圧）が成り立つから，上式の両辺に P を乗じると

$$P_B = K_B x_B^{(\ell)} \tag{7.20}$$

$$K_B = P \exp[(\mu_B^{\circ(\ell)} - \mu_B^{\circ(g)})/RT] \tag{7.21}$$

となる．したがって，K_B は T, P のみに依存し組成に依存しない定数である．K_B はヘンリーの定数とよばれている．

(7.20) 式は，溶質の平衡蒸気圧が溶液中のモル分率に比例することを示している．とくに希薄溶液の場合，w を質量（kg），M を分子量，m を質量モル濃度とすると

$$x_B^{(\ell)} = \frac{n_B}{n_A + n_B} \doteqdot \frac{n_B}{n_A} = \frac{n_B}{w_A/M_A} = M_A m_B \tag{7.22}$$

となり，$x_B^{(\ell)}$ は B の質量モル濃度に比例する．したがって，(7.20) 式は，揮発性の溶質の平衡圧力（分圧）は溶液中の溶質の質量モル濃度に比例するという，**ヘンリーの法則**の熱力学的な証明となっている．気体の溶解度は，分圧が 1 atm のとき溶媒 1 ml に溶解する気体の体積（0 °C，1 atm に換算）として表わしたブンゼンの吸収係数やヘンリーの定数（Torr）などで表わされる．

(2) 蒸気圧降下

理想溶液についてはラウールの法則 (6.23) が成り立つので，溶媒の蒸気圧について

$$\frac{P_A^\circ - P_A}{P_A^\circ} = 1 - x_A^{(\ell)} = x_B^{(\ell)} \tag{7.23}$$

が成り立つ. $P_A^\circ - P_A$ は溶質が存在することによる溶媒の蒸気圧の降下に他ならない. これを ΔP_A と書くと, ΔP_A は溶質のモル分率に比例する. とくに希薄溶液については, (7.22)式を用いて

$$\Delta P_A = P_A^\circ x_B^{(\ell)} \fallingdotseq M_A P_A^\circ m_B \tag{7.24}$$

となる. すなわち溶媒の蒸気圧降下は溶質の質量モル濃度に比例する.

(3) 沸点上昇と凝固点降下

溶質が不揮発性の場合, 溶質の存在のために溶媒の蒸気圧が低下し, そのために沸点が上昇する (図7.2). この現象を**沸点上昇**という. 理想溶液・理想気体の近似を行うと, 沸点における気相–液相の平衡より, 溶媒 A について

$$\mu_A^{\circ(g)} + RT \ln P_A = \mu_A^{\circ(\ell)} + RT \ln x_A^{(\ell)} \tag{7.25}$$

の関係がある. ここで $\mu_A^{\circ(g)}$ は $P_A = 1$ (atm) のときの蒸気 A の化学ポテンシャルである. 沸点においては $P_A = 1\,\text{atm}$ であるから次のようになる.

$$\mu_A^{\circ(g)} - \mu_A^{\circ(\ell)} = RT \ln x_A \tag{7.26}$$

ギブズ・ヘルムホルツの式 (5.24) 式を用いると, 沸点上昇 $\Delta T_b = T_b - T_b^\circ$ について

$$\Delta T_b = K_b m_B, \quad K_b = \frac{RT_b^{\circ 2} M_A}{\Delta h_v} \tag{7.27}$$

が導かれる (例題3). ここで T_b は溶液の沸点, T_b° は溶液の沸点, M_A は溶媒分子の分子量, Δh_v は溶媒のモル気化熱, m_B は溶質の質量モル濃度である.

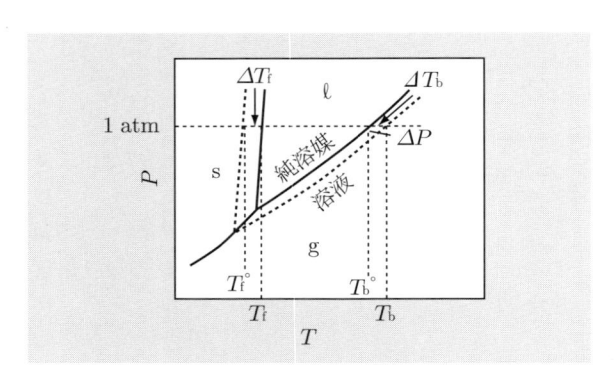

図 **7.2** 蒸気圧降下と沸点上昇および凝固点降下

すなわち，沸点上昇は溶質の質量モル濃度に比例する．K_b は $m_B = 1$ のときの沸点上昇で，**モル沸点上昇定数**とよばれており，**溶媒に固有の定数である**．すなわち K_b は溶質に依存しない．ただし，電解質溶液では電離のために実質上溶質の量が増大する（第9章参照）．

凝固点降下 $\Delta T_f = T_f^\circ - T_f$ についても全く同様にして

$$\mu_A^{\circ(g)} = \mu_A^{(\ell)} = \mu_A^{\circ(\ell)} + RT \ln x_A \tag{7.28}$$

より

$$\Delta T_f = K_f m_B, \quad K_f = \frac{RT_f^{\circ 2} M_A}{\Delta h_f} \tag{7.29}$$

を得る．ここで Δh_f はモル凝固エンタルピー，T_f は溶液からの凝固温度，T_f° は純粋な A の凝固温度である．ΔT_f は**凝固点降下度**，K_f は**モル凝固点降下定数**とよばれている．

(4) 分配係数

互いに混じり合わない2種の液体が接触して，それらに共通の溶質 B が溶けて平衡状態になっている系を考える．それぞれの液相を (1), (2) で表わすと，平衡状態で両液相中の溶質 B の化学ポテンシャルは等しいから

$$\mu_B^{\circ(1)} + RT \ln x_B^{(1)} = \mu_B^{\circ(2)} + RT \ln x_B^{(2)} \tag{7.30}$$

の関係がある．ここで，$x_B^{(1)}, x_B^{(2)}$ はそれぞれ相 (1) および (2) における溶質のモル分率である．そこで

$$\frac{x_B^{(1)}}{x_B^{(2)}} = \exp\left(\frac{\mu_B^{\circ(2)} - \mu_B^{\circ(1)}}{RT}\right) = K(T, P) \tag{7.31}$$

となる．右辺は温度・圧力のみの関数で，**分配係数**とよばれている．

(5) 浸透圧

浸透圧の熱力学的取り扱いも分配の場合と同様な考えから出発する．ただしこの場合は溶媒の化学ポテンシャルが異なった圧力下において等しくなる，という条件を設定しなければならない．溶媒側の圧力（通常は大気圧）を P_0，溶液側の圧力を P とすると，平衡条件は

$$\mu_A^\circ(T, P_0) = \mu_A^\circ(T, P) + RT \ln x_A \tag{7.32}$$

である．化学ポテンシャルの圧力依存性は

$$\int_{P_0}^{P} \left(\frac{\partial \mu_A^\circ}{\partial P}\right) dP = \int_{P_0}^{P} \bar{v}_A dP \tag{7.33}$$

となる（問題 2.1）．ここで $\bar{v}_A$ は純粋な A の部分モル体積，すなわち溶媒のモル体積 v_A に他ならない（左辺は $x_A = 1$ のときの化学ポテンシャルであることに注意）．v_A を圧力によらないとすると，(7.33) 式の両辺を積分して

$$\mu_A^\circ(T, P) - \mu_A^\circ(T, P_0) = v_A(P - P_0) = v_A \Pi \tag{7.34}$$

となる．ここで $\Pi = P - P_0$ は浸透圧である．(7.32) 式と (7.34) 式とから

$$v_A \Pi = -RT \ln x_A = -RT \ln(1 - x_B) \tag{7.35}$$

$$\doteqdot RT x_B \doteqdot RT \frac{n_B}{n_A} \tag{7.36}$$

となる．ここで

$$x_B \ll 1, \quad n_A + n_B \doteqdot n_A$$

という希薄溶液の近似が用いてある．$v_A n_A$ は溶媒の体積で，希薄溶液では溶液の体積 V にほぼ等しいから，結局

$$\Pi V = n_B RT \tag{7.37}$$

を得る．(7.36) 式は**ファント・ホッフの式**とよばれている．

7.4 活量と活量係数

第 6 章で述べたように（80 ページ），実在溶液では一般にはラウールの法則は成り立たない．したがって，各成分の化学ポテンシャルは，(7.6) 式では表わせなくなる．実在溶液では，(7.6) 式の代わりに

$$\mu_i = \mu_i^\circ + RT \ln a_i \tag{7.38}$$

と書く．ここで a_i は i 成分の熱力学的な実効濃度で，**活量**（相対活量）という．実際の濃度（モル分率）との比

$$f_i = \frac{a_i}{x_i} \tag{7.39}$$

は**活量係数**という．

活量係数は 1 よりも大きいこともあれば，1 よりも小さいこともある．この場合，(6.23) 式の $x_i^{(l)}$ の代わりに a_i が入ることになるので，図 7.1 の上側の破線となる液では $a_i > x_i^{(l)} (f_i > 1)$，下側の破線となる液では $a_i < x_i^{(l)} (f_i < 1)$ である．

---例題 1--- 溶液

理想溶液の熱力学的定義は,各成分,全組成にわたって化学ポテンシャルが

$$\mu_i = \mu_i^\circ + RT \ln x_i \tag{a}$$

で表わされることである.(a) 式より,理想溶液の実験的条件である,
(1) 混合の体積変化ゼロ,
(2) 混合のエンタルピー変化ゼロ,であり,
(3) 混合のエントロピー変化 ΔS_m および混合の自由エネルギー変化が

$$\Delta S_m = -R\sum n_i \ln x_i \tag{b}$$

$$\Delta G_m = RT\sum n_i \ln x_i \quad (\text{定温},\text{定圧}) \tag{c}$$

が導かれることを示せ.

【解答】 混合系の自由エネルギーは,μ_i が混合物中の i 成分のモル当り自由エネルギーであることを考慮すると,(a) 式より

$$\begin{aligned} G_{\text{mix}} &= \sum n_i \mu_i \\ &= \sum n_i \mu_i^\circ + RT \sum n_i \ln x_i \end{aligned} \tag{d}$$

となる.μ_i° は純粋な i のモル当り自由エネルギーであるから

$$\sum n_i \mu_i^\circ = G^\circ$$

は混合前の自由エネルギーである.したがって

$$\Delta G_{\text{mix}} = G_{\text{mix}} - G^\circ = RT \sum n_i \ln x_i \tag{c}$$

となる.(c) 式より

$$\Delta S_{\text{mix}} = -\left(\frac{\partial \Delta G_{\text{mix}}}{\partial T}\right)_P$$

より直ちに (b) 式を得る.また

$$\Delta V_{\text{mix}} = \left(\frac{\partial \Delta G_{\text{mix}}}{\partial P}\right)_T = 0 \tag{e}$$

$$\Delta H_{\text{mix}} = \Delta G_{\text{mix}} - T\Delta S_{\text{mix}} = 0 \tag{f}$$

を得る.

問　題

1.1 例題 1 の (c) 式より (a) 式を導け.

1.2 例題 1 の (a) 式よりラウールの法則

$$P_i = x_i^{(l)} P_i^\circ$$

を導け.

1.3 $o-$キシレンと $m-$キシレンを混合した溶液は理想溶液とみなせる. 25 °C, 1 atm で $o-$キシレンと $m-$キシレンの 0.3 : 0.7（モル比）混合溶液 2 mol を分離するのに要する最小の仕事量を求めよ.

1.4 2 成分溶液（A, B）と固体 A, 気体 A の 3 相共存の平衡状態を考える（B は固相にも気相にもはいらないとする）.

(1) この系の自由度を記せ.
(2) 平衡条件を記せ.
(3) 溶液の濃度を変えるとき (P, T) は純粋物質 A の昇華曲線上を動くことを示せ.

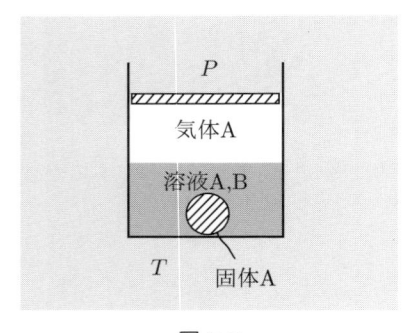

図 **7.3**

―― 例題 2 ――――――――――――――――――――――――― 部分モル容積と自由度 ――

25 °C において 1 kg の水に m mol の塩化ナトリウムを溶かした溶液の容積は，質量モル濃度 m の関数として

$$V = 1001.38 + 16.6253m + 1.7738m^{3/2} + 0.1194m^2$$

で表わされる．この溶液の水と塩化ナトリウムの部分モル容積を，m の関数として表わし，$m = 0.5$ におけるそれぞれの部分モル容積を求めよ．

【解答】 塩化ナトリウムの部分モル容積は

$$\bar{v}_{\text{NaCl}} = \frac{\partial V}{\partial m} = 16.6253 + 2.6607m^{1/2} + 0.2388m$$

一方，水の部分モル容積は，ギブズ・デュエムの関係式により

$$n_{\text{H}_2\text{O}}\bar{v}_{\text{H}_2\text{O}} + n_{\text{NaCl}}\bar{v}_{\text{NaCl}} = V$$

の関係があるので

$$\bar{v}_{\text{H}_2\text{O}} = \frac{V - n_{\text{NaCl}}\bar{v}_{\text{NaCl}}}{n_{\text{H}_2\text{O}}} = \frac{1}{55.5}[V - (16.6253m + 2.6607m^{3/2} + 0.2388m^2)]$$

$$= 18.042 - 0.01598m^{3/2} + 0.002151m^2$$

$m = 0.5$ のとき

$$\bar{v}_{\text{NaCl}} = 18.626, \quad \bar{v}_{\text{H}_2\text{O}} = 18.048$$

‖‖‖‖‖‖‖ 問 題 ‖‖‖

2.1 部分モル容積 $\bar{v}_i$ および部分モルエントロピー $\bar{s}_i$ について

$$\bar{v}_i = \left(\frac{\partial \mu_i}{\partial P}\right)_{T,n_i}, \quad \bar{s}_i = -\left(\frac{\partial \mu_i}{\partial T}\right)_{P,n_i}$$

が成立することを証明せよ．

2.2 次の系における独立成分の数はいくらか．
(1) 希塩酸
(2) 塩化銀がその飽和水溶液と共存している系
(3) H_2 と I_2 とを封管に入れ 400 °C に保った系
(4) HI を封管に入れ 400 °C に保った系
(5) 希塩酸に過剰の硝酸銀を入れ塩化銀の沈殿が生成した系

2.3 次の系の自由度はいくらか．
(1) 水に塩化銀の沈殿が沈んでいる系
(2) エタノール水溶液が蒸気と平衡にある系
(3) 斜方イオウと単斜イオウが融解したイオウと共存している系

---例題 3--- 沸点上昇と凝固点降下 (1)

沸点上昇 ΔT_b および凝固点降下 ΔT_f は

$$\Delta T_\mathrm{b} = K_\mathrm{b} m, \quad \Delta T_\mathrm{f} = K_\mathrm{f} m \quad (K_\mathrm{b}, K_\mathrm{f} \text{ は定数}, m \text{ は質量モル濃度})$$

で近似されることを示せ．また，モル沸点上昇定数 K_b およびモル凝固点降下定数 K_f は

$$K_\mathrm{b} = \frac{RT_\mathrm{b}^{\circ 2} M_\mathrm{A}}{\Delta h_\mathrm{v}}, \quad K_\mathrm{f} = \frac{RT_\mathrm{f}^{\circ 2} M_\mathrm{A}}{\Delta h_\mathrm{f}}$$

で近似されることを示せ．ここで $\Delta h_\mathrm{v}, \Delta h_\mathrm{f}$ はモル気化熱とモル凝固熱，T_b° と T_f° は純溶媒の沸点と凝固点，M_A は溶媒の分子量である．

【解答】　沸点上昇について解く．凝固点降下については同様に計算できる．
沸点における溶液と蒸気（溶媒のみ）との平衡条件より，理想溶液を仮定すると

$$\mu_\mathrm{A}^{\circ(\mathrm{g})} + RT \ln P_\mathrm{A} = \mu_\mathrm{A}^{\circ(\ell)} + RT \ln x_\mathrm{A} \tag{a}$$

の関係がある．沸点においては $P_\mathrm{A} = 1\mathrm{atm}$ で，$\ln(P_\mathrm{A}/\mathrm{atm}) = \ln 1 = 0$ であるから，次のようになる．

$$\mu_\mathrm{A}^{\circ(\mathrm{g})} - \mu_\mathrm{A}^{\circ(\ell)} = RT \ln x_\mathrm{A} \tag{b}$$

ギブズ・ヘルムホルツの式 (5.24) より，$\bar{h}_\mathrm{A}$ を溶媒の部分モルエンタルピーとすると

$$\frac{1}{T^2}\left(\frac{\partial \Delta H}{\partial n_\mathrm{A}}\right) = -\left\{\frac{\partial}{\partial n_\mathrm{A}}\left[\frac{\partial}{\partial T}\left(\frac{\Delta G}{T}\right)\right]_P\right\} = -\left\{\frac{\partial}{\partial T}\left[\frac{\partial}{\partial n_\mathrm{A}}\left(\frac{\Delta G}{T}\right)\right]\right\}_P$$

$$\frac{1}{T^2}\Delta \bar{h}_\mathrm{A} = -\frac{\partial}{\partial T}\left(\frac{\Delta \mu_\mathrm{A}}{T}\right)_P$$

の関係が成り立つので，(a) 式を用いると

$$\frac{\bar{h}_\mathrm{A}^{\circ(\mathrm{g})} - \bar{h}_\mathrm{A}^{\circ(\ell)}}{T^2} = -\left\{\frac{\partial}{\partial T}\left[\frac{\mu_\mathrm{A}^{\circ(\mathrm{g})}}{T} - \frac{\mu_\mathrm{A}^{\circ(\ell)}}{T}\right]\right\}_P$$

$$= -\left[\frac{\partial}{\partial T}(R \ln x_\mathrm{A})\right]_P$$

$$= -R\left(\frac{\partial \ln x_\mathrm{A}}{\partial T}\right)_P \tag{c}$$

となる．$\bar{h}_\mathrm{A}^{\circ(\mathrm{g})} - \bar{h}_\mathrm{A}^{\circ(\ell)} = \Delta h_\mathrm{v}$ は溶媒のモル気化熱である．Δh_v が温度によらないとして (c)

式を積分すると

$$-\int_0^{\ln x_A} d(\ln x_A) = \frac{\Delta h_v}{R} \int_{T_b^\circ}^{T_b} \frac{dT}{T^2}$$

$$-\ln x_A = \frac{\Delta h_v (T_b - T_b^\circ)}{R T_b^\circ T_b} = \frac{\Delta h_v}{R T_b^\circ T_b} \Delta T_b \tag{d}$$

となる．ここで T_b° は純粋な A の沸点，T_b は溶液の沸点

$$\Delta T_b = T_b - T_b^\circ$$

が沸点上昇である．希薄溶液は

$$T_b \doteqdot T_b^\circ$$

である．また $x_B \ll 1$ だから

$$-\ln x_A = -\ln(1 - x_B) \doteqdot x_B \doteqdot M_A m_B$$

と近似できるので，(d) 式は次のようになる．

$$\Delta T_b = \frac{R T_b^{\circ 2} M_A}{\Delta h_v} m_B = K_b m_B$$

問　題

3.1 固体の溶質 B の温度 T における溶解度をそのモル分率 x_B で表わすと，近似的に次の関係が成り立つことを証明せよ．

$$\ln x_B = -\frac{\Delta H_m}{R} \left(\frac{1}{T} - \frac{1}{T_f} \right)$$

ただし T_f は B の凝固点，ΔH_m はモル融解熱である．

3.2 ベンゼン，ナフタレンの融点はそれぞれ 5.5 °C と 79.9 °C，モル融解熱は 9.837 kJ mol^{-1} と 19.08 kJ mol^{-1} である．両者は理想溶液をつくるとして，ベンゼン中へのナフタレンの溶解度およびナフタレン中へのベンゼンの溶解度と温度との関係を表わす式を導け．

―― 例題 4 ――――――――――――――――――――――――― 沸点上昇と凝固点降下 (2) ――

(1) 21.5 g の二硫化炭素に 0.358 g のイオウを溶かしたところ，沸点は 0.151 K 上昇した．二硫化炭素中のイオウの分子量を求め，分子式を推定せよ．イオウの原子量は 32.064 である．二硫化炭素のモル沸点上昇定数は 2.29 kg K mol^{-1} である．

(2) ある化合物 A を付加重合させて重合体 PA を得た．同一質量の A と PA をそれぞれ溶媒 B 100 g に溶解したところ，凝固点降下度はそれぞれ −0.1625 K と −0.0013 K であった．ラウールの法則が成立するとして PA の平均重合度を求めよ．

【解答】 (1) (7.27) 式 $\Delta T_b = K_b m$ より m を求める．
$$0.151 = 2.29 \times m \quad \text{より} \quad m = 6.59 \times 10^{-2}$$
イオウの分子量を M とすると，質量モル濃度の定義，(物質量)/1 kg 溶媒，より
$$m = \frac{0.358/M}{21.5} \times 1000 = 6.59 \times 10^{-2}, \quad M = \frac{358}{21.5 \times 6.59 \times 10^{-2}} = 253$$
これより S_8 分子の状態で溶解していることがわかる．

(2) $\Delta T_b \propto m$ であるから，単量体 A と重合体 PA の溶液の質量モル濃度の比は $\dfrac{m(\mathrm{A})}{m(\mathrm{PA})} = \dfrac{0.1625}{0.013} = 125$．同じ質量の A と PA とを溶かしているので，分子量の比はこの逆になる．したがって PA の重合度は 125 である．

|||||||||||| 問 題 ||||||||||||||||||||||||||||||||||||||||||||||||||||||||||||||||||||||||||

4.1 40 °C における水の蒸気圧は 55.32 Torr である．10 % ブドウ糖 ($C_6H_{12}O_6$) 水溶液の蒸気圧はいくらか．また同じ水溶液の 1 atm 下での沸点は何度か．水のモル沸点上昇定数は 0.51 kg K mol^{-1} である．

4.2 次の溶液における溶質の分子量を求めよ．

(1) 100 g の水に 10.35 g の溶質を溶かした水溶液の 100 °C における蒸気圧は 742.3 Torr である．

(2) 100 g のエチルエーテル ($C_4H_{10}O$) に 11.346 g の化合物 B を加えると，エーテルの蒸気圧が 382.0 Torr から 360.1 Torr に下る．

4.3 1 atm のもとで水に空気を飽和させると水の凝固点は何度になるか．ただし，窒素および酸素の水への溶解度は，0 °C で 1 dm^3 の水に 1 atm 下で 0.0235 dm^3 および 0.0489 dm^3 である．空気の組成は窒素：酸素 = 0.79：0.21（モル比）である．また水のモル凝固点降下は 1.86 kg K mol^{-1} である．

4.4 ラジエーターの冷却水の凍結防止用としてエチレングリコール（エタンジオール：$C_2H_6O_2$）を加える．凍結温度を −5 °C 以下とするためには，エチレングリコールの濃度を何%以上としなければならないか．水のモル凝固点降下は 1.86 kg K mol^{-1} である．

例題 5 ─────────────────────────────── 浸透圧と活量係数

(1) ポリオキシエチレン $-\!(\mathrm{CH_2-CH_2-O})_n\!-$ 5.30 g を 100 g の n–ヘプタンに溶かした溶液の浸透圧は 25 °C で 25.3 Torr であった．ポリオキシエチレンの平均重合度を求めよ．ただし n–ヘプタンの密度は 0.6837 g cm^{-3} である．

(2) ある非電解質の物質 0.45 mol を 100 g の水に溶かした溶液の凝固点は -6.40°C であった．水の相対活量と活量係数を求めよ．水のモル融解熱は 6004 J mol^{-1} である．

【解答】 (1) ファント・ホッフの式 (7.36) より $\Pi = n_\mathrm{B} RT/V$ である．$V = 100/0.6837 = 146.3$ cm^3 である．これより，ポリオキシエチレンの物質量 n_B は，SI 単位系で 25.3 Torr $= (25.3/760) \times 1.0133 \times 10^5$ Pa，146.3 cm$^3 = 146.3 \times 10^{-6}$ m^3 であるから

$(25.3/760) \times 1.0133 \times 10^5 = n_\mathrm{B} \times 8.314 \times 298.2/146.3 \times 10^{-6}$, $\quad n_\mathrm{B} = 1.991 \times 10^{-4}$ mol

平均分子量 $\bar{M}_\mathrm{B} = 5.30/1.991 \times 10^{-4} = 2.66 \times 10^4$．式量は $-\!(\mathrm{CH_2-CH_2-O})\!- = 44$ であるから $\bar{n} = 6.0 \times 10^2$．

(2) 非理想溶液と純粋な固体との平衡について，溶媒の化学ポテンシャルは

$$\mu_\mathrm{A}^{\circ(s)} = \mu_\mathrm{A}^{(\ell)} + RT \ln a_\mathrm{A}, \quad \Delta G^\circ = \mu^{\circ(\ell)} - \mu^{\circ(s)} = -RT \ln a_\mathrm{A} \tag{a}$$

となる．ギブズ・ヘルムホルツの式より

$$-\left[\frac{\partial}{\partial T}\left(\frac{\Delta G^\circ}{T}\right)_P\right]_P = \frac{\Delta H_\mathrm{m}}{T^2} = R\left(\frac{\partial \ln a_\mathrm{A}}{\partial T}\right)_P \tag{b}$$

となる．モル融解熱 ΔH_m を一定として (b) 式を a_A について 1 から a_A まで積分すると

$$\Delta T_\mathrm{f} = T_\mathrm{f} - T_\mathrm{f}^\circ = -(RT_\mathrm{f}^{\circ 2}/\Delta H_\mathrm{m}) \ln a_\mathrm{A} \tag{c}$$

となる．$\Delta T_\mathrm{f} = -6.40$ K，$T_\mathrm{f}^\circ = 273.2$ K，$\Delta H_\mathrm{m} = 6004$ J mol^{-1} より $\ln a_\mathrm{A} = -0.0620$，$a_\mathrm{A} = 0.940$．水のモル分率は $(100/18)/(100/18 + 0.45) = 0.925$ だから活量係数は $f = 0.940/0.925 = 1.016$

---------- 問 題 ----------

5.1 人の血液は -0.56°C で凍結する．36 °C で純水の血液に対する浸透圧を求めよ．同じ浸透圧をもつブドウ糖水溶液をつくるためには，溶液 1 dm^3 に含まれるブドウ糖の質量をいくらにすればよいか．水のモル凝固点降下は 1.86 kg K mol^{-1} である．

5.2 5.0 mol kg^{-1} のショ糖水溶液が 0 °C で示す蒸気圧は 3.99 Torr，純水が 0 °C で示す蒸気圧は 4.58 Torr である．この溶液での水の相対活量および活量係数を求めよ．

5.3 1 atm で単位体積の溶媒に溶ける気体の体積を 0 °C，1 atm に換算したものをブンゼンの吸収係数という．25 °C における酸素のブンゼン吸収係数 α は 2.83×10^{-2} dm^3/dm^3 である．10 atm の空気と接している水における酸素のモル分率を求めよ．空気中の酸素のモル分率は 0.21 である．

演 習 問 題

1 $n-$ヘキサン C_6H_{14} とヘプタン $n-C_7H_{16}$ との混合溶液は理想溶液とみなしてよい. 25 °C でヘキサンとヘプタンを 1 kg ずつ混合して 2 kg の溶液をつくるときの $\Delta V, \Delta U, \Delta H, \Delta S, \Delta A$ および ΔG を求めよ.

2 ベンゼンとトルエンは理想混合系を形成するとみなしてよい. 25 °C で次の溶液からベンゼンを分離する際の仕事量 (ΔG) およびエントロピー変化を求めよ.
 (1) ベンゼンのモル分率が 0.6 および 0.4 の大量の溶液から 1 mol のベンゼンを分離する. 両者に差があるとすればその理由についても説明せよ.
 (2) 0.6 mol のベンゼンと 0.4 mol のトルエンおよび 0.4 mol のベンゼンと 0.6 mol のトルエンからなる溶液を分離して 0.6 mol および 0.4 mol のベンゼンを得る. 両者に差があればその理由についても説明せよ.

3 四塩化炭素 CCl_4 と四塩化スズ $SnCl_4$ の 20 °C における蒸気圧はそれぞれ, 90.0 Torr と 19.0 Torr である. CCl_4 と $SnCl_4$ はほぼ理想溶液をつくると考えてよい. このことに基づいて以下の問に答えよ.
 (1) CCl_4 と $SnCl_4$ との混合物がほぼ理想混合系とみなせることは, CCl_4 分子と $SnCl_4$ 分子のどのような特性と関連していると考えられるか.
 (2) 20 °C で CCl_4 と $SnCl_4$ を 10.0 g ずつ混合した溶液の平衡蒸気圧および蒸気中の CCl_4 のモル分率はいくらか.
 (3) 0 °C で 1 mol の CCl_4 と 2 mol の $SnCl_4$ 混合系にさらに 1 mol の CCl_4 を加えるときの ΔS と ΔG はいくらか.

4 水とニトロベンゼンは互いに混合しない液体と考えることができる. それらの蒸気圧は水:70 °C で 233.7 Torr, ニトロベンゼンの蒸気圧は 100 °C で 22.4 Torr, 150 °C で 148 Torr である. 水とニトロベンゼンの混合物の 1 atm における沸点を計算せよ. また, 1 atm 下で混合物を蒸留したときに 100 g の水蒸気とともに留出するニトロベンゼンの量を求めよ.

5 次の系において共存する相の数および系の自由度を求めよ.
 (1) 1 atm 下での 0.1 M 塩化水素溶液.
 (2) 真空にした容器に 1 M アンモニア水を入れ 25 °C に保ったところ気-液平衡状態に達した.
 (3) 触媒の存在下で定温・定圧の条件で水素, 窒素, アンモニアが平衡状態にある系.
 (4) 100 °C で CO, CO_2, O_2 の気体と平衡にある炭素.

6 不揮発性の溶質を溶かすときの沸点上昇 ΔT_b は

$$\Delta T_b = \frac{RT_b^{\circ 2} M_A}{\Delta h_v} m_B = K_b m_B$$

で近似される [(7.27) 式]. ここで T_b° は溶媒の沸点, M_A は溶媒の分子量, Δh_v は溶媒のモル蒸発熱, m_2 は溶質の質量モル濃度である. この式において前提となっている近似

を列挙せよ．

7 25 °C である高分子化合物のベンゼン溶液の浸透圧を測定したところ，下記の結果を得た．Π/c を濃度 0 に外挿して，この高分子化合物の分子量を求めよ．

$c/\mathrm{g\,dm^{-3}}$	0.253	0.505	0.758	1.010
$\Pi \times 10^3/\mathrm{atm}$	0.455	1.365	2.856	5.024

8 500 g の水に 0.73 mol の不揮発性物質を溶かしたところ，100 °C における水蒸気圧は 707 Torr になった．水の活量と活量係数を求めよ．

9 水 1 kg にショ糖 342 g を溶かした溶液の凝固点は $-1.832\,°\mathrm{C}$ であった．水の活量および活量係数を求めよ．

10 蒸気圧の測定から溶媒の相対活量を求める方法を考えよ．質量モル濃度 $m_\mathrm{B} = 5.0\,\mathrm{mol\,kg^{-1}}$ のショ糖水溶液が 0 °C で示す水の蒸気圧は 3.99 Torr，同じ温度で純水の蒸気圧は 4.58 Torr である．この溶液での水の相対活量および活量係数を求めよ．ただしショ糖の分子量は 343 である．

11 不揮発性溶質の溶液の蒸気圧 P_A と浸透圧 Π とのあいだに

$$\Pi = \frac{RT}{\bar{v}_\mathrm{A}} \ln\left(\frac{P_\mathrm{A}^\circ}{P_\mathrm{A}}\right)$$

の関係があることを証明せよ．ここで P_A° は純溶媒の蒸気圧，$\bar{v}_\mathrm{A}$ は溶媒の部分モル体積である．

12 体積 $V\,\mathrm{dm^3}$ の溶液 A に溶質 C の w g が溶けている．これに溶媒とは混じらない別の溶媒 B の $v\,\mathrm{dm^3}$ を用いて抽出する．抽出を 1 回だけで行う場合と，$v/n\,\mathrm{dm^3}$ に分けて n 回に分けて行う場合の効率を比較せよ．A と B に対する溶質の分配係数を K とする．$V = 1$, $v = 1$, $K = 2$ として残存量 w が n とともにどのように変化するか求めてみよ．

8 化学平衡

8.1 平衡定数と自由エネルギー

化学反応は,化学量論係数 ν_i と反応物 R_i とで

$$0 = \sum \nu_i R_i \tag{8.1}$$

と表わされる.反応物に対しては ν_i は負,生成物に対しては ν_i は正である.反応に伴う各成分の物質量の変化 Δn_i mol について

$$\frac{\Delta n_1}{\nu_1} = \frac{\Delta n_2}{\nu_2} = \cdots = \Delta \xi \tag{8.2}$$

の関係がある.$\Delta \xi$ は成分に無関係で,反応系における反応の進行量を一般的に表わしており,ξ は**反応進行度**とよばれている.ξ の単位は mol で反応開始時は $\xi = 0$ である.

いま,温度・圧力が一定の条件下で,反応系が平衡状態にある場合について考える.いまかりに,定温・定圧で反応進行度が ξ から $\xi + d\xi$ まで変化したときの系のギブズエネルギーの変化は,(8.2) 式より $dn_i = \nu_i d\xi$ と書かれるので,(6.9) 式より

$$(dG)_{T,P} = \sum \mu_i dn_i = \sum \nu_i \mu_i d\xi \tag{8.3}$$

となる.したがって

$$\left(\frac{\partial G}{\partial \xi}\right)_{T,P} = \sum \nu_i \mu_i \tag{8.4}$$

である.反応系が平衡状態に達しているときは

$$\left(\frac{\partial G}{\partial \xi}\right) = 0$$

であるから

$$\sum \nu_i \mu_i = 0 \tag{8.5}$$

が平衡条件となる.$-\sum \nu_i \mu_i$ は**親和力**とよばれており,記号 A で表わす.親和力は反応系の反応力(反応のポテンシャリティ)を表わす量となっている.親和力を用いると,平衡条件は次のように表わすこともできる.

$$A = 0 \tag{8.6}$$

8.2 圧平衡定数と濃度平衡定数

(1) **圧平衡定数** 反応系の各成分について理想気体近似

$$\mu_i = \mu_i^\ominus + RT \ln P_i \tag{8.7}$$

($\mu_i^\ominus$ は気体の標準状態 1 atm における化学ポテンシャル) が成立する場合, 反応系が平衡に達しているときは, (8.5) 式より

$$\sum \nu_i \mu_i = \sum \nu_i \mu_i^\ominus + RT \sum \nu_i \ln P_i = 0 \tag{8.8}$$

となる.

$$\Delta G^\ominus = \sum \nu_i \mu_i^\ominus$$

と書くと (8.8) 式は

$$\Delta G^\ominus = -RT \left[\ln \prod P_i^{\nu_i} \right]_e \tag{8.9}$$

となる. ここで [ ]$_e$ の添字 e は平衡状態を表わしている.

$$\Delta G^\ominus = -RT \ln K_P^\ominus \tag{8.10}$$

と書くと, $K_P^\ominus$ は温度だけの関数である. $K_P^\ominus$ を**圧平衡定数**という. (8.10) 式を用いると, (8.9) 式は

$$K_P^\ominus = \prod_i (P_i^e)^{\nu_i} \tag{8.11}$$

となる. ここで P_i^e は平衡状態における i 成分の分圧である. (8.11) 式は気相反応に関する質量作用の法則である. (8.1) 式の約束にしたがって ν_i は反応物については負, 生成物に対しては正であるから, (8.11) 式は

$$K_P^\ominus = \frac{P_l^{\nu_l} P_m^{\nu_m} \cdots}{P_a^{\nu_a} P_b^{\nu_b} \cdots} \tag{8.12}$$

である (平衡状態を表わす上付きの e は省いてある). ここで $P_i^{\nu_i}$ は分母は反応物, 分子は生成物の平衡状態における各成分の分圧に相当している.

(2) **濃度平衡定数** 理想気体を仮定すると

$$\begin{aligned} P_i &= \frac{n_i RT}{V} \\ &= C_i RT \end{aligned} \tag{8.13}$$

と書ける．ここで C_i は mol dm^{-3} 単位で表わした濃度である．(8.11) 式の右辺の各項に (8.13) 式を代入すると

$$K_P^\ominus = \prod_i (C_i^e)^{\nu_i}(RT)^{\Delta n_g}$$
$$= K_c^e(RT)^{\Delta n_g} \tag{8.14}$$

となる．ここで

$$K_c^e = \prod_i (C_i^e)^{\nu_i} \tag{8.15}$$

は**濃度平衡定数**で

$$\Delta n_g = \sum_i \nu_i = \sum_{\text{(生成物)}} \nu_P + \sum_{\text{(反応物)}} \nu_R \tag{8.16}$$

である（平衡状態であることが自明のときには上付きの e を省くことが多い）．反応の前後で分子数が変わらない反応系では $\Delta n_g = 0$ で

$$K_P^\ominus = K_c^e$$

となる．K_c^e も温度だけの関数で温度一定ならば一定である．

8.3 標準生成ギブズエネルギー

(8.10) 式からわかるように，標準平衡定数は $\Delta G^\ominus$ の値で定まる．$\Delta G^\ominus$ は，定圧では

$$\Delta G^\ominus = \Delta H^\ominus - T\Delta S^\ominus \tag{8.17}$$

より，標準エンタルピー変化 $\Delta H^\ominus$ と標準エントロピー変化 $\Delta S^\ominus$ とから計算できる．$\Delta H^\ominus$ は標準状態で $\xi = 1$ だけ反応が進行したときの反応熱（エンタルピー変化）で，標準生成熱からヘスの法則を用いて計算することができる．また，$\Delta S^\ominus$ は，各物質の標準エントロピーから次式によって計算される．

$$\Delta S^\ominus = \sum \nu_i S_i^\ominus \tag{8.18}$$

標準状態 ($P^\ominus = 1$ atm) にある化合物 1 mol が，標準状態にある成分元素の単体から生成するときのギブズエネルギー変化 $\Delta G_f^\ominus$ を，**標準生成ギブズエネルギー**という．$\Delta G_f^\ominus$ の値は表 8.1 に示してある．$\Delta G_f^\ominus$ が与えられると，$\Delta G^\ominus$ は

$$\Delta G^\ominus = \sum \nu_i (\Delta G_{f,i}) \tag{8.19}$$

によって計算される．

表 8.1　標準生成ギブズエネルギー (25 °C)

物　質	$\Delta G^{\ominus}$/kJ mol^{-1}	物　質	$\Delta G^{\ominus}$/kJ mol^{-1}
H$_2$O (g)	−228.60	Al$_2$O$_3$ (s)	−1582
H$_2$O (ℓ)	−237.2	CaO (s)	−604.0
HCl (g)	−95.30	CaCO$_3$ (s, 方解石)	−1129
HBr (g)	−53.26	NaCl (s)	−384.0
HI (g)	1.57	KCl (s)	−408.8
S (単斜)	0.096*	CH$_4$ (g)	−50.84
SO$_2$ (g)	−300.2	C$_2$H$_6$ (g)	−32.93
SO$_3$ (g)	−370.4	C$_3$H$_8$ (g)	−23.49
H$_2$S (g)	−33.28	n-C$_4$H$_{10}$ (g)	−15.71
NO (g)	86.57	iso-C$_4$H$_{10}$ (g)	−17.97
NO$_2$ (g)	51.30	C$_2$H$_4$ (g)	68.124
NH$_3$ (g)	−16.38	C$_2$H$_2$ (g)	209.2
HNO$_3$ (ℓ)	−80.79	C$_6$H$_6$ (ℓ)	124.4
PCl$_3$ (g)	−286.3	CH$_3$OH (ℓ)	−166.2
PCl$_5$ (g)	−324.6	C$_2$H$_5$OH (ℓ)	−174.1
C (ダイヤモンド)	2.87**	HCHO (g)	−110
CO (g)	−137.2	CH$_3$CHO (g)	−133.7
CO$_2$ (g)	−394.4	HCOOH (ℓ)	−361.5
Fe$_2$O$_3$ (s)	−743.6	CH$_3$COOH (ℓ)	−389.3
Fe$_3$O$_4$ (s)	−1018		

* 安定な単体の斜方イオウからの $\Delta G_\mathrm{f}^{\ominus}$　　** 安定な単体の黒鉛からの $\Delta G_\mathrm{f}^{\ominus}$

不均一系の化学平衡　気相と固相とを含む不均一系が化学平衡にあるときは，固相の量は平衡定数に関係しない．たとえば，炭酸カルシウムの熱解離平衡

$$\mathrm{CaCO_3\,(s)} \rightleftarrows \mathrm{CaO\,(s)} + \mathrm{CO_2\,(g)} \tag{8.20}$$

では，CO$_2$ の平衡圧は CaCO$_3$ の量には関係なく，温度のみできまる．したがって，化学平衡においては，純粋な固相の活量を 1 とする．そうすると，反応 (8.20)

の圧平衡定数は

$$K_P = P_{\mathrm{CO_2}} \tag{8.21}$$

となる．すなわち，平衡定数は CO$_2$ の分圧となる．これを CaCO$_3$ の**解離圧**または**分離圧**という．表 8.2 に CaCO$_3$ の解離圧が示してある．

表 8.2　$CaCO_3$ の解離圧

温度/°C	解離圧/atm
600	0.00242
700	0.0292
800	0.220
897	1.000
1000	3.871
1100	11.50
1200	28.68

　表に見られるように，解離圧は温度の上昇とともに急激に増大し，897°C で 1 atm に達する．空気中の CO_2 の分圧は 3×10^{-4} atm 程度で，空気を通じた状態であれば 600°C 以下でも $CaCO_3$ は分解するが，それでは熱効率が悪くなる．897°C 以上に熱すれば解離圧は 1 atm 以上となり，CO_2 が容器から吹き出し，CaO を生ずる反応がスムーズに進行する．

8.4　平衡定数の温度依存性

　標準生成ギブズエネルギー $\Delta G^{\ominus}$ の温度依存性も，ギブズ・ヘルムホルツの式 (5.24) で表わされる．すなわち

$$\left[\frac{\partial}{\partial T}\left(\frac{\Delta G^{\ominus}}{T}\right)\right]_P = -\frac{\Delta H^{\ominus}}{T^2} \tag{8.22}$$

この式と (8.10) 式とから

$$\begin{aligned}\frac{d}{dT}\left(\ln K_P^{\ominus}\right) &= \frac{\Delta H^{\ominus}}{RT^2} \\ \frac{d(\ln K_P^{\ominus})}{d(1/T)} &= -\frac{\Delta H^{\ominus}}{R}\end{aligned} \tag{8.23}$$

となる．この式をファント・ホッフの**定圧平衡式**という．

　$\ln K_P^{\ominus}$ を $1/T$ に対してプロットすると，発熱反応 ($\Delta H^{\ominus} < 0$) で勾配は正，吸熱反応 ($\Delta H^{\ominus} > 0$) で勾配は負となる．$\Delta H^{\ominus}$ は温度にあまり依存しないので，プロットは図 8.1 のようにほぼ直線となる．(8.23) 式から，発熱反応 ($\Delta H^{\ominus} < 0$) では高温 ($1/T$ が小) で $K_P^{\ominus}$ は小さくなり，平衡状態での生成物の割合が小さくなることがわかる．吸熱反応 ($\Delta H^{\ominus} > 0$) では逆になる．すなわち，平衡の移動に関する**ルシャトリエの原理**が熱力学的に裏付けられている．

図 8.1　$\ln K_P^\ominus$ と $1/T$ の関係

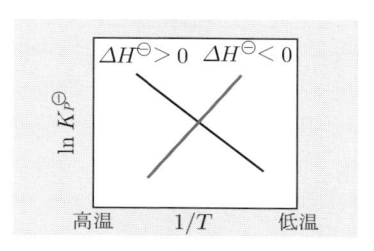

$\Delta H^\ominus$ が温度によらないとすると，(8.23) 式を積分して

$$\int_{\ln K_P^\ominus(T_1)}^{\ln K_P^\ominus(T_2)} d\ln K_P^\ominus = \int_{T_1}^{T_2} \frac{\Delta H^\ominus}{RT^2}$$

$$\ln\left[\frac{K_P^\ominus(T_2)}{K_P^\ominus(T_1)}\right] = \frac{\Delta H^\ominus(T_2 - T_1)}{RT_1 T_2} \tag{8.24}$$

を得る．すなわち，圧平衡定数の温度変化から標準生成エンタルピーが求められる．

(8.17) 式より

$$\begin{aligned} K_P^\ominus &= \exp\left(-\frac{\Delta G^\ominus}{RT}\right) \\ &= \exp\left(-\frac{\Delta H^\ominus}{RT}\right)\exp\left(\frac{\Delta S^\ominus}{R}\right) \end{aligned} \tag{8.25}$$

と書ける．したがって，$-\Delta H^\ominus/RT$ が正で大きな値のときに $K_P^\ominus$ の値も大きく，反応が進んだところで平衡に達することがわかるが，$\Delta S^\ominus$ が大きく，$\Delta S^\ominus/R$ の値が大きい場合には，$-\Delta H^\ominus/RT$ が負，すなわち吸熱反応でも $K_P^\ominus$ の値は大きくなり得ることがわかる．

とくに高温では $\Delta H^\ominus/RT$ の項の寄与は相対的に小さくなり，平衡は反応系のエントロピーが大きくなる方向へ移動する．高温で熱を吸収する分解反応が起こるようになるのはそのためである．

―― 例題 1 ――――――――――――――――――――――― 気相反応と平衡定数 ――

(1) 解離反応

（ⅰ） $AB \rightleftarrows A+B$ および，（ⅱ） $A_2 \rightleftarrows 2A$

の解離度がいずれも α であるときの圧平衡定数を求めよ．もし両者に差があるとすればその相異の理由についても考えよ．

(2) 二酸化窒素 NO_2 は一部が会合して，四酸化二窒素 N_2O_4 と $2NO_2(g) = N_2O_4(g)$ の平衡状態にある．ある温度・圧力のもとでの NO_2 の会合度を α として，平衡定数 K_P を α の関数として表わせ．また，逆反応 $N_2O_4(g) = 2NO_2(g)$ における N_2O_4 の解離度を β として，平衡定数 K'_P を β の関数として表わせ．さらに，$K'_P = K_P^{-1}$ の関係があることを示せ．

【解答】 (1)（ⅰ） 反応 $AB \rightleftarrows A+B$ において解離度を α とすると，はじめの AB に対する未解離の AB の割合は $1-\alpha$ で A, B の割合はそれぞれ α である．平衡状態における全圧を P とすると，A, B, AB の分圧はそれぞれ

$$P_A = P_B = \frac{\alpha}{(1-\alpha)+\alpha+\alpha}P = \frac{\alpha}{1+\alpha}P, \quad P_{AB} = \frac{1-\alpha}{1+\alpha}P \tag{a}$$

となる．したがって，圧平衡定数は次のようになる．

$$K_P = \frac{\alpha^2}{1-\alpha^2}P \tag{b}$$

温度一定のとき K_P は一定であるから，全圧 P を大きくすると解離度 α は小さくなる．

（ⅱ） 2 原子分子の解離平衡 $A_2 \rightleftarrows 2A$ について考える．このときは，生成物 A の割合は 2α となるから，次のようになる．

$$K_P = \frac{4\alpha^2}{1-\alpha^2}P \tag{c}$$

したがって，K_P と P の値が同じ場合には反応 A_2 の方が解離度 α の値は小さくなる．

分子論的には，この効果は次のように考えられる．かりに 2 分子の A_2 あるいは AB とが分離した生成物による逆反応が，分子間衝突の度数に比例して起こるとすると，逆反応

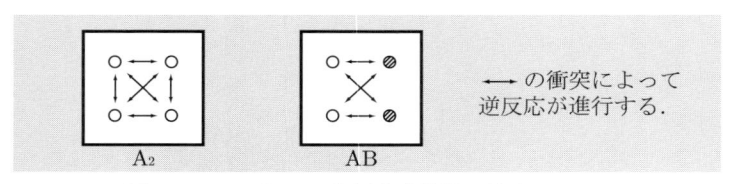

図 8.2 A_2 と AB 分解生成物間の衝突

は A_2 の分解生成物の方が起こりやすいことがわかる (図 8.2). このことからも, $AB \rightleftharpoons A + B$ の方が平衡状態における解離度が大きいことがわかる.

(2) 平衡状態にある混合気体の圧力を P として, 出発時の NO_2 の量を 1 すると, 平衡時の量は次のようになる.

$$2NO_2(g) = N_2O_4(g)$$
平衡時の量　$(1-\alpha)$　$\alpha/2$　合計 $(1-\alpha/2)$

平衡時の各成分の分圧は

$$P_{NO_2} = \frac{1-\alpha}{1-\alpha/2}P, \quad P_{N_2O_4} = \frac{\alpha/2}{1-\alpha/2}P \tag{d}$$

である. したがって平衡定数は

$$K_P = \frac{P_{N_2O_4}}{(P_{NO_2})^2} = \frac{\alpha(1-\alpha/2)}{2(1-\alpha)^2 P} \tag{e}$$

となる. 同様にして

$$K'_P = \frac{P_{NO_2}^2}{P_{N_2O_4}} = \frac{4\beta^2}{1-\beta^2}P \tag{f}$$

となる. NO_2 の量を比較すると

$$(1-\alpha)/(1-\alpha/2) = 2\beta/(1+\beta), \quad \beta = 1-\alpha \tag{g}$$

の関係があるので, これを (f) 式に代入すると, $K'_P = K_P^{-1}$ であることがわかる.

問題

1.1 水の解離反応 $2H_2O \rightleftharpoons 2H_2 + O_2$ の 1000 K における K_P は 6.9×10^{-15} atm である. 5 atm における水の解離度を求めよ.

1.2 0 °C, 1 atm の塩素ガス 70.9 g を定容で 2000 °C に熱したら, 圧力は 12.5 atm になった. この温度における塩素の解離度を求めよ.

1.3 $CO_2 + H_2 \rightleftharpoons CO + H_2O$ の平衡定数は 1000 °C において 1.66 である. モル百分率で CO_2 40 %, H_2 60 % を混合して 1000 °C で平衡にしたときの混合気体の組成を求めよ.

1.4 3000 K で全圧が 1 atm のとき, 13 % の水素 H_2 が解離する. (1) 原子 H と分子 H_2 の分圧, (2) 平衡定数 K_P, (3) 3000 K で解離度が 10 % になるときの全圧を求めよ.

1.5 25 °C において NOBr は $2NOBr = 2NO + Br_2$ にしたがって分解する. 平衡混合物中に液体 Br_2 が生じるに十分なほど圧力が高いとき, この平衡系の K_P は 3.51×10^{-2} atm である. NOBr の分圧が 10 atm のとき, NO の分圧はいくらか. ただし 25 °C における臭素の蒸気圧は 210 Torr である.

例題 2 ─────────────────────────────── 平衡定数と $\Delta G^\ominus$

五塩化リン PCl_5 は次のように解離する．

$$PCl_5(g) \rightleftarrows PCl_3(g) + Cl_2(g) \tag{a}$$

純粋な PCl_5 1.00 mol を反応容器に入れて 250 °C で平衡に到達させたところ，気体の圧力は 1.00 atm で，密度は 2.70 g dm^{-3} であった．原子量は P = 31.0，Cl = 35.5 として次の問に答えよ．
(1) 解離平衡にある混合気体の平均分子量はいくらか．
(2) 解離平衡にある混合気体中の PCl_5 の分圧はいくらか．
(3) 250 °C における反応 (a) の平衡定数はいくらか．
(4) 250 °C における PCl_5 の解離反応の標準ギブズエネルギー変化はいくらか．

【解答】 (1) 平均分子量を M とすると，$PV = nRT = (w/M)RT$ の関係がある．ゆえに $V = 1 \text{ dm}^3$ として計算すると，$M = 2.70 \times 0.0820 \times (273 + 250) = 116$．

(2) 解離度を α とすると，全体としての物質量は $(1-\alpha) + \alpha + \alpha = 1+\alpha$ 倍になっているから，PCl_5 の分子量を M_0 とすると，M_0 と M との関係は

$$M = M_0/(1+\alpha), \quad \alpha = M_0/M - 1 = 208.5/116 - 1 = 0.80$$

PCl_5 の分圧は，$P\{(1-\alpha)/(1+\alpha)\} = 0.11 \text{atm}$

(3) それぞれの成分の分圧は，全圧を P として

$$P_{PCl_5} = \{(1-\alpha)/(1+\alpha)\}P, \quad P_{PCl_3} = \{\alpha/(1+\alpha)\}P, \quad P_{Cl_2} = \{\alpha/(1+\alpha)\}P$$

であるから $K_P = \{\alpha^2/(1-\alpha^2)\}P = 1.78$ atm．

(4) $\Delta G^\ominus = -RT \ln K_P^\ominus = -8.314 \times (273 + 250) \ln 1.78 = -2.51 \times 10^3 \text{ J mol}^{-1}$．

////////// **問　題** //

2.1 表 2.4 の 25 °C における標準生成エンタルピーの値および表 4.1 の 25 °C における標準エントロピーの値を用いて，25 °C におけるアンモニアの標準生成ギブズエネルギーを求めよ．また，反応 $N_2 + 3H_2 \rightleftarrows 2NH_3$ の 25 °C における圧平衡定数を求めよ．

2.2 1120 °C，1 atm における H_2O の解離度は 8.9×10^{-5}，CO_2 の $CO + \frac{1}{2}O_2$ への解離度は 1.41×10^{-4} である．それぞれの平衡定数はいくらか．また，$CO_2(g) + H_2(g) = CO(g) + H_2O(g)$ の 1120 °C における平衡定数と $\Delta G^\ominus$ はいくらか．

2.3 CH_4，CO_2，$H_2O(g)$ の標準生成ギブズエネルギーはそれぞれ -50.84，-394.4，$-228.60 \text{ kJ mol}^{-1}$ である（表 8.1）．$CH_4(g) + 2O_2(g) \rightleftarrows CO_2(g) + 2H_2O(\ell)$ の反応は，常温（25 °C），常圧ではどちらに進むか．K_P を求めて示せ．

― 例題 3 ― 平衡定数の温度依存性 (1) ―

気相反応
$$H_2 + I_2 \rightleftarrows 2HI, \quad \Delta H^\ominus_{298} = -10.38 \text{ kJ}$$

において，$T = 298$ K で $K_P = 870$ である．$T = 400$ K における K_P の値を求めよ．

【解答】 圧平衡定数の温度依存性は，(8.23) 式より

$$\frac{d \ln K_P^\ominus}{dT} = \frac{\Delta H^\ominus}{RT^2} \tag{a}$$

で与えられる．$\Delta H^\ominus$ が温度に依存しないとして (a) 式を積分すると

$$\ln\left(\frac{K_P^\ominus(T_2)}{K_P^\ominus(T_1)}\right) = \frac{\Delta H^\ominus}{R}\left(\frac{1}{T_1} - \frac{1}{T_2}\right) = -\frac{10.38 \times 10^3}{8.314}\left(\frac{1}{298} - \frac{1}{400}\right) = -1.068 \tag{b}$$

$$K_P^\ominus(400) = K_P^\ominus(298) e^{-1.068} = 299$$

発熱反応であるから温度の上昇とともに平衡定数は小さくなる．

|||||||||| 問 題 ||||||||||

3.1 濃度平衡定数 K_c と温度との関係は，標準生成内部エネルギー変化 $\Delta U^\ominus$ により

$$\ln\left[\frac{K_c^\ominus(T_2)}{K_c^\ominus(T_1)}\right] = -\frac{\Delta U^\ominus}{R}\left(\frac{1}{T_2} - \frac{1}{T_1}\right)$$

で表わされることを示せ．

3.2 N_2O_4 および NO_2 の標準生成熱は 9.7 および 33.9 kJ mol^{-1} である．反応 $N_2O_4(g) = 2NO_2(g)$ について，次のことを説明せよ．
(1) 全圧が大きくなると平衡は左へ移動する．
(2) 温度が高くなると平衡は右へ移動する．

3.3 塩化カルボニル $COCl_2$ は $COCl_2 = CO + Cl_2$ と解離する．解離度は 503 °C で 67 %，553 °C で 80 % である．この温度範囲における $COCl_2$ の解離熱を求めよ．

3.4 次の表は H_2S の生成反応についていろいろの温度における平衡定数の値を $R \ln K^\ominus$ の形で示したものである．$R \ln K^\ominus$ を $1/T$ に対してプロットしてみよ．そのプロットに基づき，H_2S の標準生成熱を求めよ．

温度 T/K	$R \ln K^\ominus / \text{J K}^{-1}\,\text{mol}^{-1}$
1023	38.79
1218	25.00
1362	17.28
1473	12.32
1667	4.92

―― 例題 4 ――――――――――――――――――― 平衡定数の温度依存性 (2) ――

ベンゼンに水素添加をしてシクロヘキサンを生成する反応の 1 atm における平衡定数は

$$\log K_P = 9590/T - 9.9194 \log T + 0.00285T + 8.565$$

で与えられる．表 2.4 のベンゼンの標準生成熱のデータに基づいて 25°C におけるシクロヘキサンの標準生成熱を求めよ．

【解答】 所与の式は

$$\ln K_P = \frac{2.303 \times 9590}{T} - 9.9194 \ln T + 2.303 \times 0.00285T + 2.303 \times 8.565$$

温度について微分すると

$$\frac{d \ln K_P}{dT} = -\frac{22086}{T^2} - \frac{9.9194}{T} + 0.006564$$

これとファント・ホッフの式 (8.23) と比較すると

$$\Delta H^\ominus = RT^2 \frac{d \ln K_P}{dT} = -22086 \times 8.314 - 9.9194 \times 8.314T + 0.006564 \times 8.314T^2$$

$T = 298$ K とおくと

$$\Delta H^\ominus = -1.8362 \times 10^5 - 2.4576 \times 10^4 + 4.846 \times 10^3 = -2.033 \times 10^5 \text{ J}$$

したがって $\text{C}_6\text{H}_6(\ell) + 3\text{H}_2(\text{g}) = \text{C}_6\text{H}_{12}(\ell) \,;\, \Delta H^\ominus = -2.033 \times 10^5$ J

表 2.4 より $6\text{C}(\text{s}) + 3\text{H}_2(\text{g}) = \text{C}_6\text{H}_6(\ell) \,;\, \Delta H^\ominus = 8.2927 \times 10^4$ J

結局 $6\text{C}(\text{s}) + 6\text{H}_2(\text{g}) = \text{C}_6\text{H}_{12}(\ell) \,;\, \Delta H^\ominus = -1.204 \times 10^5$ J

||||||||| 問 題 |||||||||||||||||||||||||||||||||||||||||||||||||||||||||||||||||||||||||||||||

4.1 オゾンの分解反応 $(2/3)\, \text{O}_3 \rightleftarrows \text{O}_2$ の標準反応熱は

$$\Delta H^\ominus = 1.4477 \times 10^5 - 11.56T + 1.172 \times 10^{-2} T^2 - 2.59 \times 10^{-5} T^3$$

で与えられる．また 2300 K におけるこの反応の圧平衡定数 $K_P = P_{\text{O}_2}/P_{\text{O}_3}^{2/3} = 0.01$ である．この反応の標準ギブズエネルギー変化を温度の関数として表わす式を求めよ．

4.2 硫化水素 H_2S の標準生成ギブズエネルギーは

$$\Delta G^\ominus = -8.033 \times 10^4 + 6.904T + 3.933T \ln T - 6.904 \times 10^{-3} T^2 - 1.548 \times 10^{-6} T^3$$

で与えられる．1 atm の H_2S を 1300 K に加熱した石英管中に通して平衡状態に達せしめると，生成生体中に含まれる H_2 の割合はいくらになるか．なお，1300 K においてはイオウは単原子分子の状態にあるものとする．

― 例題 5 ――――――――――――――――――――――――――――― 固相を含む平衡 (1) ―

次の反応
$$\text{C(黒鉛)} + 2\text{H}_2(\text{g}) = \text{CH}_4(\text{g}); \quad \Delta H^{\ominus}_{873} = -88.052\,\text{kJ}\,\text{mol}^{-1}$$
に関して，600 °C におけるモルエントロピーの値
$$\text{C(黒鉛)}: 20.1,\ \text{H}_2(\text{g}); 162.8,\ \text{CH}_4(\text{g}): 232.6\,\text{J}\,\text{K}^{-1}\,\text{mol}^{-1}$$
を用いて次の問に答えよ．

(1) 600 °C における圧平衡定数　(2) 700 °C における圧平衡定数の概数
(3) CH_4 の収量を多くするための温度・圧力の条件

【解答】 (1) 600 °C における反応のエントロピー変化は
$$\Delta S^{\ominus}_{873} = 232.6 - (20.1 + 2 \times 162.8) = -113.1\,\text{J}\,\text{K}^{-1}\,\text{mol}^{-1}$$
である．したがって，600 °C におけるギブズエネルギー変化は
$$\Delta G^{\ominus}_{873} = \Delta H^{\ominus}_{873} - T\Delta S^{\ominus}_{873} = 18.678\,\text{kJ}\,\text{mol}^{-1}$$
ゆえに $K^{\ominus}_{P}(873) = e^{-\Delta G^{\ominus}/RT} = 0.229$

(2) この温度範囲で $\Delta H^{\ominus}$ および $\Delta S^{\ominus}$ が温度によらないとすると
$$\Delta G^{\ominus}_{973} = -88052 + 973 \times 113.1 = 21.994\,\text{kJ}\,\text{mol}^{-1}$$
$$K^{\ominus}_{P}(973) = e^{-21994/(973 \times 8.314)} = 0.0660$$

(3) $\Delta S^{\ominus}$ が温度によらないとすると，$K^{\ominus}_{P}(T) = e^{-\Delta H^{\ominus}(T)/RT}e^{\Delta S^{\ominus}/R}$ となる．$\Delta H^{\ominus}$ の温度依存性も小さい．$\Delta H^{\ominus} < 0$ であるから，温度が低い方が平衡状態における CH_4 の割合は多くなる．また分子数が減少するから高圧の方が収量は多くなる．

|||||||||| **問　題** ||||||||||||||||||||||||||||||||||||||||||||||||||||||||||||||||||||||||||||||||

5.1 炭酸カルシウムの解離圧は 800 °C で 0.220 atm，1000 °C で 3.871 atm である．解離圧が 1 atm になる温度を求めよ．

5.2 Ag_2O の解離圧は 575 °C で 20.5 Torr，676 °C で 114.5 Torr である．反応
$$2\text{Ag}_2\text{O} \rightleftarrows 4\text{Ag} + \text{O}_2$$
のこの温度範囲における平均の反応熱を求めよ．

5.3 CuO の解離反応
$$4\text{CuO}(\text{s}) \rightleftarrows 2\text{Cu}_2\text{O}(\text{s}) + \text{O}_2(\text{g})$$
に対して，$\log K_P = \log P_{\text{O}_2} = -13261/T + 12.4$ という関係が成り立つ．この反応の ΔH を求めよ．

5.4 例題 5(2) において，ΔH および ΔS の温度依存性を考慮したときの $K^{\ominus}_{P}(973)$ の値を求めよ．表 2.2 の C_P の値を用いよ．

―― 例題 6 ――――――――――――――――――――――― 固相を含む平衡 (2) ――

0.1 mol の H_2 と 0.2 mol の CO_2 を 450 °C で容器内に入れ 0.5 atm に保つと，反応
$$H_2 + CO_2 \rightleftarrows H_2O + CO \tag{a}$$
が平衡に達する．平衡混合物中の H_2O のモル百分率は 10 % であった．

この平衡系へ CoO(s) と Co(s) を入れると，次の反応が起こって平衡に達した．
$$CoO + H_2 \rightleftarrows Co + H_2O \tag{b} \qquad CoO + CO \rightleftarrows Co + CO_2 \tag{c}$$
平衡混合物中の H_2O のモル百分率は 30 % であった．反応 (a), (b), (c) の平衡定数 K_1, K_2, K_3 を求めよ．

【解答】 反応 (a) の平衡状態において反応した H_2 の割合を α とすると，反応した H_2 と同じ分子数の H_2O が生成しており，かつ反応によっても分子数は変化しないので

$$H_2O \text{ のモル分率} = 0.1\alpha/0.3 = 0.1, \quad \alpha = 0.3$$

となる．ゆえに，H_2, CO_2, H_2O, CO の分圧 (atm) は

$$H_2 : 0.5 \times \frac{0.1(1-0.3)}{0.3}, \quad CO_2 : 0.5 \times \frac{0.2 - 0.03}{0.3},$$
$$H_2O : 0.5 \times 0.1, \quad CO : 0.5 \times 0.1 \quad (\text{モル分率 } 0.1)$$

である．ゆえに
$$K_1 = \frac{P_{H_2O} P_{CO}}{P_{H_2} P_{CO_2}} = \frac{(0.03)^2}{0.07 \times 0.17} = 7.56 \times 10^{-2}$$

CoO と Co を入れたときの平衡成分のモル分率を $x_{H_2}, x_{CO_2}, x_{H_2O}, x_{CO}$ とすると

(b) の反応では $K_2 = x_{H_2O}/x_{H_2}$ 　　(c) の反応では $K_3 = x_{CO}/x_{CO_2}$

である．$x_{H_2O} = 0.3$ と $x_{H_2} + x_{H_2O} = 1/3$（はじめの H_2 のモル分率）より $x_{H_2} = 0.0333$．ゆえに $K_2 = 0.3/(1/3 - 0.3) = 9$.

一方，$K_2/K_3 = K_1$ の関係があるので，$K_3 = 119$.

|||||||||| 問　題 ||||||||||||||||||||||||||||||||||||||||||||||||||||||||||||||||||||||

6.1 ある温度で，反応 $3Fe(s) + 4H_2O(g) \rightleftarrows Fe_3O_4(s) + 4H_2(g)$ が平衡に達したとき，H_2O の分圧は 5.2 Torr, H_2 の分圧は 75.6 Torr であった．同じ温度で Fe(s) と $H_2O(g)$ を 1 atm に保ったとき，平衡状態における H_2O と H_2 の分圧はそれぞれいくらか．

6.2 18 °C における水蒸気圧は 15.48 Torr である．また 18 °C における次の反応
$$ZnSO_4 \cdot 7H_2O = ZnSO_4 \cdot 6H_2O + H_2O(\ell)$$
の $\Delta G^{\ominus}$ は 1480 J mol^{-1} である．18 °C で $ZnSO_4 \cdot 7H_2O$ と $ZnSO_4 \cdot 6H_2O$ が共存しているときの水蒸気圧を求めよ．

演習問題

1. 次の反応の平衡定数を求めよ．
   (1) ヨウ化水素の解離平衡 $2HI \rightleftarrows H_2 + I_2$ において，解離度は 0.25 であった．
   (2) 二酸化炭素と水素を 1 mol ずつ混合した気体を 35°C, 0.1 atm に保ったところ，混合気体中に 0.18 % の一酸化炭素を生成した．生成した水も全部気化したものとする．
   (3) 空気を 1873°C に保ったところ，$N_2 + O_2 \rightleftarrows 2NO$ の反応により NO が生成し，平衡組成は N_2 : 77.63 %, O_2 : 20.59 %, NO : 0.79 % となった．

2. 次の反応の平衡定数を計算せよ．
   (1) HI は 448°C において 22 % 解離する．
   (2) アンモニアを容器に入れて 25°C で 14.7 atm に圧縮したのち容積一定にして 350°C に保ったらアンモニアの一部が分解し，平衡状態において圧力は 50.0 atm になった．解離度も求めよ．
   (3) 17°C, 540 Torr でホスゲン $COCl_2$ を容器に入れ，体積一定のままで 500°C まで加熱したら 2.01 atm になった．ホスゲンは $COCl_2 \rightleftarrows CO + Cl_2$ で解離するが 17°C では解離していない．解離度も求めよ．

3. 五塩化リン PCl_5 は高温で $PCl_5 \rightleftarrows PCl_3 + Cl_2$ と解離する．1 atm 下での五塩化リンの密度を求めたところ，280°C で同温・同圧の空気の 3.70 倍であった．この温度における PCl_5 の解離度を求めよ．空気の組成は $N_2 = 0.79$, $O_2 = 0.21$ とせよ．

4. 前問の結果を用いて，1 atm, 280°C における PCl_5 の解離反応の圧平衡定数 K_P および濃度平衡定数 K_c を求めよ．10 atm, 250°C においては解離はどうなるか．その結果をルシャトリエの原理の観点から検討せよ．

5. 表 2.4 における標準生成エンタルピーの値および表 4.1 の標準エントロピーの値を用いて，25°C におけるメタン (g) の標準生成ギブズエネルギーを求めよ．また，反応
$$C(黒鉛) + 2H_2(g) \rightleftarrows CH_4(g)$$
の 25°C における圧平衡定数を求めよ．

6. 標準生成ギブズエネルギーの表 8.1 の値を用いて，反応
$$2NO + O_2 \longrightarrow 2NO_2$$
の 25°C における圧平衡定数 $K_P^{\ominus}$ と濃度平衡定数 $K_c^{\ominus}$ を計算せよ．

7. 表 8.1 のデータを用いて，25°C における n-ブタンと iso-ブタンの平衡混合物中の n-ブタンのモル分率を求めよ．

8. 常温において酢酸とエチルアルコールとから酢酸エステルと水とを生成する反応の平衡定数は，4.0 である．酢酸 2 mol とエチルアルコール 5 mol とを混合した系におけるエステルの収量は何 mol か．またこの反応系に濃硫酸を加えて最終的な水の活量を 1/10 としたときのエステルの収量は何 mol か．それぞれの場合について酢酸に対するエステルの収量を求めよ．

9 アセチレンからベンゼンを生成する反応，$3C_2H_2(g) = C_6H_6(g)$ の $25\,°C$ における平衡定数を求めよ．表 2.4 の標準生成熱および表 4.1 の標準エントロピーのデータを用いよ．

10 触媒を用いてペンタンを 600 K で反応させると，次の異性化平衡が成り立つ．

$$n\text{-}\underset{141.38}{C_5H_{12}} \rightleftharpoons \underset{136.65}{(CH_3)_2CHCH_2CH_3} \rightleftharpoons \underset{146.77}{C(CH_4)_4}$$

化合物の下の数値は 600 K における標準生成ギブズエネルギー $\Delta G^{\ominus}/\text{kJ mol}^{-1}$ である．各成分の割合を求めよ．

11 反応 $3Fe(s) + 4H_2O(g) \rightleftharpoons Fe_3O_4(s) + 4H_2(g)$ がある温度で平衡に達したときの H_2O の分圧は 25.3 Torr，H_2 の分圧は 325.1 Torr であった．同じ温度で Fe(s) と 1 atm の水蒸気を容積一定の容器に入れて平衡に達せしめたときの H_2O および H_2 の分圧はいくらか．また，2 atm の水蒸気を入れたときはどうなるか．Fe(s) は十分多量にあるものとする．

12 水銀の沸点 $357\,°C$ における酸化水銀 (II) HgO の解離圧は 86 Torr である．
(1) 反応 $HgO(s) = Hg(g) + \frac{1}{2}O_2(g)$ の $375\,°C$ における K_P と ΔG を求めよ．
(2) HgO(s) と Hg(l) とを真空にした密閉容器に入れ $357\,°C$ に保ったときの O_2 の分圧はいくらになるか．また，あらかじめ容器中に 1 atm の窒素および空気を入れておいたときの O_2 の分圧はいくらか．空気は $N_2:O_2 = 4:1$ として計算せよ．また水銀は十分にあるものとする．

13 $2CO(g) \rightleftharpoons C(s) + CO_2(g)$ の反応が，1273 K，40 atm で平衡に達したとき，気体混合物中の CO の体積百分率は 80 % であった．この結果と $CO_2(g) + H_2(g) \rightleftharpoons CO(g) + H_2O(g)$ の 1273 K における平衡定数 $K_P = 1.70$ とから，$C(s) + H_2O(g) \rightleftharpoons CO(g) + H_2(g)$ の平衡定数を求めよ．

14 反応 $FeO(s) + CO \rightleftharpoons Fe(s) + CO_2$ の平衡定数は $800\,°C$ で 0.552，$1000\,°C$ で 0.403 である．この温度範囲における反応熱はいくらか．また $900\,°C$ における平衡定数はいくらになるか．

15 $20\,°C$ で 1 dm^3 の水に 20.0 g の塩化水素が溶解しているとき，塩化水素の平衡蒸気圧は 5.88×10^{-3} Pa である．分子量は HCl = 36.6，NaCl = 58.44 である．
(1) 塩化水素の平衡蒸気圧が 2.94×10^{-3} Pa である水溶液における塩化水素の濃度はいくらか．モル濃度で求めよ．
(2) $20\,°C$ で 1 dm^3 の水に 20.0 g の塩化水素と 20.0 g の塩化ナトリウムが溶解しているとき，塩化水素の平衡蒸気圧はいくらか．

16 酸化水銀 HgO は，$2HgO(s) \rightleftharpoons 2Hg(g) + O_2(g)$ によって解離する．$420\,°C$ および $450\,°C$ における解離圧はそれぞれ 387 および 810 Torr である．解離熱 ΔH を求めよ．

17 1 atm 下で斜方イオウが単斜イオウに変わる反応の標準ギブズエネルギー変化 $\Delta G^{\ominus}$ の温度依存性は $\Delta G^{\ominus} = 504.5 + 2.091T \ln T - 11.80T - 0.00523T^2$ で表わされる．1 atm 下での転移温度が $95\,°C$ であることを示せ．

9 電解質溶液

9.1 電解質の電離度

ファント・ホッフの係数　電解質水溶液は，浸透圧，沸点上昇，凝固点降下などの束一的性質に異常性がみられる．たとえば，浸透圧は，(7.36) 式の代わりに

$$\Pi V = i n_\mathrm{B} RT \quad \text{または} \quad \Pi = icRT \tag{9.1}$$

が与えられる．ここで $c = n_\mathrm{B}/V$ は溶質の濃度である．i は電解質溶液に対する補正項で，**ファント・ホッフの係数**とよばれている．

図 9.1(a) はいくつかの**強電解質**の i の値を濃度 c に対してプロットしたもので，$c \to 0$ の極限で i の値は電離によって生ずるイオンの数に等しくなっている．図に見られるように，この値は c の増大とともに減少する．これは，電離したイオン間の静電荷によるクーロン相互作用のために，イオンの活量係数が濃度の増大とともに減少するからである．Fe^{3+} のように価数が大きいイオンの場合は，クーロン相互作用も大きく，活量係数の減少もいちじるしい．

弱電解質の場合，ファント・ホッフの係数の濃度依存性は図 9.1(b) のように，濃度の減少とともに急激に増大する．濃度が極端に小さくない限り，i の値は強電解質の場合に比べていちじるしく小さい．これは，弱電解質 $X_m Y_n$ では，次のような**電離平衡**の状態にあるためである．

$$X_m Y_n \rightleftarrows m X^{(+)} + n Y^{(-)} \tag{9.2}$$

ここで $(+), (-)$ は，それぞれの化学種が陽イオン，陰イオンであることを示す記号である．$X_m Y_n$ の濃度を c，**電離度**を α とすると各化学種の濃度は

$$[X_m Y_n] = c(1-\alpha), \quad m X^{(+)} = mc\alpha, \quad n Y^{(-)} = nc\alpha \tag{9.3}$$

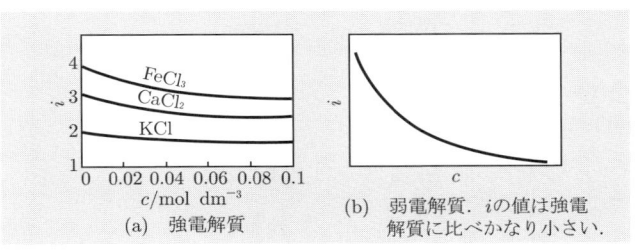

(a) 強電解質

(b) 弱電解質．i の値は強電解質に比べかなり小さい．

図 **9.1**　ファント・ホッフの係数 i の濃度依存性

となる．したがって，全体としての粒子濃度は

$$c(1-\alpha) + mc\alpha + nc\alpha = [(m+n-1)\alpha + 1]c \tag{9.4}$$

である．弱電解質では c が極端に小さくない限り α は非常に小さいので，イオン濃度はあまり高くならず，したがってイオン間の相互作用も小さく

$$i = (m+n-1)\alpha + 1 \tag{9.5}$$

とみなすことができる．したがって，i の値の測定から電離度 α を求めることができる．

9.2 電離定数

弱酸 AH は，水中で H_2O と反応して

$$\text{AH} + \text{H}_2\text{O} \rightleftarrows \text{A}^- + \text{H}_3\text{O}^+$$

と電離平衡の状態にある．水の濃度 $[H_2O]$ は一定とみなすことができるので，オキソニウムイオン H_3O^+ を簡単のために H^+ と書くと，電離平衡について

$$\frac{[\text{A}^-][\text{H}^+]}{[\text{AH}]} = K_a \tag{9.6}$$

が成り立つ．K_a は，質量作用の法則により，定温では一定となる．K_a を弱酸 AH の**電離定数**という．

AH の濃度を c，電離度を α とすると

$$c\alpha^2/(1-\alpha) = K_a \tag{9.7}$$

を得る．一般に $\alpha \ll 1$ だから，$c\alpha^2 \doteqdot K_a$ となり

$$\alpha = \sqrt{K_a/c} \tag{9.8}$$

で近似される．したがって

$$[\text{H}^+] = c\alpha \doteqdot (cK_a)^{1/2} \tag{9.9}$$

となる．$pK_a \equiv -\log K_a$ と書くと，$pH \equiv -\log[\text{H}^+]$ は次のようになる．

$$\text{pH} \doteqdot \frac{1}{2}(pK_a - \log c) \tag{9.10}$$

弱塩基の場合

$$\text{BOH} \rightleftarrows \text{B}^+ + \text{OH}^- \quad \text{または} \quad \text{B} + \text{H}_2\text{O} \rightleftarrows \text{BH}^+ + \text{OH}^- \tag{9.11}$$

の電離平衡が成り立つので，電離定数を K_b とすると

$$[\text{OH}^-] = c\alpha \doteqdot (cK_b)^{1/2} \tag{9.12}$$

となる．室温では $[\text{H}^+][\text{OH}^-] = 10^{-14}$ であるから，$[\text{H}^+] = 10^{-14}/[\text{OH}^-]$ で

表 9.1　弱酸と弱塩基の電離定数 (25°C)

	化合物	分子式	$K/(\text{mol dm}^{-3})^{\Sigma\nu_i}$		$\text{p}K = -\log K/(\text{mol dm}^{-3})^{\Sigma\nu_i}$
酸	ギ酸	HCOOH	1.77×10^{-4}		3.75
	酢酸	CH_3COOH	1.75×10^{-5}		4.76
	ジエチル酢酸	$(C_2H_5)_2CHCOOH$	1.78×10^{-5}		4.75
	モノクロロ酢酸	$ClCH_2COOH$	1.40×10^{-3}		2.86
	ジクロロ酢酸	$Cl_2CHCOOH$	5.1×10^{-2}		1.29
	炭酸	H_2CO_3	K_1	4.3×10^{-7}	6.37
			K_2	5.6×10^{-11}	10.25
	リン酸	H_3PO_4	K_1	7.52×10^{-3}	2.12
			K_2	6.23×10^{-8}	7.21
			K_3	4.8×10^{-13}	12.32
塩基	アンモニア	NH_3	1.8×10^{-5}		4.74
	メチルアミン	CH_3NH_2	4.38×10^{-4}		3.36
	ジメチルアミン	$(CH_3)_2NH$	5.12×10^{-4}		3.29
	アニリン	$C_6H_5NH_2$	3.83×10^{-10}		9.42
	ピリジン	C_5H_5N	1.59×10^{-9}		8.80

$$\text{pH} = 14 - (1/2)(\text{p}K_\text{b} - \log c) \tag{9.13}$$

となる．表 9.1 に弱酸と弱塩基の電離定数を示す．

9.3　平均活量（係数）

第 7 章で述べたように（92 ページ），電解質溶液のように理想溶液からのずれがある溶液中での i 成分の化学ポテンシャルは，相対活量を用いて

$$\mu_i = \mu_i^\ominus + RT \ln a_i = \mu_i^\ominus + RT \ln(\gamma_i c_i/c^\ominus) \tag{9.14}$$

と表わされる．電解質溶液の場合，濃度単位を $c^\ominus$ として質量モル濃度（記号 m）を用いることが多い．

電解質溶液では，成分イオンの活量（係数）の幾何平均で**平均活量（係数）**を定義する．たとえば，塩 $X_m Y_n$ が (9.2) 式のように電離しているとき，平均活量（係数）は

$$a_\pm = (a_{X^{(+)}}^m a_{Y^{(-)}}^n)^{\frac{1}{m+n}}, \quad \gamma_\pm = (\gamma_{X^{(+)}}^m \gamma_{Y^{(-)}}^n)^{\frac{1}{m+n}} \tag{9.15}$$

で定義される．たとえば，NaCl と Na_2SO_4 では次のようになる．

$$NaCl \longrightarrow Na^+ + Cl^- \quad a_\pm = (a_{Na^+} a_{Cl^-})^{1/2}$$

$$Na_2SO_4 \longrightarrow 2Na^+ + SO_4^{2-} \quad a_\pm = (a_{Na^+}^2 a_{SO_4^{2-}})^{1/3}$$

---例題 1--- ファント・ホッフの係数

(1) 水 100 g にブドウ糖 $C_6H_{12}O_6$ 3.62 g を溶かした溶液の凝固点は $-0.374\,°C$ である．また，水 100 g に硝酸ナトリウム $NaNO_3$ 8.5 g を溶かした溶液の凝固点は $-3.32\,°C$ である．硝酸ナトリウムのファント・ホッフの係数を求めよ．

(2) 100 g の水に 3.0 g の硝酸ナトリウムを溶かした溶液でファント・ホッフの係数を 1.70 とすればこの溶液の沸点はいくらか．ただし水のモル沸点上昇定数は 0.51 kg K mol^{-1} である．

【解答】 (1) ブドウ糖の分子量は $C_6H_{12}O_6 = 180$ であるから，3.62 g は 0.0201 mol で，質量モル濃度は 0.201 mol kg^{-1}（記号 m）である．したがって水のモル凝固点降下定数は $0.374/0.201 = 1.86$ kg K mol^{-1} である．一方，$NaNO_3 = 85$ であるから，硝酸ナトリウム水溶液の質量モル濃度は 1.0 である．したがって，もし $NaNO_3$ が完全に電離しているとすれば，凝固点降下は $1.86 \times 2 = 3.72$ K である．実際は 3.32 K であるから，ファント・ホッフの係数は $i = 3.32 \div 1.86 = 1.78$ である．

(2) $NaNO_3 = 85$ であるから，溶液の質量モル濃度は $3.0 \times 10/85 = 0.353$ m である．水のモル沸点上昇定数は 0.51 kg K mol^{-1} であるから，この溶液の沸点上昇は $\Delta T = iK_b m = 1.70 \times 0.51 \times 0.353 = 0.306$ K．したがって，沸点は 100.306 K．

|||||||||| 問 題 ||||||||||||||||||||||||||||||||||||||||||||||||||||||||||||||||||

1.1 50 g の水に 0.2765 g の塩化カルシウム $CaCl_2$ を溶かした溶液の凝固点は $-0.159\,°C$ である．この溶液中の $CaCl_2$ のファント・ホッフの係数 i，活量係数 γ，および 0 °C における浸透圧を求めよ．水のモル凝固点降下定数は 1.86 kg K mol^{-1} である．

1.2 質量モル濃度 0.02 および 0.1 m における種々の塩の活量係数が右の表に示してある．それらの塩の 0.02 m および 0.1 m における平均活量を求め，その違いの理由について考えよ．

塩 m	0.02	0.1
NaCl	0.875	0.780
$CaCl_2$	0.66	0.515
$CuSO_4$	0.31	0.16

1.3 質量モル濃度 0.100 m のギ酸水溶液の凝固点は $-0.194\,°C$ である．この濃度におけるギ酸の電離度を求めよ．水のモル凝固点降下定数は -1.86 kg K mol^{-1} である．

1.4 希薄な電解質水溶液については平均活量係数 $\gamma_\pm$ は，デバイ・ヒュッケルにより

$$\log \gamma_\pm = -0.509 |z_+ z_-| I^{1/2}, \quad I = \frac{1}{2}\sum m_i z_i^2 \tag{1}$$

で与えられる．ここで z_+, z_- は $+$，$-$ イオンの電荷数，m_i は i 種イオンの質量モル濃度で，I はイオン強度とよばれている．硫酸バリウムの水に対する溶解度は 25 °C において 0.957×10^{-5} mol dm^{-3} である．硫酸バリウムの水への溶解に伴う標準自由エネルギー変化を求めよ（次章 (10.8) 式を用いて計算する）．

―― 例題 2 ――――――――――――――――――――――――― 酸・塩基水溶液 ――

モル濃度 0.1 mol dm^{-3}（記号 M）の塩化アンモニウム水溶液の $25\,°C$ における pH を求めよ．アンモニアの $25\,°C$ における電離定数は 1.8×10^{-5} M である．

【解答】 塩化アンモニウムの電離平衡は次のように表わされる．

$$\text{NH}_4\text{Cl} \longrightarrow \text{NH}_4^+ + \text{Cl}^- \tag{a}$$

$$\text{NH}_4^+ + \text{H}_2\text{O} \rightleftarrows \text{NH}_3 + \text{H}_3\text{O}^+ \tag{b}$$

一方，アンモニアの電離平衡 $\text{NH}_3 + \text{H}_2\text{O} \rightleftarrows \text{NH}_4^+ + \text{OH}^-$ に対して

$$\frac{[\text{NH}_4^+][\text{OH}^-]}{[\text{NH}_3]} = K_b = 1.8 \times 10^{-5} \text{ mol dm}^{-3} \tag{c}$$

の関係がある．(b) 式の平衡定数を K_h とすると，H_3O^+ を H^+ と書いて

$$K_h = \frac{[\text{NH}_3][\text{H}^+]}{[\text{NH}_4^+]} = \frac{[\text{NH}_3][\text{H}^+][\text{OH}^-]}{[\text{NH}_4^+][\text{OH}^-]} = \frac{K_w}{K_b} \tag{d}$$

の関係が成立する．ここで $K_w = [\text{H}^+][\text{OH}^-]$ は水のイオン積である．塩化アンモニウムは完全に電離するから，塩化アンモニウムの濃度を $[\text{NH}_4\text{Cl}] = c$ とし，NH_4^+ のうち H_2O と反応したものの割合を h とすると，$[\text{NH}_4^+] = c(1-h)$，$[\text{NH}_3] = [\text{H}^+] = ch$ であるから，(d) 式より

$$K_h = \frac{c^2 h^2}{c(1-h)} \fallingdotseq ch^2 \quad (h \ll 1) \tag{e}$$

となる．$[\text{H}^+] = ch$ であるから，(d) 式より

$$[\text{H}^+] = ch = (cK_h)^{1/2} = \left(\frac{cK_w}{K_b}\right)^{1/2}, \quad \text{pH} = \frac{1}{2}(14 + \log K_b - \log c)$$

となる．これより pH $= 5.13$．

|||||||||| 問 題 ||||||||||||||||||||||||||||||||||||||||||||||||||||||||||||||||||||||||||||||||||||||||||||

2.1 弱塩基の電離定数を K_b とすると，濃度 c M の水溶液の pH は pH $= 14 - (pK_b - \log c)/2$ となることを示せ．これより，$25\,°C$ における 0.01 M のアンモニア水溶液およびアニリン水溶液の pH を求めよ．また電離度を求めよ．

2.2 安息香酸 $\text{C}_6\text{H}_5\text{COOH}$ の飽和水溶液の pH は $20\,°C$ において 3.0 である．安息香酸の $20\,°C$ における電離定数は 6.30×10^{-5} である．$20\,°C$ における安息香酸の水に対する溶解度を求めよ．

2.3 酢酸と酢酸ナトリウムの濃度がそれぞれ 0.10 と 0.20 M であるような混合溶液がある．$25\,°C$ における溶液の pH を求めよ．またこの溶液 1 dm^3 に 0.01 mol の HCl を加えるときの pH の変化を，純水 1 dm^3 に 0.01 mol の HCl を加えたときの pH の変化と比較せよ．

演 習 問 題

1 塩化カドミウム $CdCl_2$ の水溶液中での平均活量係数は 0.01 M で 0.524 である．0.01 M $CdCl_2$ 水溶液の沸点および凝固点はいくらか．水のモル沸点上昇定数は 0.51，モル凝固点降下定数は 1.86 kg K mol^{-1} である．

2 0.05 M の希硫酸の凝固点は $-0.215\,°C$ である．ファント・ホッフの係数 i を求めよ．また，H_2SO_4 の第 1 段の電離 $H_2SO_4 \rightleftarrows H^+ + HSO_4^-$ は 100 % 進行すると仮定して，第 2 段の電離 $HSO_4^- \rightleftarrows H^+ + SO_4^{2-}$ の電離度を求めよ．水のモル凝固点降下定数は 1.86 kg K mol^{-1} である．イオンの活量係数は 1 と仮定せよ．

3 50.0 g の水に塩化ナトリウムを 0.326 g 溶かした溶液の凝固点は $-0.327\,°C$ である．この水溶液の 25 °C における浸透圧はいくらか．水のモル凝固点降下定数は 1.86 kg K mol^{-1} である．

4 100 ml の溶液に 1.0 g の酢酸が溶けている．25 °C におけるこの溶液の pH および酢酸の電離度はいくらか．また，電離度が 5 % である酢酸溶液の濃度はいくらか．酢酸の電離定数は 25 °C において 1.75×10^{-5} mol dm^{-3} である．

5 25 °C，1 atm で二酸化炭素は水 1 dm^3 に 0.029 mol 溶解する．空気中の CO_2 濃度は 0.03 % である．空気と接している水の pH はいくらか．ただし 25 °C における H_2CO_3 の解離定数は $K_1 = 4.3 \times 10^{-7}$ mol dm^{-3}，$K_2 = 5.6 \times 10^{-11}$ mol dm^{-3} である．

6 次の加水解離に関する問に答えよ．
(1) 25 °C で 0.1 M の塩酸アリニン水溶液における加水解離度は 1.56×10^{-2} である．加水解離定数 K_h およびアニリンの電離定数 K_b を求めよ．
(2) フェニル酢酸ナトリウム $C_6H_5CH_2COONa$ の 0.01 M 水溶液の pH は 25 °C で 8.15 であった．$K_w = 10^{-14}$ mol^2 dm^{-6} として，塩の加水解離度，加水解離定数，およびフェニル酢酸の電離定数を求めよ．

7 0.1 M の NH_4Cl と 0.1 M の NH_3 を含む水溶液の 25 °C における pH はいくらか．その値を 0.1 M の NH_3 溶液の値と比較せよ．またこの溶液 1 dm^3 に 10 M の HCl あるいは NaOH 1 cm^3 を加えたときの pH はそれぞれいくらか．その際の pH の変化量を，純水に加えたときの pH の変化量と比較せよ．25 °C におけるアンモニアの電離定数は $K_b = 1.8 \times 10^{-5}$ mol dm^{-3} である．

8 25 °C において 0.1 M のリン酸溶液に含まれるイオン種および分子種の濃度を求めよ．K_1, K_2, K_3 の値は表 9.1 に与えてある．

9 HCN はどれだけの濃度のとき，メチルオレンジの色を黄色から橙赤色に変えるか．ただしメチルオレンジの変色するときの pH は 4.0 とする．HCN の電離定数は 7.2×10^{-10} mol dm^{-3} である．

10 質量モル濃度 0.01000 m の酢酸水溶液のイオン強度を求めよ．ただし酢酸の電離定数 $K_a = 1.75 \times 10^{-5}$ mol dm^{-3} (25 °C) である．

10 電池

10.1 反応の自由エネルギー変化と起電力

　電池の両極を導線で連結すると電流が流れる．これに外部から逆向きの電圧を加えると，電気が流れない状態をつくることができる．このとき，電池と外部電位差の系は平衡状態にある．このときの外部圧力をその電池の**起電力**という．

　電池に外部から加えている電位差が平衡状態から無限小だけずれたときに回路に流れる電流によって dq だけの電荷が移動したとすると，電池が外部にする電気的仕事は，$E_e = E_i$ であるから，これを E として

$$dW_{\text{ele}} = -E dq \tag{10.1}$$

となる．符号 $-$ は，放電に伴って dq だけの電荷が流れた場合に系（電池）は Edq だけの仕事を外界に対してするからである．これは準静的変化となっている．

　電池内反応が $d\xi$ だけ進行すると，それに伴って外部回路を流れる電荷 dq は

$$dq = zF d\xi \tag{10.2}$$

である．ここで z は電池内反応が 1 回行われる際に移動する電子の数，F は 1 mol の電子の電荷量で 96485 C（クーロン）である．したがって，準静的変化の条件では

$$dW_{\text{ele}} = -zFE d\xi \tag{10.3}$$

となる．定温・定圧の条件では，準静的変化で系が外界に対してする仕事は系のギブズエネルギー変化に等しいから，次のようになる．

$$dG = -zFE d\xi \quad \text{または} \quad \left(\frac{\partial G}{\partial \xi}\right)_{T,P} = -zFE \tag{10.4}$$

(10.4) 式と (8.4) 式とから

$$-A \equiv \sum \nu_i \mu_i = -zFE \tag{10.5}$$

を得る．$\sum \nu_i \mu_i$ は各成分が ν_i mol だけ変化したとき（$\xi = 1$ のとき）の反応系のギブズエネルギー変化 ΔG である．したがって，(10.5) 式は次のようにも書かれる．

$$\Delta G = -zFE \tag{10.6}$$

したがって

$$E^\ominus = -\frac{\Delta G^\ominus}{zF} \tag{10.7}$$

とおくと，(7.37) 式より

$$\Delta G = \Delta G^\ominus + RT \ln \prod_i a_i^{\nu_i} \tag{10.8}$$

と書けるので，電池の起電力は

$$E = E^\ominus - \frac{RT}{zF} \ln \prod_i a_i^{\nu_i} \tag{10.9}$$

となる．ここで，a_i は反応に関与するすべての単体，化合物，イオンの活量である．$E^\ominus$ は標準状態（電池内反応に関するすべての成分が，気体なら 1 atm，溶液なら $a_i = 1$）における起電力で，**標準起電力**という．

(10.6) 式より，$E > 0$ のとき $\Delta G < 0$ で，電池の放電に伴って左側の極で酸化反応が，右側の極で還元反応が進行する．

10.2 起電力の温度依存性と反応のエントロピー変化

(5.17) 式に (10.6) 式を代入すると

$$\Delta S = -\left(\frac{\partial \Delta G}{\partial T}\right)_P = zF \left(\frac{\partial E}{\partial T}\right)_P \tag{10.10}$$

となる．したがって，起電力の温度変化から電池内反応のエントロピー変化が求まる．とくに，標準起電力 $E^\ominus$ の温度変化から標準エントロピー変化 $\Delta S^\ominus$ が求まる．

定圧では $\Delta H = \Delta G + T\Delta S$ であるから，ギブズ・ヘルムホルツの式 (5.26) に対応して

$$\Delta H = -zFE + zFT\left(\frac{\partial E}{\partial T}\right)_P = zFT^2 \left[\frac{\partial(E/T)}{\partial T}\right]_P \tag{10.11}$$

となる．したがって，起電力の温度変化から電池内反応のエンタルピー変化も求められる．起電力の測定は熱量測定よりも容易かつ精密に行えるので，起電力の測定から求める方がより精密な反応熱やエントロピー変化の値が得られる．

10.3 起電力と平衡定数

電池を放電し続けていると，電池内反応の進行とともに次第と起電力が低下し，ついに $E = 0$ となる．すなわち，自発的変化は起こらなくなる．このときは (10.6) 式より $\Delta G = 0$ $(A = 0)$ で，反応は平衡状態にある．平衡状態での活量を $a_i^{(e)}$ とすると，(10.9) 式より

$$E^\ominus = \frac{RT}{zF} \ln \prod_i a_i^{(e)\nu_i} \tag{10.12}$$

である．(8.15) 式より $\prod_i a_i^{(e)\nu_i} \equiv K_a$ (K_a は活量で定義した濃度平衡定数) であるから

$$E^\ominus = \frac{RT}{zF} \ln K_a \tag{10.13}$$

となる．すなわち，標準起電力 $E^\ominus$ がわかれば平衡定数が計算できる．

たとえば，ダニエル電池は 25°C において $E^\ominus = 1.100\,\text{V}$ であるから

$$\log K_c = \frac{2F}{2.303RT}E^\ominus = \frac{2}{0.0591} \times 1.100 = 37.225, \quad K_c = \frac{a_\pm^2(\text{ZnSO}_4)^{(e)}}{a_\pm^2(\text{CuSO}_4)^{(e)}} = 1.7 \times 10^{37}$$

となる．すなわち，この反応は完全に進行する．

また，(10.13) 式を用いて，難溶性の塩の**溶解度積**や**水のイオン積**を求めることができる（例題 5）.

10.4 半電池と電極の種類

これまで見てきたように，電池は電極を溶液に浸したものを 2 つ組み合わせて構成されている．1 つの電極を溶液に浸したものを**半電池**あるいは広義の**電極**とよぶ．代表的な半電池について説明する．

(1) **金属電極** 金属をそのイオンを含む水溶液に浸したもので，金属を M，そのイオンを $\text{M}^{(+)}$ とすると，次のように表わされる．

$$\text{M} \,|\, \text{M}^{(+)}(a)$$

(2) **アマルガム電極** Na のような活性の強い金属を電極とする場合，金属水銀に溶かしたものを電極とする．合金中の金属の活量はその濃度に依存するから，アマルガム電極の起電力はアマルガム中の金属の濃度にも依存する．アマルガム電極は，金属が Na の場合

$$\text{Hg} - \text{Na}(m_1) \,|\, \text{Na}^+(a_2)$$

で表わされる．m_1 はアマルガム中の Na の濃度である．

(3) **気体電極** 白金黒付白金を電極物質の担体として，気体とそのイオンの水溶液とを接触させたものである．水素電極 (図 10.1)，塩素電極などがある．

$$\text{水素電極：Pt, H}_2(P\,\text{atm}) \,|\, \text{H}^+(a) \qquad \frac{1}{2}\text{H}_2 = \text{H}^+ + \text{e}^-$$

$$\text{塩素電極：Pt, Cl}_2(P\,\text{atm}) \,|\, \text{Cl}^-(a) \qquad \text{Cl}^- = \frac{1}{2}\text{Cl}_2 + \text{e}^-$$

(4) **酸化還元電極** 電極上での反応はすべて電子の授受を伴う酸化還元反応であるが，とくに 2 種の異なる酸化状態を含む溶液に白金などの不活性金属を浸したものを，**酸化還元電極**という．たとえば，$\text{Fe}^{2+}(a_1)$ と $\text{Fe}^{3+}(a_2)$ を含む水溶液に白金を浸した電極

$$\text{Pt} \,|\, \text{Fe}^{2+}(a_1), \quad \text{Fe}^{3+}(a_2)$$

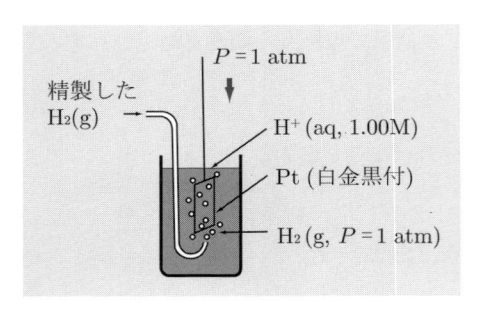

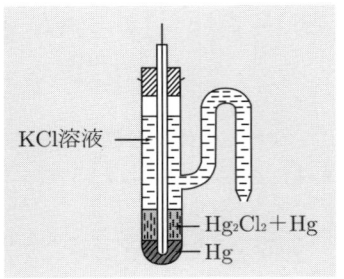

図 10.1 標準水素電極   **図 10.2** 飽和カロメル半電池

などがそうである．電極反応は
$$Fe^{2+} = Fe^{3+} + e^-$$
で，白金板がイオン間の電子の授受を仲介している．

(5) **金属 – 難溶性塩電極**　金属にその難溶性の塩を接触させ，それが，この塩と同じ陰イオンを含む溶液に接しているものである．代表的な例として，カロメル電極 (図 10.2) や銀 - 塩化銀電極 (図 10.3) がある．

電極反応はそれぞれ次のようにしてなる．

$$Hg + Cl^- \rightleftarrows \frac{1}{2}Hg_2Cl_2 + e^- \qquad Ag + Cl^- \rightleftarrows AgCl + e^-$$

10.5　標準電極電位

半電池の電位を求めるためには，特定の半電池を基準に選び，これと組み合わせて電池を構成し，その起電力でもって半電池の電位とする．これは，基準に選んだ半電池の電位との差を，その半電池の電位とみなすことを意味している．

標準の半電池としては，1 atm の水素と，相対活量が 1 の水素イオン水溶液からなる水素電極

$$Pt, H_2(1\,atm) | H^+(a_\pm = 1)$$

をとる．これを**標準水素電極**という．標準水素電極を左に，他の半電池を右において構成した電池

$$Pt, H_2(1\,atm) | H^+(a_\pm = 1) || X^{z+} | X \qquad (10.14)$$

の起電力を，半電池 $X^{z+}|X$ の**電極電位**という．とくに，標準状態（X^{z+} の相対活量が 1，圧力 1 atm）での起電力を**標準電極電位**という．標準水素電極を左側に書くので，放電の際

　　　　　左側で酸化：　$H_2 \longrightarrow 2H^+ + 2e^-$

　　　　　右側で還元：　$M^{z+} + ze^- \longrightarrow M$

が起こるとき，起電力は正となる．簡単のために $M = Cu (z = 2)$ とすると，電池内反応は

$$H_2 + Cu^{2+} \longrightarrow Cu + 2H^+$$

となり，金属イオンが水素により還元されることになる．起電力が負の場合には，逆に，水素イオンが金属によって還元されて単体の H_2 となる．そこで，電池 (10.14) の起電力は，**還元電位**ともいい，右側の電極における還元反応の進行のしやすさを定量的に表わしたものとなっている．端的にいえば，起電力が正の場合は水素で還元可能であり，負の場合は水素イオンを還元することができる．したがって，還元電位が負の場合は金属 M は水素を発生して酸に溶ける．

表 10.1 に，25 °C における標準電極電位（還元電位）を示す．起電力が負で値が大きいほど電極物質の還元力が強い．したがって，この表は金属（等）のイオン化傾向を定量的に表わしたものに他ならない．

表 10.1 を用いて，これらの電極を組み合わせてつくられた電池の標準起電力 $E^\ominus$ が標準電極電位の差として直ちに求められる．すなわち

$$\text{電池の起電力} = \text{右側極の電位} - \text{左側極の電位}$$

である．

2 つの電極を接触させた際に溶液間に**液間電位差**を生ずる．液間電位差は主として陽イオンと陰イオンの移動度の差が原因となる．液間電位差を取り除くために，2 つの電極を**塩橋**で連結する．塩橋は塩化カリウムの濃い溶液をゼラチンなどで固めたものを用いる．これは K^+ と Cl^- の両イオンの移動度がほぼ等しく，液間電位差を生じないためである．

10.6 濃淡電池

化学反応は起こらなくても，電極物質や電解質溶液の濃度が異なるだけの電極を組み合わせても起電力を生ずる．これを**濃淡電池**という．濃淡電池には，分圧が異なる気体電極を組み合わせたものもある．これらの濃淡電池について具体的に説明し，その熱力学的意味について考察する．

(i) **電解質濃淡電池** 濃度が異なる電解質溶液からなる電極を組み合わせたもので，たとえば

$$Cu \,|\, CuSO_4\,(a_1) \,||\, CuSO_4\,(a_2) \,|\, Cu$$

などがその例である．電池内反応は

左側	Cu	$= Cu^{2+}(a_1) + 2e^-$
右側	$Cu^{2+}(a_2) + 2e^-$	$= Cu$
全体	$Cu^{2+}(a_2)$	$= Cu^{2+}(a_1)$

である．この電池の起電力は，$E^\ominus = 0$ であるから，$E = -\dfrac{RT}{2F} \ln \dfrac{a_1}{a_2} = \dfrac{0.0591}{2} \log \dfrac{a_1}{a_2}$ となる．a_2 が a_1 の 10 倍のとき起電力は $0.02955\,\text{V}$ である．

表 10.1　標準電極電位（還元電位*）

電　　極	電　極　反　応	$E^{\ominus}/V$
酸 性 溶 液		
$Li^+ \mid Li$	$Li^+ + e^- = Li$	-3.045
$K^+ \mid K$	$K^+ + e^- = K$	-2.925
$Ba^{2+} \mid Ba$	$Ba^{2+} + 2e^- = Ba$	-2.923
$Ca^{2+} \mid Ca$	$Ca^{2+} + 2e^- = Ca$	-2.866
$Na^+ \mid Na$	$Na^+ + e^- = Na$	-2.714
$Mg^{2+} \mid Mg$	$Mg^{2+} + 2e^- = Mg$	-2.363
$Al^{3+} \mid Al$	$Al^{3+} + 3e^- = Al$	-1.662
$Mn^{2+} \mid Mn$	$Mn^{2+} + 2e^- = Mn$	-1.180
$Zn^{2+} \mid Zn$	$Zn^{2+} + 2e^- = Zn$	-0.7628
$Cr^{3+} \mid Cr$	$Cr^{3+} + 3e^- = Cr$	-0.744
$Fe^{2+} \mid Fe$	$Fe^{2+} + 2e^- = Fe$	-0.4402
$Cd^{2+} \mid Cd$	$Cd^{2+} + 2e^- = Cd$	-0.4029
$H_2SO_4 \mid PbSO_4 \mid Pb$	$PbSO_4 + 2e^- = Pb + SO_4^{2-}$	-0.3553
$Sn^{2+} \mid Sn$	$Sn^{2+} + 2e^- = Sn$	-0.140
$Pb^{2+} \mid Pb$	$Pb^{2+} + 2e^- = Pb$	-0.126
$Fe^{3+} \mid Fe$	$Fe^{3+} + 3e^- = Fe$	-0.036
$D^+ \mid D_2, Pt$	$2D^+ + 2e^- = D_2$	-0.0034
$H^+ \mid H_2, Pt$	$2H^+ + 2e^- = H_2$	0
$Sn^{4+}, Sn^{2+} \mid Pt$	$Sn^{4+} + 2e^- = Sn^{2+}$	$+0.154$
$Cu^{2+}, Cu^+ \mid Pt$	$Cu^{2+} + e^- = Cu^+$	$+0.153$
$Cl^- \mid AgCl \mid Ag$	$AgCl + e^- = Ag + Cl^-$	$+0.2225$
$Cl^- \mid Hg_2Cl_2 \mid Hg$	$Hg_2Cl_2 + 2e^- = 2Hg + 2Cl^-$	$+0.268$
$Cu^{2+} \mid Cu$	$Cu^{2+} + 2e^- = Cu$	$+0.337$
$OH^- \mid O_2, Pt$	$O_2 + 2H_2O + 4e^- = 4OH^-$	$+0.401$
$I^- \mid I_2, Pt$	$I_2 + 2e^- = 2I^-$	$+0.5355$
$SO_4^{2-} \mid Hg_2SO_4 \mid Hg$	$Hg_2SO_4 + 2e^- = 2Hg + SO_4^{2-}$	$+0.615$
$Fe^{2+}, Fe^{3+} \mid Pt$	$Fe^{3+} + e^- = Fe^{2+}$	$+0.771$
$Ag^+ \mid Ag$	$Ag^+ + e^- = Ag$	$+0.7991$
$Hg_2^{2+}, Hg^{2+} \mid Pt$	$2Hg^{2+} + 2e^- = Hg_2^{2+}$	$+0.92$
$Cl^- \mid Cl_2, Pt$	$Cl_2 + 2e^- = 2Cl^-$	$+1.3595$
塩 基 性 溶 液		
$H_2SO_4 \mid PbSO_4 \mid PbO_2$	$PbO_2 + SO_4^{2-} + 4H^+ + 4e^- = PbSO_4 + 2H_2O$	$+1.6852$
$SO_3^{2-}, SO_4^{2-}, OH^- \mid Pt$	$SO_4^{2-} + H_2O + 2e^- = SO_3^{2-} + 2OH^-$	-0.93
$OH^- \mid H_2, Pt$	$2H_2O + 2e^- = H_2 + 2OH^-$	-0.82806
$OH^- \mid Ni(OH)_2 \mid Ni$	$Ni(OH)_2 + 2e^- = Ni + 2OH^-$	-0.72
$OH^-, HO_2^- \mid Pt$	$HO_2^- + H_2O + 2e^- = 3OH^-$	$+0.878$

* 酸化電位は還元電位の符号を変えたものである．

(ii) **電極濃淡電池**　純粋な金属の活量は 1 であるが，金属を水銀に溶かしてアマルガムにすると，濃度が低いほど活量は小さくなる．したがって，同じ濃度の電解液に接したアマルガム電極を組み合わせても，電極の活量（すなわち化学ポテンシャル）の差のために起電力を生ずる．たとえば，電池

$$\text{Hg–Cd}(a_1) \,|\, \text{Cd}^{2+} \,|\, \text{Hg–Cd}(a_2)$$

は電極濃淡電池の例で，起電力は次のようになる．

$$E = -\frac{RT}{2F} \ln \frac{\text{Cd}(a_2)}{\text{Cd}(a_1)} = -0.0295 \log \frac{\text{Cd}(a_2)}{\text{Cd}(a_1)} = 0.0295 \log \frac{\text{Cd}(a_1)}{\text{Cd}(a_2)}$$

この場合 Cu^{2+} イオンの濃淡電池とは符号が逆になる．

(iii) **気体濃淡電池**　これも電極濃淡電池の 1 種である．(6.18) 式からわかるように気体の化学ポテンシャルは分圧に依存するために，分圧の異なる気体電極を組み合わせたものも電位差を生ずる．たとえば，電池

$$\text{Pt}, \text{H}_2(P_1) \,|\, \text{H}^+ \,|\, \text{Pt}, \text{H}_2(P_2)$$

は気体濃淡電池の例で，起電力は次のようになる．

$$E = -\frac{RT}{2F} \ln \frac{P_2}{P_1}$$

10.7　ガラス電極による pH の測定

セーレンセンは水溶液の pH を，水素イオンのモル濃度 $[\text{H}^+]$ によって

$$\text{pH} = -\log [\text{H}^+] \tag{10.15}$$

と定義したが，実在溶液については，H^+ の相対活量 a_{H^+} によって

$$\text{pH} = -\log a_{\text{H}^+} \tag{10.16}$$

と定義が改められた．H^+ の活量を単独に求めることはできないので，今日では，(10.16) 式で定義した pH に近い値が得られるものとして，水素電極とカロメル電極を組み合わせた電池の起電力によって pH を測定している．電池

$$\text{Pt}, \text{H}_2\,(1\,\text{atm}) \,|\, \text{H}^+(a_1) \,\|\, \text{Cl}^-(\text{飽和 KCl 溶液}) \,|\, \text{Hg}_2\text{Cl}_2 \,|\, \text{Hg}$$

の電池内反応は

$$\text{H}_2\,(1\,\text{atm}) + \text{Hg}_2\text{Cl}_2\,(\text{s}) = 2\,\text{H}^+ + 2\,\text{Cl}^- + 2\,\text{Hg}$$

となり，起電力は

$$E = E^\ominus - \frac{RT}{2F} \ln a_{H^+}^2 a_{Cl^-}^2 = E^\ominus - \frac{RT}{F} \ln a_{H^+} a_{Cl^-}$$

で与えられる．飽和溶液 KCl 中の a_{Cl^-} は一定とみなせるので，25°C では

$$E = E^\ominus - \frac{RT}{F} \ln a_{Cl^-} - \frac{RT}{F} \ln a_{H^+} = E_{ref} - 0.0591 \log a_{H^+}$$

と書ける．ここで $E_{ref} = E^\ominus - 0.0591 \log a_{Cl^-}$ である．

したがって，(10.16) 式で定義される pH は，25°C では

$$\mathrm{pH} = -\log a_{H^+} = \frac{E - E_{ref}}{0.0591} \tag{10.17}$$

となる，E_{ref} は [H^+] の値が既知でかつ [H^+] $= a_{H^+}$ とみなし得るような希酸水溶液などで起電力を測定して決定する．カロメル電極を用いた場合の E_{ref} は 25°C で 0.2415 V である．

水素標準電極は実用としては不便である．水素ガスを 1 気圧で供給する必要があるし，白金黒が触媒毒に犯されて寿命が短いからである．実際の pH の測定には，図 9.4 に示すような，**ガラス電極**を用いて

Ag | AgCl (s) | HCl (0.1 M) | ガラス膜 | 試料溶液 | KCl 溶液 | Hg_2Cl_2 (s) | Hg

の起電力を測定する．ガラス電極は，薄いガラス膜が H^+ のみを通す半透膜となることを利用したもので，ガラス膜の内外の a_{H^+} が異なると H^+ の化学ポテンシャルの差により起電力を生ずる．中には銀-塩化銀電極が入れてある．

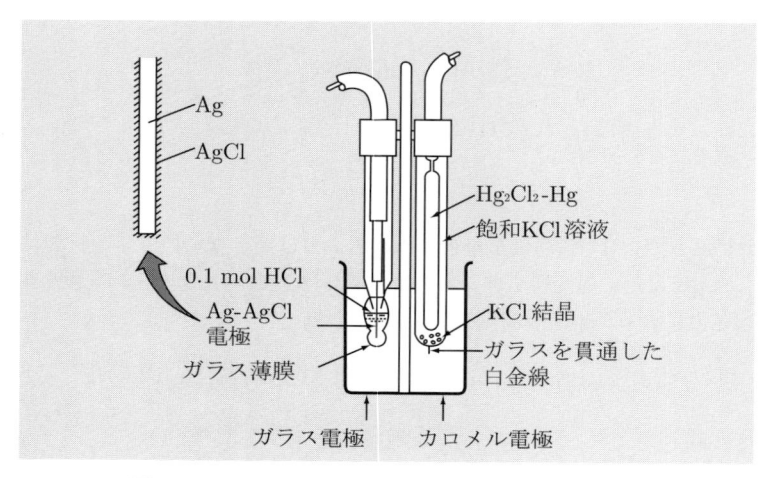

図 10.3　カロメル電極と組み合わせたガラス電極

---例題 1--- 化学電池---

次の化学反応を利用した電池を組み立てよ．また，標準電極電位の表 10.1 を用いて，組み立てた電池の標準起電力 $E^{\ominus}$ を求めよ．電池は，規約にしたがって起電力が正となるように表わせ．

(1) $H_2(g) + I_2(g) = 2HI(aq)$
(2) $Zn + Cl_2(g) = ZnCl_2(aq)$
(3) $2AgCl + H_2(g) = 2Ag + 2HCl(aq)$
(4) $Sn^{4+} + Zn = Sn^{2+} + Zn^{2+}$

【解答】 (1) 気体間の反応であるから，白金を電極とした気体電極を用いる．それぞれの物質の反応は $H_2 \longrightarrow 2H^+(aq) + 2e^-$, $I_2 + 2e^- \longrightarrow 2I^-(aq)$ となる．左側の極で酸化反応が起こるときに起電力を正とするから

$$Pt, H_2 \,|\, H^+, I^-(aq) \,|\, Pt, I_2$$

となる．標準起電力は表 10.1 より $E^{\ominus} = 0.5355 - 0 = 0.5355\,\text{V}$.

(2) それぞれの反応は，$Zn \longrightarrow Zn^{2+}(aq) + 2e^-$, $Cl_2 + 2e^- \longrightarrow 2Cl^-(aq)$ である．したがって，電池は $Zn \,|\, ZnCl_2(aq) \,|\, Cl_2, Pt$ となる．

標準起電力は表 10.1 より $E^{\ominus} = 1.3595 - (-0.7628) = 2.1223\,\text{V}$.

(3) それぞれの反応は，$H_2 \longrightarrow 2H^+(aq) + 2e^-$, $2AgCl + 2e^- \longrightarrow 2Ag + 2Cl^-(aq)$ である．したがって，電池は次のようになる（右側の極では Ag が電極となる）．

$$Pt, H_2 \,|\, HCl(aq) \,|\, AgCl(s) \,|\, Ag$$

標準起電力は，表 10.1 より $E^{\ominus} = 0.2225 - 0 = 0.2225\,\text{V}$.

(4) それぞれの反応は，$Zn \longrightarrow Zn^{2+} + 2e^-$, $Sn^{4+} + 2e^- \longrightarrow Sn^{2+}$ である．したがって，電池は次のようになる（イオンは水溶中であることは自明であるので (aq) は省く）．

$$Zn \,|\, Zn^{2+} \,\|\, Sn^{4+}, Sn^{2+} \,|\, Pt$$

ここで $\|$ は Zn^{2+} を含む溶液と Sn^{4+}, Sn^{2+} を含む溶液を連結する塩橋を示している．右側の電極は Sn^{4+} と Sn^{2+} を含む水溶液に白金電極を浸したものである．標準起電力は表 10.1 より $E^{\ominus} = 0.154 - (-0.763) = 0.917\,\text{V}$.

|||||||||| 問 題 ||||||||||||||||||||||||||||||||||||||||||||||||||||||||||||||||||||||||||||||||||

1.1 次の電池における電池内反応を書け．また標準起電力の値を表 10.1 より求めよ．
(1) $Pt, H_2 \,|\, HCl(aq) \,|\, Hg_2Cl_2(s) \,|\, Hg$
(2) $Ni \,|\, Ni(OH)_2(s) \,|\, OH^- \,\|\, H^+ \,|\, H_2, Pt$
(3) $Pt, H_2 \,|\, H^+ \,\|\, OH^- \,|\, O_2, Pt$
(4) $Pt \,|\, Fe^{3+}, Fe^{2+} \,\|\, SO_3^{2-}, SO_4^{2-}, OH^- \,|\, Pt$

1.2 次の電池の電池内反応を記し，$25\,°\text{C}$ における起電力を求めよ．( ) は活量を示す．
(1) $Zn \,|\, Zn^{2+}(0.5) \,\|\, H^+(1.0) \,|\, H_2(1\,\text{atm}), Pt$
(2) $Sn \,|\, Sn^{2+}(1.0) \,\|\, Ag^+(0.1) \,|\, Ag$
(3) $Pt, Cl_2(1\,\text{atm}) \,|\, Cl^-(1.0) \,|\, Cl_2(0.1\,\text{atm}), Pt$
(4) $Pt, Cl_2(1\,\text{atm}) \,|\, Cl^-(1.0) \,\|\, Cl^-(1.0) \,|\, Cl_2(0.1\,\text{atm}), Pt$

例題 2 — 電池内反応

次の電池が放電するときに電池内で進行する化学反応を記し，この反応に伴う自由エネルギー変化を，各成分の活量等は変化しないとして，反応進度 $\xi = 1$ の場合について計算せよ．温度は 25 °C とする．

(1) 鉛蓄電池：$\text{Pb} \,|\, \text{H}_2\text{SO}_4 \,(a_{\pm}^3 = 0.5) \,|\, \text{PbO}_2$

(2) $\text{Hg} \,|\, \text{Hg}_2\text{SO}_4 \,(\text{s}) \,|\, \text{CuSO}_4 \,(a_{\pm}^2 = 0.05) \,|\, \text{Cu}$

(3) $\text{Pt} \,|\, \text{Sn}^{2+} \,(a = 1),\ \text{Sn}^{4+} \,(a = 1) \,\|\, \text{Fe}^{2+} \,(a = 0.1),\ \text{Fe}^{3+} \,(a = 0.1) \,|\, \text{Pt}$

【解答】 (1) 電池内反応は，左側：$\text{Pb} + \text{SO}_4^{2-} \longrightarrow \text{PbSO}_4 + 2\text{e}^-$，右側：$\text{PbO}_2 + 2\text{e}^- + \text{SO}_4^{2-} + 4\text{H}^+ \longrightarrow \text{PbSO}_4 + 2\text{H}_2\text{O}$，全体：$\text{Pb} + \text{PbO}_2 + 2\text{H}_2\text{SO}_4 = 2\text{PbSO}_4 + 2\text{H}_2\text{O}$ である．

$$E = E^{\ominus} - \frac{RT}{2F} \ln \frac{1}{[a_{\pm}^3(\text{H}_2\text{SO}_4)]^2} = 1.6852 - (-0.3553) - \frac{0.0591}{2} \log \frac{1}{0.25} = 2.0405 \text{ V}$$

$\xi = 1$ のときの自由エネルギー変化は，$a_{\pm}^3(\text{H}_2\text{SO}_4) = 0.5$ で一定として

$$\Delta G = -zFE = -2 \times 96480 \times 2.0405 = -3.94 \times 10^5 \text{ J}$$

(2) 電池内反応は，左側：$2\text{Hg} + \text{SO}_4^{2-} \longrightarrow \text{Hg}_2\text{SO}_4 + 2\text{e}^-$，右側：$\text{CuSO}_4 + 2\text{e}^- \longrightarrow \text{Cu} + \text{SO}_4^{2-}$ で全体：$2\text{Hg} + \text{CuSO}_4 = \text{Hg}_2\text{SO}_4 + \text{Cu}$ である．

$$E = E^{\ominus} - \frac{RT}{2F} \ln \frac{1}{a_{\pm}^2(\text{CuSO}_4)} = 0.337 - 0.615 - \frac{0.0591}{2} \log \frac{1}{0.05} = -0.240 \text{ V}$$

$E < 0$ であるから反応は右から左へ，すなわち Cu が溶けて Hg が析出する方向へ進む．$\Delta G = -zFE = 4.63 \times 10^4 \text{ J}$．

(3) 電池内反応は，左側：$\text{Sn}^{2+} \longrightarrow \text{Sn}^{4+} + 2\text{e}^-$，右側：$\text{Fe}^{3+} + \text{e}^- \longrightarrow \text{Fe}^{2+}$ で全体：$\text{Sn}^{2+} + 2\text{Fe}^{3+} = \text{Sn}^{4+} + 2\text{Fe}^{2+}$ である．

$$E = E^{\ominus} - \frac{RT}{2F} \ln \frac{a_{\pm}(\text{Sn}^{4+})a_{\pm}^2(\text{Fe}^{2+})}{a_{\pm}(\text{Sn}^{2+})a_{\pm}^2(\text{Fe}^{3+})} = 0.154 - 0.771 - \frac{0.0591}{2} \log \frac{1 \times 0.1^2}{1 \times 0.1^2} = -0.617 \text{ V}$$

$E < 0$ であるから反応は右から左へ進む．$\Delta G = -zFE = 1.198 \times 10^5 \text{ J}$．

問題

2.1 27 °C でダニエル電池（$E = 1.10 \text{ V}$，内部抵抗 $2\,\Omega$）を放電させて，0.5 F の電気を流した．

(1) 抵抗を通して熱に変えた．外界（27 °C）のエントロピー変化はいくらか．

(2) 内部抵抗が $100\,\Omega$ の直流モーターを働かせて荷物を巻きあげるときの外界のエントロピー変化はいくらか．

(3) (1) の場合及び (2) の場合の自由エネルギー損失は $-zEF$ の幾倍になっているか．

2.2 次の反応は自発的に進行するか否かを判定せよ．（ ）の a は平均活量である．

(1) $\text{Cd} + \text{SnSO}_4 \,(a = 0.01) \longrightarrow \text{Sn} + \text{CdSO}_4 \,(a = 1.0)$

(2) $\text{Fe}^{2+} \,(a = 1) + \frac{1}{2}\text{I}_2 \,(\text{s}) \longrightarrow \text{Fe}^{3+} \,(a = 1) + \text{I}^- \,(a = 1)$

(3) $\text{FeCl}_2 \,(a = 1) + \frac{1}{2}\text{Cl}_2 \,(\text{g}) \longrightarrow \text{FeCl}_3 \,(a = 1)$

(4) $\text{SnSO}_4 \,(a = 1.0) + 2\text{HgSO}_4 \,(a = 0.1) \longrightarrow \text{Sn}(\text{SO}_4)_2 \,(a = 0.5) + \text{Hg}_2\text{SO}_4 \,(a = 0.1)$

―― 例題 3 ――――――――――――――――――――― 電池内反応と ΔG, ΔH, ΔS ――

鉛蓄電池
$$\mathrm{Pb\,|\,PbSO_4\,|\,H_2SO_4\,}(m=1.0)\,|\,\mathrm{PbSO_4\,|\,PbO_2}$$
の起電力は常温付近では
$$E = 1.91737 + 5.61\times 10^{-5}\,t + 1.08\times 10^{-6}\,t^2$$
で与えられる．ここでは t はセルシウス温度である．電池内反応を書き，25°C におけるこの反応が $\xi = 1$ だけ進行したときの ΔG, ΔH, および ΔS を求めよ．

【解答】 電池内反応は，次のようになる．

負極（左側）： $\mathrm{Pb + SO_4^{2-} = PbSO_4 + 2e^-}$
正極（右側）： $\mathrm{PbO_2 + 4H^+ + SO_4^{2-} + 2e^- = PbSO_4 + 2H_2O}$
全体： $\mathrm{Pb + PbO_2 + 2H_2SO_4 = 2PbSO_4 + 2H_2O}$

ギブズエネルギー変化は $\Delta G = -zFE$ で求められる．エントロピー変化は $\Delta S = -(\partial \Delta G/\partial T)_P = zF(\partial E/\partial T)_P$ より計算される．また，エンタルピー変化は $\Delta H = \Delta G + T\Delta S$ で計算される．

25°C において $E = 1.91945$. $\Delta G = -2 \times 96480 \times 1.91945 = -3.70\times 10^5$ J

$$\left(\frac{\partial E}{\partial T}\right)_P = \left(\frac{\partial E}{\partial t}\right)_P = 5.61\times 10^{-5} + 2\times 1.08\times 10^{-6}\,t = 1.10\times 10^{-4}\ \mathrm{V\,K^{-1}}.$$

$\Delta S = 2 \times 96480 \times 1.10 \times 10^{-4} = 21.2\ \mathrm{J\,K^{-1}}$
$\Delta H = -3.70\times 10^5 + 298 \times 21.2 = -3.64 \times 10^5$ J

問　題

3.1 電池　$\mathrm{Zn\,|\,ZnSO_4\cdot 7H_2O\,(s),\ ZnSO_4\,(aq),\ Hg_2SO_4\,(s)\,|\,Hg}$　の起電力は 15°C で 1.4326 V，20°C で 1.4268 V である．電池内反応を書き，15～20°C における ΔG, ΔS, ΔH を求めよ．

3.2 電圧の基準値を求めるのに用いられているウェストン電池
$$\mathrm{Hg\text{-}Cd\,(12.5\,\%)\,|\,CdSO_4\,(aq,\ 飽和)\,|\,Hg_2SO_4\,|\,Hg}$$
の起電力は $E = 0.94868 + 5.17\times 10^{-4}\,T - 9.5\times 10^{-7}\,T^2$ で表わされる．電池内反応を書きその反応の ΔH と ΔS を求めよ．

3.3 電池　$\mathrm{Pt,\ H_2\,(1\,atm)\,|\,KOH\,(0.05\,M)\,\|\,HCl\,(0.05\,M)\,|\,H_2\,(1\,atm),\ Pt}$　の 25°C における起電力を求めよ（$\mathrm{M = mol\,dm^{-3}}$）．ただし 25°C における 0.05 M 溶液の平均活量係数は $\gamma_\pm(\mathrm{KOH}) = 0.824$, $\gamma_\pm(\mathrm{HCl}) = 0.830$ であり，水のイオン積は $1.008\times 10^{-14}\ \mathrm{mol^2\,dm^{-6}}$ である．また，この温度における中和熱は $-5.753\times 10^4\ \mathrm{J\,mol^{-1}}$ である．25°C におけるこの電池の起電力の温度勾配と反応のエントロピー変化 ΔS を求めよ．

例題 4 ━━━━━━━━━━━━━━━━━━━━━━━━ 電池の起電力と平衡定数

(1) 反応　　$Ag + Fe(NO_3)_3 = AgNO_3 + Fe(NO_3)_2$
の平衡定数を電池の起電力から求めたい．どのような電池を組み立てればよいか．また，表 10.1 のデータによって，平衡定数を求めよ．

(2) ヨウ素の水への溶解度は 25°C において $1.33 \times 10^{-3}\,\mathrm{mol\,dm^{-3}}$ である．また，電極 I_3^-, $I^-\,|\,Pt$ の標準電極電位は 0.5365 V である．この値と，表 10.1 のデータとから I^- の濃度が 0.1 M のヨウ素飽和溶液中の I_3^- の濃度を求めよ．

【解答】　(1)　電池内反応が平衡状態に達すると，電池の起電力は 0 になるから

$$E = E^\ominus - \frac{RT}{zF} \ln \prod a_i^{\nu_i} = E^\ominus - \frac{RT}{zF} \ln K_a = 0 \quad (a: 活量)$$

である．所与の化学反応に対し電池 $Ag\,|\,AgNO_3\,(a_\pm = 1)\,\|\,Fe(NO_3)_3\,(a_\pm = 1),\,Fe(NO_3)_2\,(a_\pm = 1)\,|\,Pt$ を組み立てれば

$$K_a = \frac{a_\pm^2(AgNO_3)\,a_\pm^3(FeNO_3)_2}{a_\pm^4(FeNO_3)_3} = 1, \quad \ln K_a = 0$$

となり，$E^\ominus$ が求められる．また，表 10.1 より，$E^\ominus = 0.771 - 0.7991 = -0.0281\,\mathrm{V}$ であるから，$\ln K_a = -(0.0281 \times 96480)/(8.314 \times 298)$，$K_a = 0.335$ と平衡定数が求められる．

(2) この溶液中では，$I_2(s) \rightleftarrows I_2(aq)$, $I_2(aq) + I^- \rightleftarrows I_3^-$ の平衡が成立しているので，$I_2(s) + 2e^- \rightleftarrows 2I^-$ の反応は実質上 $I_2(aq) + 2e^- \rightleftarrows 2I^-$ の反応である．
電池 $Pt,\,I_2(s)\,|\,I_2(aq),\,I_3^-,\,I^-\,|\,Pt$ の起電力から平衡定数を求める．

左極：　$3I^- \longrightarrow I_3^- + 2e^-$　　　$E^\ominus = 0.5365\,\mathrm{V}$
右極：　$I_2(s) + 2e^- \longrightarrow 2I^-$　　$E^\ominus = 0.5355\,\mathrm{V}$
全体：　$I_2(s) + I^- \longrightarrow I_3^-$　　　$E^\ominus = -0.0010\,\mathrm{V}$

したがって，平衡定数は，$z = 2$ だから $\ln K_a = -(2 \times 0.0010 \times 96480)/(8.314 \times 298) = -0.0779$，$K_a = 0.925$．$K_c = [I_3^-]/[I^-][I_2]$ で，$[I^-] = 0.1$ であるから

$$K_c = \frac{[I_3^-]}{0.1 \times 0.00133} = 0.925, \quad [I_3^-] = 1.23 \times 10^{-4}\,\mathrm{M}$$

問題

4.1　次の反応の平衡定数を求めよ．
(1) $\frac{1}{2}H_2(1\,\mathrm{atm}) + AgCl(s) = Ag + H^+ + Cl^-$　　(2) $Fe^{2+} + Hg^{2+} = Fe^{3+} + \frac{1}{2}Hg_2^{2+}$

4.2　銀化合物を含む廃液から銀を回収するのに，鉄粉を用いることが有効か否かを判断せよ．

4.3　表 10.1 のデータを用いて水素電極 $Pt,\,H_2(1\,\mathrm{atm})\,|\,H^+(a=1)$ と重水素電極 $Pt,\,D_2(P\,\mathrm{atm})\,|\,D^+(a=1)$ とを連絡したときの起電力が 0 となるときの D_2 の圧力を求めよ．

---例題 5---　　　　　　　　　　　　　　　　　　　　　　　　　　　　　　　　　　　　　　　起電力とイオンの活量---

(1) 電池　Ag | AgCl(s), KCl(0.1 M) ‖ AgNO$_3$(0.01 M) | Ag　の起電力は 25 °C で 0.390 V である．AgCl の溶解度積および 0.1 M KCl 溶液に対する溶解度を求めよ．
(2) 電池　Pt, H$_2$(1 atm) | H$^+$(a) ‖ KCl(0.1 M) | Hg$_2$Cl$_2$ | Hg　の起電力は 25 °C で 0.718 V である．H$^+$ の活動度および溶液の pH を求めよ．0.1 M KCl 溶液の平均活動度係数は 0.77，0.01 M AgNO$_3$ 溶液の平均活動度係数は 0.90 である．

【解答】　(1) 電池内反応は

　　　　左極：Ag + Cl$^-$ ⟶ AgCl + e$^-$　　　　右極：Ag$^+$ + e$^-$ ⟶ Ag

で，全体としては Ag$^+$ + Cl$^-$ = AgCl となる．この反応の平衡定数は，a(AgCl) = 1 だから

$$K = \frac{a(\text{AgCl})}{a(\text{Ag}^+)a(\text{Cl}^-)} = \frac{1}{a(\text{Ag}^+)a(\text{Cl}^-)}$$

で，溶解度積 K_s の逆数になる．起電力は 0.390 V であるから

$$E = E^\ominus - \frac{RT}{F}\ln\frac{1}{a(\text{Ag}^+)a(\text{Cl}^-)} = E^\ominus + 0.0591\log(0.1\times 0.77)(0.01\times 0.90) = 0.390\,\text{V}$$

これより，$E^\ominus = 0.577$ V となる．平衡状態では $E = 0$ であるから

$$0 = E^\ominus + 0.0591\log K_s,\quad K_s = 1.7\times 10^{-10}\,\text{mol}^2\,\text{dm}^{-6}$$

(2) 電池内反応は Hg$_2$Cl$_2$ + H$_2$ = 2Hg + 2H$^+$ + 2Cl$^-$ である．起電力は 0.718 V であるから，Hg$_2$Cl$_2$，Hg，H$_2$ の活量を 1 とおいて

$$E = E^\ominus - \frac{RT}{2F}\ln a^2(\text{H}^+)a^2(\text{Cl}^-) = E^\ominus - 0.0591\log a(\text{H}^+)a(\text{Cl}^-) = 0.718\,\text{V}$$

$a(\text{Cl}^-) = 0.1\times 0.77 = 0.077$ である．また $E^\ominus$ は表 10.1 より 0.268 V であるから

$$\text{pH} = -\log a(\text{H}^+) = (0.718 - 0.268)/0.0591 + \log a(\text{Cl}^-) = 6.5$$

||||||||||| 問　題 |||||||||||||||||||||||||||||||||||||||||||||||||||||||||||||||||||||||||||||||||||||||||||||||

5.1　電池　Pt, H$_2$(1 atm) | KOH(0.01 M) ‖ HCl(0.01 M) | H$_2$(1 atm), Pt　の起電力は 25 °C で 0.5840 V である．0.01 M における KOH と HCl の活量係数はいずれも 0.90 である．25 °C における水のイオン積を求めよ．

5.2　電池　Ag | AgCNS(s), KCNS(0.1 M) ‖ AgNO$_3$(0.1 M) | Ag　の起電力は 18 °C で 0.586 V である．0.1 M の KCNS と AgNO$_3$ の活量係数を 0.8 として，チオシアン酸塩溶液中の Ag$^+$ の濃度を計算し，AgCNS の溶解度積を求めよ．

5.3　アマルガム濃淡電池　Hg-Pb(a_1) | Pb(NO$_3$)$_2$(aq) | Hg-Pb(a_2)　の両極における Pb のモル濃度は左極で 10 %，右極で 0.1 % であった．活量係数は 1 とみなせるものとして，25 °C における起電力を求めよ．

演 習 問 題

1 次の変化を利用した電池を組み立てよ．
 (1) $2\,\mathrm{FeCl_2\,(aq)} + \mathrm{Cl_2} \longrightarrow 2\,\mathrm{FeCl_3\,(aq)}$
 (2) $\mathrm{CuSO_4\,(1\,M)} \longrightarrow \mathrm{CuSO_4\,(0.1\,M)}$
 (3) $\mathrm{Cl_2\,(P=1\,atm)} \longrightarrow \mathrm{Cl_2\,(P=0.1\,atm)}$
 (4) $\mathrm{H_2\,(P=1\,atm)} \longrightarrow \mathrm{H_2\,(P=0.1\,atm)}$

2 次の電池の電池内反応を記し，表10.1の値を用いて25°Cにおける起電力を求めよ．
 (1) $\mathrm{Pt,\ H_2\,(1\,atm)\,|\,HI\,}(a=1)\,|\,\mathrm{I_2\,(s),\ Pt}$
 (2) $\mathrm{Zn\,|\,Zn^{2+}}\,(a=1)\,\|\,\mathrm{Sn^{2+}}\,(a=1),\ \mathrm{Sn^{4+}}\,(a=0.1)\,|\,\mathrm{Pt}$
 (3) $\mathrm{Pt,\ H_2\,(1\,atm)\,|\,HCl\,}(a=1),\ \mathrm{Hg_2Cl_2\,(s)\,|\,Hg}$
 (4) $\mathrm{Hg\text{-}Zn\,}(a_{\mathrm{Zn}}=0.1)\,|\,\mathrm{ZnSO_4}\,(a=1)\,\|\,\mathrm{ZnSO_4}\,(a=0.1)\,|\,\mathrm{Zn}$

3 次の電池の25°Cにおける標準起電力を表10.1より求め，電池内反応を記し，反応に伴うギブズエネルギー変化ΔGを求めよ．
 (1) $\mathrm{Cd\,|\,Cd^{2+}}\,(a=1)\,\|\,\mathrm{Zn^{2+}}\,(a=1)\,|\,\mathrm{Zn}$
 (2) $\mathrm{Pt\,|\,Sn^{2+}}\,(a=1),\ \mathrm{Sn^{4+}}\,(a=0.1)\,\|\,\mathrm{Hg^{2+}}\,(a=0.1),\ \mathrm{Hg_2^{2+}}\,(a=1)\,|\,\mathrm{Pt}$
 (3) $\mathrm{Pb\,|\,Pb^{2+}}\,(a=0.01)\,\|\,\mathrm{Ag^+}\,(a=1)\,|\,\mathrm{Ag}$

4 電池
$$\mathrm{Sn\,|\,Sn\,(ClO_4)_2}\,(a=0.02)\,\|\,\mathrm{Pb\,(ClO_4)_2}\,(a=0.01)\,|\,\mathrm{Pb}$$
の25°Cにおける起電力は$5.1\,\mathrm{mV}$である．反応
$$\mathrm{Sn} + \mathrm{Pb\,(ClO_4)_2} \rightleftarrows \mathrm{Sn\,(ClO_4)_2} + \mathrm{Pb}$$
の標準ギブズエネルギー変化$\Delta G^{\ominus}$および平衡定数を求めよ．

5 次の反応の平衡定数を求め，反応が実現されるか否かを判定せよ．
 (1) $2\,\mathrm{Ag} + \mathrm{Pb^{2+}} \longrightarrow 2\,\mathrm{Ag^+} + \mathrm{Pb}$
 (2) $2\,\mathrm{Ag} + \mathrm{Cu^{2+}} \longrightarrow 2\,\mathrm{Ag^+} + \mathrm{Cu}$
 (3) $2\,\mathrm{Fe^{2+}} + \mathrm{Sn^{4+}} \longrightarrow 2\,\mathrm{Fe^{3+}} + \mathrm{Sn^{2+}}$
 (4) $\mathrm{Mn} + \mathrm{Zn^{2+}} \longrightarrow \mathrm{Mn^{2+}} + \mathrm{Zn}$
 (5) $2\,\mathrm{Ag} + 2\,\mathrm{Hg^{2+}} \longrightarrow 2\,\mathrm{Ag^+} + \mathrm{Hg_2^{2+}}$

6 電池
$$\mathrm{Pb\text{-}Hg\,|\,PbCl_2\,(s),\ Cl^-,\ AgCl\,(s)\,|\,Ag}$$
の起電力は$16.7\,°\mathrm{C}$で$0.4801\,\mathrm{V}$,
$$\left(\frac{\partial E}{\partial T}\right)_P = -4.0\times 10^{-4}\,\mathrm{V\,K^{-1}}$$
である．電池内反応に伴うギブズエネルギー変化，エントロピー変化およびエンタルピー変化を求めよ．

7 反応
$$\text{Fe} + \text{Cl}_2 = \text{FeCl}_2\,(\text{aq})$$
を利用した電池を設計し，その標準起電力（25°C）を求めよ．25°C における反応の標準ギブズエネルギー変化 $\Delta G^\ominus$ は $-3.47 \times 10^5\,\text{J mol}^{-1}$ である．

8 HCl の活動度を測定する目的で次の電池を組み立てた．
$$\text{Pt},\ \text{H}_2\,(1\,\text{atm})\,|\,\text{HCl}\,(\text{aq}),\ \text{AgCl}\,(\text{s})\,|\,\text{Ag}\,|\,\text{AgCl}\,(\text{s}),\ \text{HCl}\,(0.01\,\text{M})\,|\,\text{H}_2\,(1\,\text{atm}),\ \text{Pt}$$
測定の結果 25°C で起電力は 27.1 mV であった．HCl 溶液の活量を求めよ．また，HCl 溶液の濃度は $3.3 \times 10^{-3}\,\text{M}$ であった．活量係数はいくらか．0.01 M HCl の活量係数は 0.904 である．

9 次の電池の 10°C および 35°C における起電力を求めよ．ただし活量は温度によらないものとする．
 (1) $\text{Ag}\,|\,\text{AgNO}_3\,(a=0.01)\,||\,\text{Ag}\,(a=0.1)\,|\,\text{Ag}$
 (2) $\text{Cu}\,|\,\text{CuSO}_4\,(a=0.01)\,||\,\text{CuSO}_4\,(a=0.1)\,|\,\text{Cu}$
 (3) $\text{Hg-Zn}\,(a=0.01)\,|\,\text{ZnCl}_2\,(a=1)\,|\,\text{Hg-Zn}\,(a=0.1)$
 (4) $\text{Pt},\ \text{Cl}_2\,(0.01\,\text{atm})\,|\,\text{KCl}\,(a=0.1)\,|\,\text{Cl}_2\,(0.1\,\text{atm}),\ \text{Pt}$

10
$$\text{Ag}\,|\,\text{AgCl}\,(\text{s}),\ \text{Cl}^- \quad \text{および} \quad \text{Ag}\,|\,\text{Ag}^+$$
の標準電極電位（表 10.1）を用いて，25°C における AgCl の溶解度積を求めよ．また
$$\text{Ag}\,|\,\text{AgI}\,(\text{s}),\ \text{I}^-$$
の 25°C における標準電極電位は -0.1523 である．AgI の溶解度積はいくらになるか．

さらに，ハロゲン化銀電極 $\text{Ag}\,|\,\text{AgX},\ \text{X}^-$ の標準起電力を $E_\text{X}^\ominus$ とすると，溶解度積について
$$K_{\text{X}_1}/K_{\text{X}_2} = \exp\left[(E_{\text{X}_1}^\ominus - E_{\text{X}_2}^\ominus) \times \frac{F}{RT}\right]$$
の関係があることを示せ．

11 ある溶液に水素電極を入れ 0.1 M 甘汞（カロメル）電極と組み合わせた電池の起電力を測定したら，25°C で 0.486 V であった．$a(\text{H}^+)$ を求めよ．0.1 M 甘汞電極の標準電極電位は 0.334 V である．

12
$$\text{Pt},\ \text{H}_2\,(1\,\text{atm})\,|\,\text{C}_6\text{H}_5\text{NH}_3^+\,\text{Cl}^-\,(0.0315\,\text{M})\,||\,\text{KCl}\,(1\,\text{M}),\ \text{Hg}_2\text{Cl}_2\,|\,\text{Hg}$$
の起電力は 25°C で 0.464 V である．塩酸アニリン水溶液の pH を求め，塩酸アニリンの加水解離度を求めよ．1 M カロメル電極の 25°C における起電力は 0.2800 V である．

付録　偏導関数と全微分

1　状態式と多変数関数

　一定量の純物質が平衡状態にある系は，一般に 2 つの状態変数を指定すると一義的に定まる．たとえば，T と P を指定すると，系の体積，内部エネルギー，屈折率などの量は一義的に定まる．したがって，これらの量は状態量である．体積 V が T, P の関数であることは，陽関数表示で

$$V = f(T, P) \tag{1}$$

あるいは陰関数表示で次のように表わされる．(1) や (2) 式は状態式である．

$$g(V, T, P) = 0 \tag{2}$$

　(1) 式に見られるように，状態式は一般には 2 変数以上の多変数関数である．

2　多変数関数の微分と導関数

　2 変数関数 $U = f(x, y)$ の独立変数 y が一定の値をとり，x だけ変化するとき，U は x だけの関数となる．$y = $ 一定 の条件の下に求められた極限値

$$\lim_{\Delta x \to 0} \frac{\Delta_x U}{\Delta x} = \lim \frac{f(x + \Delta x, y) - f(x, y)}{\Delta x} \tag{3}$$

を，関数 U の x に関する**偏微分係数**あるいは**偏導関数**といい，次のように書き表わす．

$$\frac{\partial f(x, y)}{\partial x}, \quad f_x(x, y), \quad \left(\frac{\partial U}{\partial x}\right)_y \tag{4}$$

同じようにして，U の y に関する偏導関数は次のように表わされる．

$$\frac{\partial f(x, y)}{\partial y}, \quad f_y(x, y), \quad \left(\frac{\partial U}{\partial y}\right)_x \tag{5}$$

3　全　微　分

　x と y が共に変化したときの U の全増分 ΔU は次のように書ける．

$$\begin{aligned}\Delta U &= f(x + \Delta x, y + \Delta y) - f(x, y) \\ &= [f(x + \Delta x, y + \Delta y) - f(x, y + \Delta y)] + [f(x, y + \Delta y) - f(x, y)]\end{aligned} \tag{6}$$

$\Delta x \to 0, \Delta y \to 0$ の極限をとると，(6) 式は次の形に帰着する．

$$\lim_{\substack{\Delta x \to 0 \\ \Delta y \to 0}} \Delta U = dU = \left(\frac{\partial U}{\partial x}\right)_y dx + \left(\frac{\partial U}{\partial y}\right)_x dy \tag{7}$$

dU は U の**全微分**とよばれる．

4 線積分と状態量

いま平面上に（一般的には n 次元の空間内に）方向をもった曲線 (l) が与えられているとする (図1)．A をこの曲線の始点，B を終点とし，この曲線の長さは始点 A から測るものとする．いま，この曲線の上に，連続関数 $f(M)$ が定義されているとする．曲線 (l) を中間の点 $M_0, M_1, \cdots, M_{n-1}, M_n$ で n 個に分ける．ただし M_0 は点 A に，M_n は点 B に一致している．各部分 $M_k M_{k+1}$ ($k = 0, 1, \cdots, n-1$) の上に任意の 1 点 N_k をとり，和

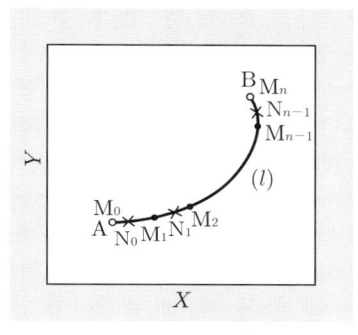

$$\sum_{k=0}^{n-1} f(N_k) \Delta S_k \tag{8}$$

図 1

をつくる．ここで ΔS_k は $M_k M_{k+1}$（曲線の弧）の長さである．分割の数 n を限りなく大きくし，各部分 ΔS_k を限りなく小さくすると，和 (8) 式は特定の値に収束する．この極限値を関数 $f(M)$ の (l) における**線積分**といい，次のように書く．

$$\int_{(l)} f(M) ds = \lim_{n \to \infty} \sum_{k=0}^{n-1} f(M_k) \Delta S_k \tag{9}$$

曲線 (l) の上を動く点 M の位置は弧の長さ $s = AM$ によって一義的に定まるから，関数 $f(M)$ を独立変数 s の関数とみなすことができる．すなわち

$$f(M) = f(s) \tag{10}$$

したがって，積分 (9) 式は s を積分変数とする通常の定積分とみなすこともできる．すなわち

$$\int_{(l)} f(M) ds = \int_0^l f(s) ds \tag{11}$$

ここで l は曲線 (l) の長さである．

(9) 式あるいは (11) 式で与えられる線積分の値が一義的に定まるということは，線積分が始点と終点だけで定まり，その途中どのような経路をとるかには無関係であることを意味している．たとえば，始点 A から終点 B までの線積分を別の経路 (l') 上で行っても，積分の値は (9) 式の値と一致する．

状態量は，線積分の値が始点と終点の位置だけで定まり，途中の経路には依存しない特別の場合に相当している．

5 線積分と面積

XY 平面上で，閉曲線 (l) によって囲まれている領域 (S) の面積 S を求める問題を考えよう．簡単のために，(l) はいたるところで凸であるとする (図 2)．そうすると，曲線 (l) は Y 軸に平行な直線とたかだか 2 回しか交わらない (X 軸と平行な直線についても同様)．Y 軸に平行な直線が領域 (S) にはいる点の縦座標を y_1，出る点の縦座標を y_2 とし，(l) の両端の横座標を a, b とすると，面積 S は

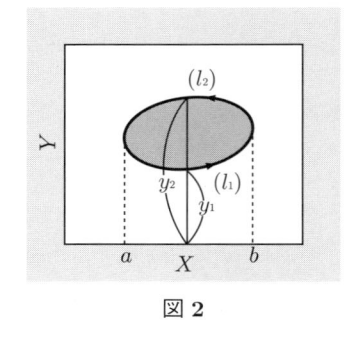

$$S = \int_a^b (y_2 - y_1) dx \tag{12}$$

図 2

で与えられる．(S) にはいる点と (S) から出る点に対応する曲線の部分をそれぞれ $(l_1), (l_2)$ とすると，(12) 式は

$$\begin{aligned} S &= \int_a^b y_2 dx - \int_a^b y_1 dx \\ &= -\int_b^a y_2 dx - \int_a^b y_1 dx = -\int_{(l_2)} y dx - \int_{(l_1)} y dx \\ &= -\int_{(l)} y dx \end{aligned} \tag{13}$$

となる．ただし $(l_1), (l_2)$ についての線積分は図中の矢印（時計の針と逆回わり）の方向にとるものとする．

X 軸に平行な線に注目して面積の積分を行えば，全く同様にして

$$S = \int_{(l)} x dy \tag{14}$$

を得る（符号が正になることに注意）．両者の平均をとれば

$$S = \frac{1}{2} \int_{(l)} (x dy - y dx) \tag{15}$$

を得る．この式は，曲線 (l) が内側にくぼんでいる場合にも成り立つことが証明できる．

本文 32 ページ，図 3.4 のカルノーサイクルは，定温線と断熱線で囲まれた閉曲線となっている．この閉曲線に沿っての線積分は，曲線で囲まれた領域の面積を与える．この場合，積分は $\int P dV$ あるいは $\int V dP$ で，仕事に相当しており，面積は 1 サイクルにおいて系が外界に対してなす仕事（正），あるいは外界が系に対してなす仕事（負）に相当している．不可逆変化のときは閉曲線の面積は準静的変化のときよりも必ず小さくなる．

6 グリーンの公式

前節では曲線 (l) や領域 (S) 上で定義された関数について考えず，XY 平面そのものを取り扱ったが，本節では曲線や領域の各点で連続関数が定義されている場合について考えよう．

関数 $P(x,y)$ が境界 (l) まで含めた領域 (S) で連続で，連続な導関数 $\dfrac{\partial P(x,y)}{\partial y}$ をもっているとする．そうすると，(S) 上での 2 重積分について次の等式が成り立つ．

$$\begin{aligned}
\iint_{(S)} \frac{\partial P(x,y)}{\partial y} d\sigma &= \iint_{(S)} \frac{\partial P}{\partial y} dy dx \\
&= \int_a^b dx \int_{y_1}^{y_2} \frac{\partial P}{\partial y} dy \\
&= \int_a^b [P(x,y_2) - P(x,y_1)] dx
\end{aligned} \tag{16}$$

ここで a, b, y_1, y_2 は図 2 に示したものと同じである．一方

$$\int_a^b P(x,y_1) dx = \int_{(l_1)} P(x,y) dx \tag{17}$$

$$\int_a^b P(x,y_2) dx = -\int_b^a P(x,y_2) dx = -\int_{(l_2)} P(x,y) dx \tag{18}$$

の関係があるので，(16) 式の積分は

$$\begin{aligned}
\iint_{(S)} \frac{\partial P}{\partial y} d\sigma &= -\int_{(l_2)} P(x,y) dx - \int_{(l_1)} P(x,y) dx \\
&= -\int_{(l)} P(x,y) dx
\end{aligned} \tag{19}$$

となる．これは (13) 式に対応している．同様にして，(14) 式に対応して

$$\iint_{(S)} \frac{\partial Q(x,y)}{\partial x} d\sigma = \int_{(l)} Q(x,y) dy \tag{20}$$

を得る．両者の和をとると，目的とするグリーンの公式が得られる．

$$\iint_{(S)} \left(\frac{\partial Q}{\partial x} - \frac{\partial P}{\partial y} \right) d\sigma = \int_{(l)} (P dx + Q dy) \tag{21}$$

グリーンの公式は，領域内の積分（面積分）を境界線上の線積分と関係づける重要な式である．

7 完全微分と状態量

5 で，線積分で定義される量が状態量となるためには，線積分が始点と終点の座標だけで決まり，途中の経路には依存してはいけないことを示した．

この節では，グリーンの定理を利用して，線積分の値が積分の経路に依存しない条件を明らかにしよう．そのために，点 A から点 B までの線積分

$$\int_A^B (Pdx + Qdy) \tag{22}$$

が積分の経路に依存しない条件は，$A \xrightarrow{(l_1)} B \xrightarrow{(l_2)} A$ というサイクルで線積分を行ったときの関数の変化がゼロ（もとの値にもどる）ということを思い出そう．すなわち

$$\oint_{A \to B \to A} (Pdx + Qdy) = 0 \tag{23}$$

ここで $\oint$ は閉じた曲線上での線積分を意味する．明らかに，このことは任意の閉曲線で成立しなければならない．グリーンの公式 (21) を用いると，このことは任意の領域 (S) において

$$\iint_{(S)} \left(\frac{\partial Q}{\partial x} - \frac{\partial P}{\partial y} \right) d\sigma = 0 \tag{24}$$

となることを意味する．したがって，すべての x と y の値に対して

$$\frac{\partial Q}{\partial x} - \frac{\partial P}{\partial y} = 0 \tag{25}$$

が成り立たねばならない．

この条件が満たされるとき，点 $A(x_0, y_0)$ を固定して点 $B(x, y)$ を変動させれば，積分 (22) は点 B，すなわち (x, y) の関数となる．

$$\int_{(x_0, y_0)}^{(x, y)} (Pdx + Qdy) = V(x, y) \tag{26}$$

(26) 式の両辺において y を固定しておいて x だけ $x + \Delta x$ に増大させたときの増分の Δx との比を求め，平均値の定理を用いて $\Delta x \to 0$ の極限をとると

$$\frac{\partial V}{\partial x} = \lim_{\Delta x \to 0} P(x + \theta \Delta x, y) = P(x, y) \tag{27}$$

$(0 < \theta < 1)$ を得る．同様にして

$$\frac{\partial V}{\partial y} = Q(x, y) \tag{28}$$

したがって V の全微分をとると

$$\begin{aligned} dV &= \frac{\partial V}{\partial x} dx + \frac{\partial V}{\partial y} dy \\ &= Pdx + Qdy \end{aligned} \tag{29}$$

となる．すなわち，線積分 (22) が積分の経路に依存しないことの必要十分条件は，被積分関数 $Pdx + Qdy$ がある関数 V の全微分となっているということである．

(27) と (28) 式を (25) 式に代入すると

$$\left[\frac{\partial}{\partial y}\left(\frac{\partial V}{\partial x}\right)_y\right]_x = \left[\frac{\partial}{\partial x}\left(\frac{\partial V}{\partial y}\right)_x\right]_y \tag{30}$$

を得る．

関数 V は積分の経路によらず，線積分の終点の座標だけの関数であるから，これまで述べてきた状態量の満たすべき条件を満足していることがわかる．ポテンシャル関数もこの条件を満たしており，状態量の特別の場合であることがわかる．

8　積分因子

式

$$Pdx + Qdy \tag{31}$$

が全微分でないとき，すなわち

$$\frac{\partial P}{\partial y} - \frac{\partial Q}{\partial x} \neq 0 \tag{32}$$

のときでも，適当な関数 μ を掛けたものが全微分になるように，すなわち

$$dU = \mu(Pdx + Qdy) \tag{33}$$

となるようにすることが常に可能であることが証明されている．μ のことを (32) 式の**積分因子**という．

本文でも説明してあるように，熱量 Q は完全微分量でなく，積分

$$\int_1^2 dQ \tag{34}$$

は積分の経路に依存する．熱力学第 1 および第 2 の基本法則は，次の 2 つのことを命題として述べることに相当している．

1) dQ と PdV の差は全微分である．

$$dU = dQ - PdV \tag{35}$$

2) $1/T$ は dQ の積分因子である．すなわち

$$dS = \frac{dQ}{T} \tag{36}$$

は全微分である (第 3 章演習問題 16 参照)．

問 題 解 答

第 1 章

1.1 R は 1 mol 当りの量であるから，$n = 1$ mol とすればよい．したがって，$R = PV/T$ である．理想気体では，$P = 1$ atm，$T = 273.15$ K のとき $V = 22.414$ dm^3 mol^{-1} であるから

$$R = 1 \times 22.414/273.15 = 0.082057 \, \text{dm}^3 \, \text{atm} \, \text{K}^{-1} \, \text{mol}^{-1}$$
$$= 1.987 \, \text{cal} \, \text{K}^{-1} \, \text{mol}^{-1} = 8.3145 \, \text{J} \, \text{K}^{-1} \, \text{mol}^{-1}$$

1.2 1 g の物体が 70 m 落下する際に失う位置エネルギーは，$W = mgh$ より，$m = 10^{-3}$ kg であるから

$$W = 10^{-3} \times 9.8 \times 70 = 0.686 \, \text{J}$$

熱の仕事当量は 1 cal = 4.184 J であるから 0.686 J = 0.164 cal．水の熱容量は 1 cal K^{-1} g^{-1} であるから，上昇温度は 0.164 deg．

（注） SI 単位系では質量は kg，距離は m，エネルギーは J である．

1.3 1000 km h^{-1} は 0.3 km s^{-1} である．突入前と後の運動エネルギーの差は

$$W = \frac{1}{2}mv_1^2 - \frac{1}{2}mv_2^2 = \frac{1}{2} \times 10^4 \times [(7.8 \times 10^3)^2 - (0.3 \times 10^3)^2]$$
$$= \frac{1}{2} \times 10^4 \times 60.75 \times 10^6 = 3 \times 10^{11} \, \text{J}$$

1.4 排気後の圧力を Pa で表わすと $P = (10^{-6} \times 101325/760)$ Pa $= 1.33 \times 10^{-4}$ Pa，$T = 298$ K，$V = 1$ cm$^3 = 10^{-6}$ m^3 に含まれる気体の物質量は (1.6) 式により

$$n = \frac{PV}{RT} = \frac{(1.33 \times 10^{-4} \, \text{Pa})(10^{-6} \, \text{m}^3)}{(8.314 \, \text{J} \, \text{K}^{-1} \, \text{mol}^{-1})(298 \, \text{K})} = 5.37 \times 10^{-14} \, \text{mol}$$

分子数は $\quad N = Ln = (6.022 \times 10^{23} \, \text{mol}^{-1})(5.37 \times 10^{-14} \, \text{mol}) = 3.23 \times 10^{10}$

2.1 (1) 可逆的（準静的）膨張で気体が外界にする仕事は (1.4) 式より

$$W = -nRT \ln \frac{V_2}{V_1} = -3RT \ln \frac{P_1}{P_2} = -3 \times 8.314 \times 298 \times \ln \frac{5}{1} = -1.20 \times 10^4 \, \text{J}$$

理想気体の内部エネルギーは温度が一定であれば一定であるから

$$\Delta U = Q + W = 0, \quad Q = -W = 1.20 \times 10^4 \, \text{J} \quad \text{（吸熱）}$$

(2) この場合外圧は 1 atm で一定である．体積ははじめ

$$3 \times 22.4 \times \frac{298}{273} \times \frac{1}{5} = 14.67 \, \text{dm}^3$$

である．1 atm 下では体積が 5 倍の 73.35 dm^3 に増えるから

$$W = -P\Delta V = -1 \times 14.67(5-1) = -58.68 \, \text{dm}^3 \, \text{atm} = -5.94 \times 10^3 \, \text{J}$$
$$Q = -W = 5.94 \times 10^3 \, \text{J} \quad \text{（吸熱）}$$

(3) $P = 0$ であるから $W = Q = 0$．

2.2 100 °C, 1 atm のもとで 1 mol の水蒸気が占める体積は
$$22.4 \times \frac{373}{273} = 30.6 \, \text{dm}^3$$
である．液状の水の体積は無視できるから，この際に水蒸気が外界（大気）に対してする仕事は
$$W = P\Delta V = 1 \times 30.6 \, \text{dm}^3 \, \text{atm} = 3.10 \times 10^3 \, \text{J}$$

2.3 前問の結果から，1 mol の水が 100 °C，1 atm で気化する際に要する体積変化の仕事は 3.10×10^3 J である．この分をモル蒸発熱から引いたものが，液体中の水分子の結合を切るのに要するエネルギーである．これを E とすると
$$E = 40.67 - 3.10 = 37.57 \, \text{kJ} \, \text{mol}^{-1}$$
したがって，結合を切り離すのに要するエネルギーの割合は
$$37.57 \div 40.67 = 0.924$$

2.4 $a = 2.25 \, \text{dm}^6 \, \text{atm} \, \text{mol}^{-2} = 2.25 \times 10^{-6} \times 101325 \, \text{m}^6 \, \text{Pa} \, \text{mol}^{-2} = 0.228 \, \text{m}^6 \, \text{Pa} \, \text{mol}^{-2}$
$b = 0.0428 \, \text{dm}^3 \, \text{mol}^{-1} = 0.0428 \times 10^{-3} \, \text{m}^3 \, \text{mol}^{-1}$

理想気体としたとき (1.6) 式により
$$P = \frac{nRT}{V} = \frac{1 \times 8.314 \times 273.15}{10^{-3}} = 2271 \, \text{kPa} = 22.4 \, \text{atm}$$
ファン・デル・ワールスの状態方程式 (1.7) にしたがうとしたとき
$$P = \frac{nRT}{V - nb} - \frac{n^2 a}{V^2} = \frac{1 \times 8.314 \times 273.15}{10^{-3} - 1 \times 42.8 \times 10^{-6}} - \frac{1^2 \times 0.228}{(10^{-3})^2} = 2145 \, \text{kPa} = 21.2 \, \text{atm}$$

演習問題

1 $W = mgh = 1.5 \times 9.8 \times 10 = 147 \, \text{J}$

2 金属の熱容量を $C \, \text{J} \, \text{K}^{-1} \, \text{g}^{-1}$ とすると，水の熱容量は $4.184 \, \text{J} \, \text{K}^{-1} \, \text{g}^{-1}$ であるから熱量保存則より $4.184(t-21.5) \times 100 = C(300-t) \times 10$（$t$ は最終温度で 25.4 °C）．$C = 0.594 \, \text{J} \, \text{K}^{-1} \, \text{g}^{-1}$

3 0 °C, 1 atm で反応物の体積は $22.4 \, \text{dm}^3$ であるから，体積は $22.4 \times \frac{1}{3} \, \text{dm}^3$ 減少する．このとき系になされる仕事は $22.4 \times \frac{1}{3} \, \text{dm}^3 \, \text{atm} = 22.4 \times \frac{1}{3} \times 1.013 \times 10^2 \, \text{J} = 756 \, \text{J}$．100 °C では 1 mol の気体の体積は $22.4 \times 373/273 \, \text{dm}^3$ に増大しているので，気体になされる仕事も $756 \times 373/273 = 1033 \, \text{J}$.

4 $W = P\Delta V = 100 \times 1.5 = 150 \, \text{dm}^3 \, \text{atm}$. $1 \, \text{dm}^3 \, \text{atm} = 1.013 \times 10^2 \, \text{J}$ であるから $W = 1.52 \times 10^4 \, \text{J}$. $1 \, \text{J} = 10^7 \, \text{erg} = 0.239 \, \text{cal}$ であるから，$W = 1.52 \times 10^{11} \, \text{erg} = 3.63 \times 10^3 \, \text{cal}$.

5 10 m の海中の圧力を 2.0 atm とすると，体積は $V_1 = 2.0 \, \text{dm}^3$ より海面上で $V_2 = 4.0 \, \text{dm}^3$ までになる．$W = -\int_{V_1}^{V_2} P dV = -nRT \int_{V_1}^{V_2} \frac{dV}{V} = -nRT \ln \frac{V_2}{V_1}$ となる．物質量 n は $n = 4.0 \times 273/(300 \times 22.4)$ mol．ゆえに
$$W = -\left(4.0 \times \frac{273}{300 \times 22.4}\right) \times 8.314 \times 300 \ln 2 = -281 \, \text{J}$$

6 一定量の理想気体の内部エネルギーは温度だけできまり，圧力や体積には依存しない．したがって，(1), (2) の変化とも $\Delta U = 0$. したがって $Q = -W$ の関係がある．

(1) 体積は 5 倍になるから，$W = -\int_{V_1}^{V_2} P\Delta V = -3.5 \times R \times 298 \ln 10 = -2.00 \times 10^4$ J．
$Q = -2.00 \times 10^4$ J (吸熱)．

(2) $W = -P\Delta V = -5 \times \left(\dfrac{3.5}{5} - \dfrac{3.5}{10}\right) \times 22.4 \times \dfrac{298}{273} - 1 \times \left(3.5 - \dfrac{3.5}{5}\right) \times 22.4 \times \dfrac{298}{273}$
$= -1.11 \times 10^2$ dm^3 atm $= -1.13 \times 10^4$ J.

7 341.9 K における 1 mol のヘキサン蒸気の体積は，$22.4 \times 341.9/273.2 = 28.03$ dm^3．$W = -P\Delta V = -1 \times 28.03$ dm^3 atm $= -2.84$ kJ．全気化熱に対する割合は $2.84/28.85 = 0.0984$．水の場合 (問題 2.3) はこの割合は $3.10/40.67 = 0.076$ でヘキサンより小さい．水中での分子間力が強いためである．

8 (1) $W = -\int PdV$ に基づいて計算する．ファン・デル・ワールスの式を変形すると $P = \dfrac{RT}{V-b} - \dfrac{a}{V^2}$ となる．したがって

$$W = -\int_{V_1}^{V_2}\left(\dfrac{RT}{V-b} - \dfrac{a}{V^2}\right)dV = -\left[RT \ln(V-b) + \dfrac{a}{V}\right]_{V_1}^{V_2}$$

$$= RT \ln \dfrac{V_1 - b}{V_2 - b} - a\left(\dfrac{1}{V_2} - \dfrac{1}{V_1}\right)$$

$$= 8.314 \times 573 \times \ln\left(\dfrac{10 - 0.037}{1 - 0.037}\right) - 4.20 \times \left(\dfrac{1}{1} - \dfrac{1}{10}\right) \times 101.3$$

$$= 8.314 \times 573 \times 2.303 \times \log\left(\dfrac{10 - 0.037}{1 - 0.037}\right) - 4.20 \times \left(\dfrac{1}{1} - \dfrac{1}{10}\right) \times 101.3$$

$$= 1.113 \times 10^4 - 3.83 \times 10^2 = 1.075 \times 10^4 \text{ J}$$

(第 2 項は単位が dm^3 atm となっているのでこれを J に換算する．1 dm^3 atm $= 101.3$ J)

(2) 理想気体ではないので $W = -Q$ とはならず，Q の値を求めることはできない．

(3) $W = -\int_{V_1}^{V_2} PdV = -RT \int_{V_1}^{V_2} \dfrac{dV}{V} = -RT \ln \dfrac{V_2}{V_1}$
$= 8.314 \times 573 \times 2.303 \log 10 = 1.097 \times 10^4$ J

この場合，理想気体とした方が圧縮に多くの仕事を要することがわかる．

9 物質の量を 2 倍にしても変わらないものは示強性量，2 倍になるものは示量性量である．
示量性量：体積，熱容量，質量，内部エネルギー，物質量．
示強性量：温度，密度，圧力，屈折率，濃度．

第 2 章

1.1 アンモニアの物質量は 1 atm : $10/22.4 = 0.446$ mol, 10 atm : 4.46 mol である．1 atm 下で 0 °C から 30 °C まで加熱するのに要するエネルギーは，定積の場合

$$Q = 0.446 \times 26.82 \times 30 = 3.59 \times 10^2 \text{J}$$

10 atm 下では物質量が 10 倍になっているので Q の値も 10 倍となる．定圧の場合，$C_P = 26.82 + R = 35.13$ と仮定すると*，1 atm 下では

$$Q = 0.446 \times 35.13 \times 30 = 4.70 \times 10^2 \text{ J}$$

となる．10 atm 下では 10 倍の 4.70×10^3 J．

1.2 マイヤーの式 $C_P - C_V = R$ は運動の自由度すなわち温度に関係なく成立する．したがって

$$\gamma = \frac{C_P}{C_V} = 1.32, \quad \gamma - 1 = \frac{C_P - C_V}{C_V} = \frac{R}{C_V} = 0.32$$

となる．これより $C_V = 25.98$ で $C_V = 3.1R$ である．$C_P = C_V + R = 34.29$．

1.3 (1) $C_P(0) = 28.4 + 4.10 \times 10^{-3} \times 273 - 4.6 \times 10^4 (273)^{-2} = 28.9 \text{ J K}^{-1} \text{ mol}^{-1}$
$C_P(500) = 28.4 + 4.10 \times 10^{-3} \times 773 - 4.6 \times 10^4 (773)^{-2} = 31.5 \text{ J K}^{-1} \text{ mol}^{-1}$

(2) 定積モル熱容量は $C_V(500) = 31.49 - R = 23.18 \text{ J K}^{-1} \text{ mol}^{-1}$．分子量は 28 だから，1 g 当りでは $23.18 \div 28 = 0.828 \text{ J K}^{-1} \text{ g}^{-1}$．

(3) 0 °C～500 °C までに 1 mol の CO が吸収する熱量は

$$Q_P = \int_{273}^{773} C_P(T) dT = (28.4T + 2.05 \times 10^{-3} T^2 + 4.6 \times 10^4 T^{-1})\Big|_{273}^{773}$$
$$= 28.4 \times 500 + 2.05 \times 10^{-3} \times (5.975 \times 10^5 - 0.745 \times 10^5)$$
$$+ 4.6 \times 10^4 \times (1.29 \times 10^{-3} - 3.66 \times 10^{-3}) = 1.52 \times 10^4 \text{ J}$$

したがって平均の C_P は $\overline{C_P} = 1.53 \times 10^4 \div 500 = 30.5 \text{ J K}^{-1} \text{ mol}^{-1}$

2.1 (1) 1 atm，353.3 K において 1 mol のベンゼン蒸気が占める体積は

$$22.4 \times \frac{353.3}{273.2} = 28.97 \text{ dm}^3 \text{ mol}^{-1}$$

である．よって体積変化は

$$\Delta V = 28.97 - 0.089 = 28.88 \text{ dm}^3$$

で，体積変化の仕事は

$$P \Delta V = 1 \times 28.88 \text{ dm}^3 \text{ atm} = 2.926 \times 10^3 \text{ J}$$

(2) ベンゼンの気化によって蒸気が外界に対してする仕事は，(1) より

$$W = -P \Delta V = -2.926 \times 10^3 \text{ J}$$

蒸発熱は 3.076×10^4 J である．これは定圧下での変化すなわちエンタルピー変化であるから，内部エネルギー変化は

$$\Delta U = \Delta H - P \Delta V = 3.076 \times 10^4 - 2.926 \times 10^3 = 2.783 \times 10^4 \text{ J mol}^{-1}$$

---

* 実際は $C_P = 35.86 \text{ J K}^{-1} \text{ mol}^{-1}$ で $C_P - C_V = 9.04 \text{ J K}^{-1} \text{ mol}^{-1}$ となり $R (8.31 \text{ J K}^{-1} \text{ mol}^{-1})$ より少し大きい．いいかえると理想気体の仮定では多少の誤差を生じる．

2.2 (2.6) 式より，C_P が一定として，$H_2O = 18$ だから

$$\Delta H = \int_{T_1}^{T_2} C_P dT = 4.184 \times 18 \times (323.2 - 293.2) = 2.26 \times 10^3 \text{ J mol}^{-1}$$

である．$P = $ 一定 であるから，$V(20\,°\text{C}) = 18/0.9982\,\text{cm}^3\,\text{mol}^{-1}$，$V(50\,°\text{C}) = 18/0.9881\,\text{cm}^3\,\text{mol}^{-1}$，$1\,\text{atm cm}^3 = 0.1013\,\text{J}$ の関係より

$$\begin{aligned}\Delta U &= \Delta H - \Delta(PV) = \Delta H - P\Delta V \\ &= 2.26 \times 10^3 - 0.1013 \left(\frac{18.0}{0.9881} - \frac{18.0}{0.9982}\right) = 2.26 \times 10^3 \text{ J mol}^{-1}\end{aligned}$$

となる．$P\Delta V$ の項は $1.9 \times 10^{-2}\,\text{J mol}^{-1}$ で，ΔH に比べると極めて小さく，無視して差支えない．

2.3 理想気体の定温体積変化であるから，ジュールの実験によって示されたように，$\Delta U = 0$ である．また，$H = U + PV$ であるから，$PV = RT$ より

$$\Delta H = \Delta U + \Delta(PV) = \Delta U + \Delta(RT) = 0$$

で，エンタルピー変化もゼロである（問題 3.2 参照）．膨張の際に気体が外界から吸収する熱量は，$Q = -W$ であるから

(1) 準静的膨張：(1.4) 式より

$$\begin{aligned}Q_1 &= -W = RT \ln \frac{V_2}{V_1} = RT \ln \frac{P_1}{P_2} = RT \ln 10 = 8.314 \times 293 \times \ln 10 \\ &= 5.61 \times 10^3 \text{ J}\end{aligned}$$

(2) 外圧 $P_2 = 1\,\text{atm}$ 下での膨張：外界に対してする仕事は外圧 P_2 できまるから

$$\begin{aligned}Q_2 &= -W = P_2 \Delta V = P_2 \times (V_2 - V_1) = P_2 \times \left(\frac{RT}{P_2} - \frac{RT}{P_1}\right) = RT\left(1 - \frac{P_2}{P_1}\right) \\ &= 8.314 \times 293 \left(1 - \frac{1}{10}\right) = 2.19 \times 10^3 \text{ J}\end{aligned}$$

$$Q_2/Q_1 = 1/2.56 = 0.391$$

となる．

3.1 定積モル熱容量も定圧モル熱容量も塩素の方が酸素よりも大きく，その差は

$$\Delta C_V = 25.52 - 21.30 = 4.22\,\text{J K}^{-1}, \quad \Delta C_P = 34.69 - 29.71 = 4.98\,\text{J K}^{-1}$$

である．これらの分子が剛体棒状であるとすると，並進と回転の自由度は 5 となり

$$C_V = \frac{5}{2}R = 20.79\,\text{J K}^{-1}\,\text{mol}^{-1}, \quad C_P = \frac{7}{2}R = 29.10\,\text{J K}^{-1}\,\text{mol}^{-1}$$

となるはずである．酸素では C_V も C_P も剛体棒状の値に近いが，塩素ではかなり大きくなっている．その理由は，Cl_2 分子では $25\,°\text{C}$ でも Cl－Cl 原子間の伸縮の振動が励起されており，その運動が熱容量に寄与しているためである．比較的低い温度でも Cl－Cl 原子間の伸縮振動が励起されるのは

(a) Cl 原子が重い，　(b) Cl－Cl 結合が弱い

ために，振動数 ν が小さくなっているからである．プランク定数を h として，振動のエネルギーは $\varepsilon = h\nu$ で量子化されており，$h\nu \gg kT$ のときにはその運動は励起されない．O_2 では ν が大きいが Cl_2 では ν が小さいために以上の差を生じているのである．

なお，ΔC_P が ΔC_V より大きいのは，Cl_2 分子では分子間に引力が働いており，同じ割合で体積が膨張しても Cl_2 は分子間距離を大きくするのにより大きなエネルギーを要するためと解される．

3.2 $H = U + PV$ である．$P = $ 一定 の条件で T で微分すると

$$\left(\frac{\partial H}{\partial T}\right)_P = C_P = \left(\frac{\partial U}{\partial T}\right)_P + P\left(\frac{\partial V}{\partial T}\right)_P \tag{a}$$

したがって

$$\left(\frac{\partial U}{\partial T}\right)_P = C_P - P\left(\frac{\partial V}{\partial T}\right)_P \tag{b}$$

また，$H = U + PV$ を $T = $ 一定 の条件で V で微分すると

$$\left(\frac{\partial H}{\partial V}\right)_T = \left(\frac{\partial U}{\partial V}\right)_T + V\left(\frac{\partial P}{\partial V}\right)_T + P \tag{c}$$

となる．理想気体では $PV = nRT$ より $(\partial P/\partial V)_T = -nRT/V^2$，$V(\partial P/\partial V)_T = -nRT/V = -P$ である．また，$(\partial U/\partial V)_T = 0$ であるから次のようになる．

$$\left(\frac{\partial H}{\partial V}\right)_T = 0 \tag{d}$$

3.3 $0\,°C$，$1\,atm$ での $22.4\,dm^3$ の気体の質量は

$$M = 1.17 \times 22.4 \times \left(\frac{291}{273}\right) = 27.94\,g\,mol^{-1}$$

したがって分子量は 27.94．$\gamma = C_P/C_V = 1.4$ であるからこの単体は 2 原子分子である（オゾンを除けば常温で気体の単体は単原子分子または 2 原子分子に限られる）．したがって，原子量 = 14 で，この物質は窒素．

4.1 水素は 2 原子分子であるから，$C_V = \frac{5}{2}R$ である．したがって (d) 式より

$$\frac{5}{2}R\ln\frac{T_2}{T_1} = R\ln\frac{V_1}{V_2}, \quad \ln\frac{T_2}{T_1} = \frac{2}{5}\ln\frac{V_1}{V_2}, \quad \frac{T_2}{T_1} = \left(\frac{V_1}{V_2}\right)^{2/5}$$

$T_2 = 298 \times \left(\frac{15}{3}\right)^{2/5} = 298 \times 1.90 = 566\,K = 293\,°C$ （260 度以上の昇温となる）．

4.2 $C_V = R\ln\frac{V_1}{V_2}\Big/\ln\frac{T_2}{T_1}$ の関係がある．これより

$$R \times \ln\frac{5}{6}\Big/\ln\frac{277}{298} = R \times \frac{0.1823}{0.07308} = 2.49R = \frac{5}{2}R$$

ゆえに 2 原子分子すなわち窒素である．

5.1 ボイル・シャルルの法則 $PV \propto T$ より，$T_2/T_1 = (P_2V_2/P_1V_1)$．これと関係式

$$\left(\frac{T_2}{T_1}\right) = \left(\frac{V_1}{V_2}\right)^{\gamma-1}$$

より
$$\frac{P_2 V_2}{P_1 V_1} = \left(\frac{V_1}{V_2}\right)^{\gamma-1} \quad \text{したがって} \quad \frac{P_2}{P_1} = \left(\frac{V_1}{V_2}\right)^{\gamma}$$

これより
$$P_1 V_1^{\gamma} = P_2 V_2^{\gamma} = 一定$$

5.2 (1) 準静的変化については，(c) 式より，$P = RT/V$ の関係を用いて
$$T_1 V_1^{\gamma-1} = T_2 V_2^{\gamma-1}, \quad P_1^{1-\gamma} T_1^{\gamma} = P_2^{1-\gamma} T_2^{\gamma}$$

である．単原子分子では $\gamma = 5/3$ であるから
$$T_2 = T_1 \left(\frac{P_1}{P_2}\right)^{\frac{1-\gamma}{\gamma}} = 273 \times \left(\frac{2}{1}\right)^{-\frac{2}{5}} = 273 \times \left(\frac{1}{2}\right)^{0.4} = \frac{273}{1.32} = 207\,\text{K}$$

$Q = 0$ であるから，気体が外界にした仕事は内部エネルギーの減少に等しい．
$$W = \Delta U = C_V(T_2 - T_1) = \frac{3}{2} R \times (207 - 273) = -823\,\text{J}$$

となる．エンタルピー変化は $PV = RT$ の関係を使って
$$\Delta H = \Delta U + \Delta(PV) = \Delta U + R(T_2 - T_1) = (C_V + R)(T_2 - T_1) = C_P(T_2 - T_1)$$
$$= \frac{5}{2} R \times (-66) = -1.37 \times 10^3\,\text{J}$$

(2) この場合，断熱可逆変化ではないのでポアッソンの式は使えない．外圧 P_2 に抗して気体が外界にする仕事は
$$W = -P_2(V_2 - V_1) = -P_2(RT_2/P_2 - RT_1/P_1) \tag{a}$$

となる．一方，断熱変化であるから $W = \Delta U$ であるが，ΔU は
$$\Delta U = C_V(T_2 - T_1) = \frac{3}{2} R(T_2 - T_1) \tag{b}$$

である．(a) 式と (b) 式とから $\frac{3}{2}(T_2 - T_1) = -(T_2 - T_1 P_2/P_1)$ となる．$T_1 = 273\,\text{K}$, $P_1 = 2\,\text{atm}$, $P_2 = 1\,\text{atm}$ とおくと
$$\frac{3}{2}(T_2 - 273) = 273 \times \frac{1}{2} - T_2, \quad T_2 = 218\,\text{K}$$

これより $W = \Delta U = \frac{3}{2} R(218 - 273) = -686\,\text{J}$．一般に，外界にする仕事は準静的変化のとき最大で，断熱変化では気体の温度低下も最大となる．

6.1 ポアッソンの式より，$V = \dfrac{n}{P} RT$ を使って
$$(T_2/T_1) = (V_1/V_2)^{\gamma-1} = (P_2 T_1/P_1 T_2)^{\gamma-1}, \quad T_2/T_1 = (P_2/P_1)^{(\gamma-1)/\gamma}$$

となる．酸素は 2 原子分子で $\gamma = 7/5 = 1.40$. $P_1 = 1\,\text{atm}$, $T_1 = 298\,\text{K}$ を入れると
$$T_2 = 298 \times 10^{0.4/1.4} = 575\,\text{K} = 302\,^\circ\text{C}$$

$\left(10^{0.4/1.4} = x\ とおくと,\ \log x = \dfrac{0.4}{1.4} = 0.2857.\ x = 1.931\right)$

6.2 空気が断熱膨張によって 1 atm から 0.63 atm まで減圧になる際の温度の低下を計算する．空気は N_2 と O_2 との混合気体として，$C_V = \dfrac{5}{2}R$, $C_P = \dfrac{7}{2}R$, $\gamma = 1.40$ とする．前問の解答と同様にして，最終温度を T_2 とすると

$$T_2 = 298 \times (0.63)^{0.4/1.4} = 261\,\text{K} = -12\,°\text{C}$$

$\left((0.63)^{0.4/1.4} = x\ とおくと,\ \log x = \dfrac{0.4}{1.4}\ \log 0.63 = -0.05733.\ x = 0.876\right)$

6.3 フェーン現象は，地上からの湿った空気が山を越えて乾燥空気となって山の反対側の地上に戻る際に見られる現象である．まず，地上から湿った空気が山に衝突して上昇すると，断熱膨張により気温が低下する．そのために水蒸気が雨となって降り，大部分の水分が除かれる．水の凝集熱が放出されるために気温はあまり低下しない．山を越えた乾燥空気は低地に移動するにつれて断熱圧縮され，気温が上昇する．この場合，山上で放出された水の凝集熱の分だけ空気は暖まっており，異常な高温となる．

30 °C, 湿度 70 %の空気 1 mol 中に含まれる水の量は，1 mol の空気の体積は $22.4 \times \dfrac{303}{273}\,\text{dm}^3$ であることを考慮してそれぞれを標準状態に換算すると

$$\frac{303}{273} \times \frac{31.8}{760} \times 0.7 \times \frac{273}{303} = 2.93 \times 10^{-2}\,\text{mol}$$

この空気が 10 °C に冷却された場合に空気中に水蒸気として残る水の量は

$$\frac{283}{273} \times \frac{9.2}{760} \times \frac{273}{283} = 1.21 \times 10^{-2}\,\text{mol}$$

したがって，1.72×10^{-2} mol の水が凝集する．その際空気 1 mol 当り 0.698 kJ の熱を放出する．空気の定圧モル熱容量は $\dfrac{7}{2}R = 29.1\,\text{J K}^{-1}\,\text{mol}^{-1}$ であるから，空気は $698 \div 29.1 = 24\,\text{deg}$ 温度が上昇することになる．

7.1 化学反応式

$$\text{C}_{12}\text{H}_{22}\text{O}_{11} + \text{H}_2\text{O} = 4\,\text{C}_2\text{H}_6\text{O} + 4\,\text{CO}_2\,;\ \Delta H^{\ominus} \tag{a}$$

の $\Delta H^{\ominus}$ を求めるための化学反応とその標準エンタルピー変化は

(燃焼熱) $\quad \text{C}_{12}\text{H}_{22}\text{O}_{11} + 12\,\text{O}_2 = 12\,\text{CO}_2 + 11\,\text{H}_2\text{O}\,;\ \Delta H^{\ominus} = -5653.8\,\text{kJ}$ (b)

(生成熱) $\quad \text{C} + \text{O}_2 = \text{CO}_2\,;\ \Delta H^{\ominus} = -393.52\,\text{kJ}$ (c)

(燃焼熱) $\quad \text{H}_2 + \dfrac{1}{2}\text{O}_2 = \text{H}_2\text{O}\,(\ell)\,;\ \Delta H^{\ominus} = -285.83\,\text{kJ}$ (d)

(生成熱) $\quad 2\,\text{C} + 3\,\text{H}_2 + \dfrac{1}{2}\text{O}_2 = \text{C}_2\text{H}_6\text{O}\,;\ \Delta H^{\ominus} = -277.63\,\text{kJ}$ (e)

である．溶液中の反応であるから，H_2O の状態は (ℓ) とする．まずエタノールの分子数を合わせる．(b) + 4(e) を計算すると

$$\text{C}_{12}\text{H}_{22}\text{O}_{11} + 8\,\text{C} + 12\,\text{H}_2 + 14\,\text{O}_2 = 4\,\text{C}_2\text{H}_6\text{O} + 12\,\text{CO}_2 + 11\,\text{H}_2\text{O} \tag{f}$$

したがって $\Delta H^\ominus = \Delta H^\ominus(\mathrm{b}) + 4\Delta H^\ominus(\mathrm{e}) - 8\Delta H^\ominus(\mathrm{c}) - 12\Delta H^\ominus(\mathrm{d}) = -186.2\,\mathrm{kJ}$.

7.2 反応に関与している物質の生成反応と $\Delta H^\ominus$ は，それぞれ

$$\frac{1}{2}\mathrm{N}_2 + \frac{3}{2}\mathrm{H}_2 = \mathrm{NH}_3\,;\ \Delta H^\ominus = -45.90 \tag{a}$$

$$\frac{1}{2}\mathrm{N}_2 + \mathrm{O}_2 = \mathrm{NO}_2\,;\ \Delta H^\ominus = 33.18 \tag{b}$$

$$\mathrm{H}_2 + \frac{1}{2}\mathrm{O}_2 = \mathrm{H}_2\mathrm{O}(g)\,;\ \Delta H^\ominus = -241.83 \tag{c}$$

反応式を得るためには，$2(\mathrm{b}) + 3(\mathrm{c}) - 2(\mathrm{a})$ を計算すればよい．したがって

$$\Delta H^\ominus = 2 \times 33.18 - 3 \times 241.83 + 2 \times 45.90 = -567.3\,\mathrm{kJ}$$

7.3 500 °C における反応熱を求めるためには，反応に関与するすべての物質について，25 °C より 500 °C まで加熱するのに要するエネルギーを求め，それと $\Delta H^\ominus_{298}$ とからエネルギー保存則に基づいて計算する．加熱に要するエネルギーは反応物および生成物について，それぞれ

$$Q_1 = \int_{298}^{773}\left[2C_P(\mathrm{NH}_3) + \frac{7}{2}C_P(\mathrm{O}_2)\right]dT$$

$$Q_2 = \int_{298}^{773}[2C_P(\mathrm{NO}_2) + 3C_P(\mathrm{H}_2\mathrm{O})]dT$$

図より $\Delta H^\ominus_{773} = \Delta H^\ominus_{298} + Q_2 - Q_1$ の関係があることがわかる．

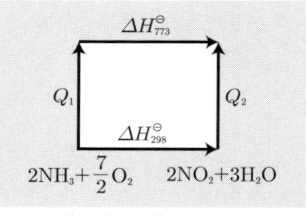

$\Delta^\ominus_{298}$ と $\Delta^\ominus_{773}$ の関係

$$Q_2 - Q_1 = \int_{298}^{773}\Bigg\{\left[2\times 42.93 + 3\times 30.5 - 2\times 29.7 - \frac{7}{2}\times 30.0\right]$$
$$+ \left[2\times 8.54 + 3\times 10.3 - 2\times 25.1 - \frac{7}{2}\times 4.18\right]\times 10^{-3}T$$
$$+ \left[2\times 6.74 + 2\times 1.55 + \frac{7}{2}\times 1.67\right]\times 10^5 T^{-2}\Bigg\}dT$$

$$= [12.9]_{298}^{773} + \frac{1}{2}[-16.85\times 10^{-3}T^2]_{298}^{773} - [22.49\times 10^5 T^{-1}]_{298}^{773} = 6.49\,\mathrm{kJ}$$

$$\Delta H^\ominus_{773} = -567.3 + 6.49 = -560.8\,\mathrm{kJ}$$

7.4 この場合，定圧反応で定圧反応熱は

$$\Delta H = -\frac{C_P \Delta T}{n_{\mathrm{H}_2\mathrm{O}}} = -\frac{1006.3 \times 0.1952}{3.500 \times 10^{-3}} = -5.612 \times 10^4\,\mathrm{J\,mol^{-1}}$$

よって，反応

$$\mathrm{HCl\,(aq)} + \mathrm{NaOH\,(aq)} = \mathrm{NaCl\,(aq)} + \mathrm{H}_2\mathrm{O}$$

のエンタルピー変化，すなわち HCl と NaOH の中和反応熱は

$$\Delta H = -56.12\,\mathrm{kJ}$$

$\mathrm{CH_3COOH\,(aq)} + \mathrm{NaOH\,(aq)}$ の場合も，同様の計算により

$$\Delta H = -\frac{1006.3 \times 0.1936}{3.500 \times 10^{-3}} = -5.566 \times 10^4 \,\text{J}$$

上の結果との差は次のように説明される．HCl と NaOH との反応は強酸–強アルカリの反応であるから，実際には次の反応が起こっている．

$$\text{H}^+ \,(\text{aq}) + \text{OH}^- \,(\text{aq}) \longrightarrow \text{H}_2\text{O}$$

一方，酢酸は弱酸であるから，次の反応が引き続いて起こることになる．

$$\text{CH}_3\text{COOH}\,(\text{aq}) \longrightarrow \text{CH}_3\text{COO}^- \,(\text{aq}) + \text{H}^+ \,(\text{aq})$$

$$\text{H}^+ \,(\text{aq}) + \text{OH}^- \,(\text{aq}) \longrightarrow \text{H}_2\text{O}$$

先の測定値はこの両反応の反応熱の和である．よって酢酸の解離反応熱 ΔH_{diss} は

$$\Delta H_{\text{diss}} = -5.566 \times 10^4 - (-5.612 \times 10^4) = 0.46 \times 10^3 \,\text{J} = 0.46\,\text{kJ}$$

となることから，上の結果を説明できる．

8.1 $H = U + PV$ より

$$\left(\frac{\partial H}{\partial P}\right)_T = \left(\frac{\partial U}{\partial P}\right)_T + P\left(\frac{\partial V}{\partial P}\right)_T + V \tag{a}$$

一方，$U \equiv U(P,\,V)$ として全微分をとり $dU = \left(\dfrac{\partial U}{\partial P}\right)_V dP + \left(\dfrac{\partial U}{\partial V}\right)_P dV$ より

$$\left(\frac{\partial U}{\partial P}\right)_T = \left(\frac{\partial U}{\partial P}\right)_V + \left(\frac{\partial U}{\partial V}\right)_P \left(\frac{\partial V}{\partial P}\right)_T, \quad \left(\frac{\partial U}{\partial V}\right)_T = \left(\frac{\partial U}{\partial P}\right)_V \left(\frac{\partial P}{\partial V}\right)_T + \left(\frac{\partial U}{\partial V}\right)_P \tag{b}$$

理想気体に対しては $\left(\dfrac{\partial U}{\partial V}\right)_T = 0$ であるから，(b) の第 2 式は

$$\left(\frac{\partial U}{\partial V}\right)_P = -\left(\frac{\partial U}{\partial P}\right)_V \left(\frac{\partial P}{\partial V}\right)_T$$

これを (b) の第 1 式に入れると，$\left(\dfrac{\partial P}{\partial V}\right)_T = 1\Big/\left(\dfrac{\partial V}{\partial P}\right)_T$ であるから，$\left(\dfrac{\partial U}{\partial P}\right)_T = 0$．また $PV = RT$ より $\left(\dfrac{\partial V}{\partial P}\right)_T = -\dfrac{RT}{P^2}$．これらを (a) 式に入れると

$$\left(\frac{\partial H}{\partial P}\right)_T = 0 \tag{c}$$

となる．$H \equiv H(T,\,P)$ の全微分 $dH = \left(\dfrac{\partial H}{\partial T}\right)_P dT + \left(\dfrac{\partial H}{\partial P}\right)_T dP$ において $dH = 0$ とおくと，ジュール・トムソン係数 $\mu = \left(\dfrac{\partial T}{\partial P}\right)_H$ は

$$\mu = \left(\frac{\partial T}{\partial P}\right)_H = -\left(\frac{\partial H}{\partial P}\right)_T \Big/ \left(\frac{\partial H}{\partial T}\right)_P = -\frac{1}{C_P}\left(\frac{\partial H}{\partial P}\right)_T = 0 \tag{d}$$

である.

8.2 H_2 および CO_2 についてそれぞれ $\mu = -0.030$ と $1.24\,\mathrm{K\,atm^{-1}}$ である. $10\,^\circ\mathrm{C}$ における C_P の値は

$$C_P(H_2) = 27.3 + 3.26 \times 10^{-3} \times 283 + 0.50 \times 10^5 \times (283)^{-2} = 28.8\,\mathrm{J\,K^{-1}\,mol^{-1}}$$

$$C_P(CO_2) = 44.2 + 8.79 \times 10^{-3} \times 283 - 8.62 \times 10^5 \times (283)^{-2} = 35.9\,\mathrm{J\,K^{-1}\,mol^{-1}}$$

である.ジュール・トムソン係数の定義 $\mu = -\dfrac{1}{C_P}\left(\dfrac{\partial H}{\partial P}\right)_T$ より $\Delta H = -\mu C_P \Delta P$ となるので

$$\Delta H(H_2) = 0.030 \times 28.8 \times (10-1) = 7.78\,\mathrm{J\,mol^{-1}}$$

$$\Delta H(CO_2) = -1.24 \times 35.9 \times (10-1) = -401\,\mathrm{J\,mol^{-1}}$$

となる.このことから,水素では等温圧縮によりエンタルピーが増大するが,二酸化炭素ではエンタルピーが減少することがわかる.これは,等温圧縮により水素では主として分子間の斥力的な作用(排除体積効果)が働くのに対して,二酸化炭素では主として分子間の引力の作用が働くためである.

8.3 V を T, P の関数として微分をとると

$$dV = \left(\frac{\partial V}{\partial T}\right)_P dT + \left(\frac{\partial V}{\partial P}\right)_T dP \tag{a}$$

となる.他方,T を P, V の関数として微分をとると

$$dT = \left(\frac{\partial T}{\partial P}\right)_V dP + \left(\frac{\partial T}{\partial V}\right)_P dV \tag{b}$$

となる.これを (a) 式の dT に入れて整理すると

$$dV = \left(\frac{\partial V}{\partial T}\right)_P \left[\left(\frac{\partial T}{\partial P}\right)_V dP + \left(\frac{\partial T}{\partial V}\right)_P dV\right] + \left(\frac{\partial V}{\partial P}\right)_T dP$$

$$\left[1 - \left(\frac{\partial V}{\partial T}\right)_P \left(\frac{\partial T}{\partial V}\right)_P\right] dV = \left[\left(\frac{\partial V}{\partial T}\right)_P \left(\frac{\partial T}{\partial P}\right)_V + \left(\frac{\partial V}{\partial P}\right)_T\right] dP \tag{c}$$

となる.V と P は独立に変えることができるから,(c) 式で dV と dP は独立な数である.そこで,$dP \neq 0, dV = 0$ とすると次のようになる.

$$\left(\frac{\partial V}{\partial T}\right)_P \left(\frac{\partial T}{\partial P}\right)_V + \left(\frac{\partial V}{\partial P}\right)_T = 0$$

$$\left(\frac{\partial T}{\partial P}\right)_V = -\left(\frac{\partial V}{\partial P}\right)_T \bigg/ \left(\frac{\partial V}{\partial T}\right)_P = -\frac{1}{V}\left(\frac{\partial V}{\partial P}\right)_T \bigg/ \frac{1}{V}\left(\frac{\partial V}{\partial T}\right)_P = \frac{\kappa}{\alpha} \tag{d}$$

一方,U を T と V の関数として微分すると

$$dU = \left(\frac{\partial U}{\partial T}\right)_V dT + \left(\frac{\partial U}{\partial V}\right)_T dV \tag{e}$$

である.これに (b) 式を代入して整理すると

$$dU = \left(\frac{\partial U}{\partial T}\right)_V \left(\frac{\partial T}{\partial P}\right)_V dP + \left[\left(\frac{\partial U}{\partial T}\right)_V \left(\frac{\partial T}{\partial V}\right)_P + \left(\frac{\partial U}{\partial V}\right)_T\right] dV \tag{f}$$

となる. また, U を P, V の関数として微分すると

$$dU = \left(\frac{\partial U}{\partial P}\right)_V dP + \left(\frac{\partial U}{\partial V}\right)_P dV \tag{g}$$

とである. (f) 式と (g) 式より

$$\left[\left(\frac{\partial U}{\partial T}\right)_V \left(\frac{\partial T}{\partial P}\right)_V - \left(\frac{\partial U}{\partial P}\right)_V\right] dP = \left[\left(\frac{\partial U}{\partial V}\right)_P - \left(\frac{\partial U}{\partial V}\right)_T - \left(\frac{\partial U}{\partial T}\right)_V \left(\frac{\partial T}{\partial V}\right)_P\right] dV$$

$dV = 0$ とおくと

$$\left(\frac{\partial U}{\partial P}\right)_V = \left(\frac{\partial U}{\partial T}\right)_V \left(\frac{\partial T}{\partial P}\right)_V \tag{h}$$

となる. $C_V = (\partial U/\partial T)_V$ であるから, (d) 式より

$$\left(\frac{\partial U}{\partial P}\right)_V = C_V \frac{\kappa}{\alpha} \tag{i}$$

を得る.

演習問題

1 定圧下での変化で吸収する熱量がエンタルピー変化 ΔH であるから, ΔH は蒸発熱は $28.85\,\text{kJ}\,\text{mol}^{-1}$ である. 一方, 内部エネルギー変化は $\Delta U = \Delta H - P\Delta V$ (P = 一定) となるから $\Delta U = 28.85 \times 10^3 - 2.84 \times 10^3 = 26.01\,\text{kJ}\,\text{mol}^{-1}$

2 水素は 2 原子分子であるから $C_P = \frac{7}{2}R$. $0\,°\text{C} \to 50\,°\text{C}$ の加熱では $Q_1 = \frac{7}{2}R \times \Delta T = \frac{7}{2}R \times 50 = 1.455 \times 10^3\,\text{J}$. 定圧変化であるからエンタルピー変化である. このとき外界に対してする仕事は $W = -P\Delta V = -1 \times (323/273 - 1) \times 22.4 = 4.10\,\text{dm}^3\,\text{atm} = 416\,\text{J}$. ゆえに, 内部エネルギー変化は $\Delta U = 1.455 \times 10^3 - 416 = 1.039 \times 10^3\,\text{J}$ (定温膨張では $\Delta U = \int_{T_1}^{T_2} C_V dT$, $\Delta H = \int_{T_1}^{T_2} C_P dT$ で $T_2 = T_1$ あるからいずれも 0).

3 外界に対してする仕事は例題 5(e) 式により計算する. $W = C_V(T_2 - T1) = -\frac{5}{2}R \times 30 = -624\,\text{J}$. 内部エネルギー, エンタルピーは状態量であるから, ΔU, ΔH は変化のプロセスによらず, $\Delta U = \int C_V dT$, $\Delta H = \int C_P dT$ で計算される. 理想気体では U も H も温度のみの関数で体積 (圧力) によらないから (問題 3.2 および 8.1 参照), C_V も C_P も一定である. したがって

$$\Delta U = \int C_P dT = \frac{5}{2}R \times (-30) = -624\,\text{J}, \quad \Delta H = \frac{7}{2}R \times (-30) = -873\,\text{J}$$

4 平均の熱容量は $\overline{C}_P = \int_{T_1}^{T_2} C_P dT/(T_2 - T_1) = \int_{T_1}^{T_2} (a + bT)dT/(T_2 - T_1) =$

$a + \dfrac{b}{2}(T_2+T_1) = 0.4556$ である．また，373 K における C_P の値から，$C_P = a+373b = 0.4703$. 両式より，$a = 0.3606$, $b = 2.94 \times 10^{-4}$.

5 $Q = \displaystyle\int_{T_1}^{T_2} C_P dT = \int_{293}^{1273}(16.9 + 4.77 \times 10^{-3}T - 8.54 \times 10^5 T^{-2})dT = 16.9(1273-293) + \dfrac{1}{2}\times 4.77 \times 10^{-3}(1273^2 - 293^2) + 8.54 \times 10^5 (1273^{-1} - 293^{-1}) = 1.798 \times 10^4$ J mol^{-1}. 1000 kg の黒鉛は炭素 83.33×10^3 mol に相当するから要する熱量は 1.50×10^9 J.

6 水素：$Q = \displaystyle\int_{273}^{573} C_P dT = 27.3(573-273) + 3.26 \times 10^{-3}(573^2 - 273^2)/2 - 0.5 \times 10^5 \times (573^{-1} - 273^{-1}) = 8.70 \times 10^3$ J．一方 $C_P = \dfrac{7}{2}R$ とすると $Q = \dfrac{7}{2} \times 8.314 \times 300 = 8.73 \times 10^3$ J. 誤差は $(8.73-8.70)\times 100/8.70 = 3.4 \times 10^{-3}\,(0.34\,\%)$
塩素：$Q = 37.0(573-273) + 0.67 \times 10^{-3}(573^2 - 273^2)/2 + 2.85 \times 10^5(573^{-1} - 273^{-1}) = 1.064 \times 10^4$ J．誤差は $(10.64-8.73)\times 100/10.64 = 0.18\,(18\,\%)$
一酸化炭素：$Q = 28.4(573-273) + 4.10 \times 10^{-3}(573^2-273^2) - 0.46 \times 10^5(573^{-1} - 273^{-1}) = 8.95 \times 10^3$ J．誤差は $(8.95-8.73)\times 100/8.95 = 0.025\,(2.5\,\%)$

7 ポアッソンの式 $P_1 V_1^\gamma = P_2 V_2^\gamma$，および $P_1^{1-\gamma} T_1^\gamma = P_2^{1-\gamma} T_2^\gamma$ によって計算する．$\gamma = 5/3$ であるから $T_2 = (P_1/P_2)^{(1-\gamma)/\gamma} T_1 = (1/5)^{-2/5} \times 298 = 567$ K.

$\Delta U = C_V (567-298) = 3.35 \times 10^3$ J, $\Delta H = C_P (567-298) = 5.59 \times 10^3$ J.

体積は $(1/5) \times (567/298) = 0.38$ 倍．

8 $\gamma = \dfrac{7}{2}R \Big/ \dfrac{5}{2}R = \dfrac{7}{5}$ であるから $T_2 = (1/5)^{-2/7} T_1 = 472$ K．$\Delta U = \dfrac{5}{2}R(472-298) = 2.89 \times 10^3$ J．$\Delta H = 5.06 \times 10^3$ J．$V_2 = (1/5)\times(472/298) = 0.317$ 倍．
最終温度が低いのは，運動の自由度が大きいために同じ仕事量に対して温度上昇が少ないため（熱容量が大きいため）．そのために最終体積も小さくなる．

9 外圧 1 atm に抗して膨張する．$Q = 0$ であるから $\Delta U = W$ である．最終温度を T_2 K とすると，気体 1 mol 当り $\Delta U = W = C_V(T_2 - 298)$ で T_2 がきまる．一方，$-W = P_2(V_2 - V_1) = -P_2(RT_2/P_2 - RT_1/P_1) = -R(T_2 - 298/10)$．これら 2 式の W を等しいとおいて，$\dfrac{5}{2}R(T_2 - 298) = -R(T_2 - 29.8)$. $T_2 = 221$ K．$\Delta U = \dfrac{5}{2}R(221-298) = -1.60\times 10^3$ J．$\Delta H = \dfrac{7}{2}R(221-298) = 2.24 \times 10^3$ J．

10 $n\text{-}C_4H_{10}$; $\Delta H^\ominus_{298} = -4 \times 74.85 - (-124.34) = -175.06$（発熱）
$iso\text{-}C_4H_{10}$; $\Delta H^\ominus_{298} = -4 \times 74.85 - (-131.17) = -168.23$（発熱）

11 尿素の燃焼反応の反応式は，$(NH_2)_2 CO + \dfrac{3}{2}O_2 = 2H_2O + CO_2 + N_2$ である．生成する H_2O が液体としたときの標準反応熱は，$2 \times \Delta H^\ominus_f(H_2O(\ell)) + \Delta H^\ominus_f(CO_2) - \Delta H^\ominus_f((NH_2)_2 CO) = -634.7$ kJ mol^{-1} である．これより $\Delta H^\ominus_f((NH_2)_2 CO) = -330.5$ kJ mol^{-1}

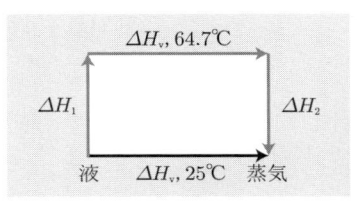

第 2 章の問題解答

12 右図のサイクルで考えると $\Delta H_{v,25°C} = \Delta H_1 + \Delta H_{v,64.7°C} + \Delta H_2$ である．
$$-\Delta H_1 = 2.49 \times (64.7 - 25.0) = 98.85$$
$$\Delta H_2 = 0.76 \times (64.7 - 25.0) = 30.17$$
$\Delta H_{v,25°C} = -98.85 - 1.100 \times 10^3 + 30.17 = -1.169 \times 10^3 \, \text{kJ g}^{-1}$．1 mol 当りでは $CH_4O = 32$ であるから 37.40 kJ mol^{-1}

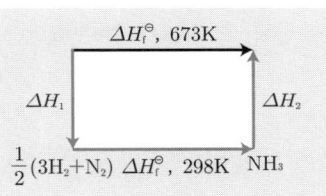

13 右図のサイクルで考える．
$\Delta H^{\ominus}_{f,673\,K} = \Delta H_1 + \Delta H^{\ominus}_{298} + \Delta H_2$
$$= \int_{673}^{298} \left[\frac{3}{2}(27.3 + 3.26 \times 10^{-3}T + 0.50 \times 10^5 T^{-2}) \right.$$
$$\left. + \frac{1}{2}(28.6 + 3.76 \times 10^{-3}T - 0.50 \times 10^5 T^{-2})\right] dT$$
$$- 45.90 \times 10^3 + \int_{298}^{673} (29.7 + 25.1 \times 10^{-3}T - 1.55 \times 10^5 T^{-2}) dT$$
$= -2.204 \times 10^4 - 4.590 \times 10^4 + 1.542 \times 10^4 = -52.52 \,\text{kJ mol}^{-1}$

14 表 2.3 からは $\Delta H^{\ominus}$ が計算される．すなわち
$$\Delta H^{\ominus} = \Delta H^{\ominus}_f(C_6H_6) - 3\Delta H^{\ominus}_f(C_2H_2) = 82.927 - 3 \times 226.75 = -597.3 \,\text{kJ}$$

反応により 3 mol のアセチレン（気体）から 1 mol のベンゼン（液体）に変わる．気体に対して液状ベンゼンの体積は無視できるので，このときの体積変化は $\Delta V = 3 \times 22.4 \times (298/273) = 73.35 \,\text{dm}^3$．このとき系が外界（大気）からなされる仕事は，$P = 1 \,\text{atm}$ だから

$$W = -P\Delta V = 1 \times (-73.35) \,\text{dm}^3 \,\text{atm} = 7.43 \,\text{kJ}$$

したがって
$$\Delta U^{\ominus} = \Delta H^{\ominus} - P\Delta V = -597.3 + 7.43 = 589.9 \,\text{kJ}$$

ΔH には体積変化のエネルギーも含まれている．結合エネルギーは原子間の結合のみに関係しているので，体積変化の寄与を除いて考えなければならない．したがって，この場合は ΔU を用いる．

15 問題の反応に対する熱化学方程式を次のように書くことができる．
$$HCl(g) = H(g) + Cl(g) - 431.0 \,\text{kJ}$$
$$H(g) = H^+(g) + e^- - 1313.8 \,\text{kJ}$$
$$Cl(g) + e^- = Cl^-(g) + 347.3 \,\text{kJ}$$

よって
$$HCl(g) = H^+(g) + Cl^-(g) - 1397.5 \,\text{kJ} \tag{a}$$

また

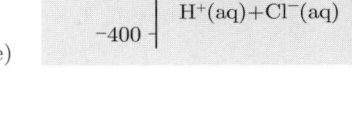

$$\text{HCl(g)} + n\,\text{H}_2\text{O} = \text{H}^+\text{(aq)} + \text{Cl}^-\text{(aq)} + 72.8\,\text{kJ} \tag{b}$$

よって，(b) − (a)
$$\text{H}^+\text{(g)} + \text{Cl}^-\text{(g)} + n\,\text{H}_2\text{O} = \text{H}^+\text{(aq)} + \text{Cl}^-\text{(aq)} + 1469\,\text{kJ} \tag{c}$$

同様にして
$$\text{NaCl(s)} = \text{Na(g)} + \text{Cl(g)} - 623.4\,\text{kJ}$$
$$\text{Na(g)} = \text{Na}^+\text{(g)} + \text{e}^- - 493.7\,\text{kJ}$$
$$\text{Cl(g)} + \text{e}^- = \text{Cl}^-\text{(g)} + 347.3\,\text{kJ}$$

よって
$$\text{NaCl(s)} = \text{Na}^+\text{(g)} + \text{Cl}^-\text{(g)} - 769.9\,\text{kJ} \tag{d}$$

また
$$\text{NaCl(s)} + n\,\text{H}_2\text{O} = \text{Na}^+\text{(aq)} + \text{Cl}^-\text{(aq)} - 5.4\,\text{kJ} \tag{e}$$

よって，(e) − (d)
$$\text{Na}^+\text{(g)} + \text{Cl}^-\text{(g)} + n\,\text{H}_2\text{O} = \text{Na}^+\text{(aq)} + \text{Cl}^-\text{(aq)} + 776\,\text{kJ} \tag{f}$$

$$\text{Na}^+\text{(aq)} - \text{Na}^+\text{(g)} = \text{H}^+\text{(aq)} - \text{H}^+\text{(g)} + 703\,\text{kJ} \tag{g}$$

水和熱（エンタルピー変化）は
$$\Delta H_{\text{hyd}}(\text{Na}^+) = H(\text{Na}^+,\text{aq}) - H(\text{Na}^+,\text{g})$$

で定義されるので，(g) 式は
$$\Delta H_{\text{hyd}}(\text{H}^+) - \Delta H_{\text{hyd}}(\text{Na}^+) = -703\,\text{kJ}$$

すなわち，H^+ の水和熱は Na^+ の水和熱より絶対値で $703\,\text{kJ}\,\text{mol}^{-1}$ 大きい．

次に
$$\text{H}_2\text{O(g)} = \text{H}_2\text{O}(\ell) + 37.7\,\text{kJ}$$

を用いて，(c) 式は
$$\text{H}^+\text{(g)} + \text{Cl}^-\text{(g)} + (n-1)\text{H}_2\text{O}(\ell) + \text{H}_2\text{O(g)} = \text{H}^+\text{(aq)} + \text{Cl}^-\text{(aq)} + 1506.2\,\text{kJ}$$

ここで
$$\text{H}^+\text{(g)} + \text{H}_2\text{O(g)} = \text{H}_3\text{O}^+\text{(g)} + 761.5\,\text{kJ}$$

を用いると
$$\text{H}_3\text{O}^+\text{(g)} + \text{Cl}^-\text{(g)} + n\,\text{H}_2\text{O} = \text{H}_3\text{O}^+\text{(aq)} + \text{Cl}^-\text{(aq)} + 744.8\,\text{kJ} \tag{h}$$

よって，(h) − (f) をとることによって
$$\text{Na}^+\text{(aq)} - \text{Na}^+\text{(g)} = \text{H}_3\text{O}^+\text{(aq)} - \text{H}_3\text{O}^+\text{(g)} - 21.2\,\text{kJ} \tag{i}$$

あるいは
$$\Delta H_{\text{hyd}}(\text{H}_3\text{O}^+) - \Delta H_{\text{hyd}}(\text{Na}^+) = 21.2\,\text{kJ\,mol}^{-1}$$
すなわち，オキソニウムイオン H_3O^+ の水和は Na^+ の水和とほぼ同じ程度（やや弱い）となる．よって，H^+ の水和が非常に強いのは，1 分子の H_2O をとって H_3O^+ になる性質が強いためであると考えられる．

16 (1) $\Delta H(m=2.0) = 7.67\times 10^3 \times 2.0 + 3.96\times 10^3 \times 2.0^{3/2} - 6.04\times 10^3 \times 2.0^2$
$\qquad\qquad\qquad + 2.02\times 10^3 \times 2.0^{5/2} = 1.38\times 10^4\,\text{J}$
NaCl 1 mol 当りでは $6.90\times 10^3\,\text{J\,mol}^{-1}$
(2) $(\Delta H/m)_{m\to 0} = 7.67\times 10^3\,\text{J\,mol}^{-1}$
(3) $(\partial \Delta H/\partial m)_{m=1.0} = 7.67\times 10^3 + \dfrac{3}{2}\times 3.96\times 10^3 m^{1/2} - 2\times 6.04\times 10^3 m$
$\qquad\qquad\qquad + \dfrac{5}{2}\times 2.02\times 10^3\, m^{3/2} = 6.58\times 10^3\,\text{J\,mol}^{-1}$

17 ジュール・トムソンの実験は定エンタルピー変化における温度変化である．そこで $H \equiv H(T,P)$ として微分すると，$dH = \left(\dfrac{\partial H}{\partial T}\right)_P dT + \left(\dfrac{\partial H}{\partial P}\right)_T dP$．$dH = 0$ とおくと，$C_P = (\partial H/\partial T)_P$ であるから

$$\left(\frac{\partial T}{\partial P}\right)_H = \mu = -\left(\frac{\partial H}{\partial P}\right)_T \bigg/ \left(\frac{\partial H}{\partial T}\right)_P = -\frac{1}{C_P}\left(\frac{\partial H}{\partial P}\right)_T$$

となる．これより

$$\left(\frac{\partial H}{\partial P}\right)_T = -\mu C_P, \quad (\Delta H)_T = -\mu C_P \Delta P = -1.12\times 72.7\times 9 = -773\,\text{J\,mol}^{-1}$$

理想気体の定温変化では $(\Delta H)_T = 0$ であるので，理想気体近似の誤差は $773\,\text{J\,mol}^{-1}$ である．

18 理想気体では $\left(\dfrac{\partial H}{\partial P}\right)_T = 0$ である（問題 8.1 参照）．したがって，圧力を変えても反応物質も生成物質もエンタルピーは変化しない．したがって反応のエンタルピー変化 ΔH も圧力に依存しない．

第 3 章

1.1 (1) 水が落下すると位置エネルギーが運動エネルギーに変わる．このような力学的エネルギーの相互変換は可逆的である．たとえば振子は位置エネルギーと運動エネルギーを内部で相互に変換している系である．滝つぼにおいては，運動エネルギーが熱エネルギーに変わる．これは不可逆変化である．その理由は，熱エネルギーをすべて運動エネルギーに変えることはできないからである．

(2) H_2 と O_2 との反応により H_2O を生じると同時に多量の熱を発生する．断熱の状態で反応を行えば高温の H_2O を生じる．逆反応を行うためには，H_2O の電気分解を行う必要がある．そのためには，生成した高温の H_2O を熱源として発電機を動かし，熱エネルギーを電気エネルギーに変換しなければならない．しかし，発電機によって熱エネルギーを 100 % 電気エネルギーに変えることはできない．したがって，H_2 と O_2 との反応は不可逆変化である．

(3) 電流は電子の運動である．電子の運動は電場による電位差が原因となってひき起こされる．これは，重力場の下で高度差によって物体の落下運動がひき起こされるのと同じである．いいかえると，電流は電子の位置エネルギーが運動エネルギーに変換されたものである．伝導体に抵抗があると，電子の運動エネルギーの一部が原子や分子の運動エネルギーに変わる．これが，電気抵抗による発熱である．したがって，電熱器におけるジュール熱の発生は，滝つぼにおける水の運動エネルギーの熱への変換と同じ現象であり，(1) と同じ理由によって不可逆である．

(4) 物質の拡散は不可逆変化である．典型的な拡張は，気体の真空中への仕事をしない拡散であるが，これが不可逆であることは例題に示したとおりである．水中へのインクの拡散も本質的にはこれと同じ現象で，拡散したインクを元の状態に戻すためには，外界で色々な不可逆の操作が必要である．たとえば，インクが拡散した水を蒸留してインクを濃縮するなどの操作が必要である．最も直接的な操作は水だけを通す半透膜による分離・濃縮であるが，この場合にもインク溶液 ⟵⟶ 水間の浸透圧に対抗して水を押し出すための仕事を必要とする．

1.2 5 mol, 2 atm の気体を 10 atm まで準静的に圧縮する際において外界から気体になされる仕事は

$$W_r = -5R \times 300 \times \ln \frac{2}{10} = 20.1\,\text{kJ}$$

その際気体は 20.1 kJ の熱を外界に放出する．

(1) 自由膨張においては気体は外界に仕事をしないので，1 サイクルにおいて外界は 20.1 kJ の仕事を熱に変える．

(2) 27 °C, 10 atm で 5 mol の気体が占める体積は $V_1 = 12.3\,\text{dm}^3$．2 atm では $V_2 = 61.5\,\text{dm}^3$ になる．したがって，2 atm 下で V_1 から V_2 まで膨張する際に気体が外界に対してする仕事は

$$W = -P\Delta V = -2 \times (61.5 - 12.3) = -98.4\,\text{dm}^3\,\text{atm} = -9.97\,\text{kJ}$$

したがって，1 サイクルで外界は $20.1 - 10.0 = 10.1\,\text{kJ}$ の仕事を熱に変える．

(3) 27 °C, 5 atm では気体の体積は $2V_1 = 24.6\,\text{dm}^3$ になる．その際に気体が外界に対してする仕事は

$$W = -P\Delta V = -5 \times (24.6 - 12.3) = -61.5\,\text{dm}^3\,\text{atm} = -6.23\,\text{kJ}$$

1 サイクルで外界が熱に変える仕事量は $20.1 - 6.2 = 13.9\,\text{kJ}$.

(4) 準静的変化であるから膨張の際に外界は 20.1 kJ の仕事をもらう．したがって 1 サイクルで外界が失う仕事量はゼロ．

1.3 錘りを急に 2 atm 相当にすると，気体は急速に膨張するので，断熱膨張となる．したがって，$P_1 \to P_2$ の変化による体積変化は

$$P_1 V_1^\gamma = P_2 V_2^\gamma$$

で与えられる．気体を単原子分子とすると，$\gamma = \dfrac{5}{3}$ であるから $V_2 = \left(\dfrac{P_1}{P_2}\right)^{\frac{1}{\gamma}} V_1 = \left(\dfrac{10}{2}\right)^{\frac{3}{5}} V_1 = 2.63 V_1$．そのときの温度 T_2 は

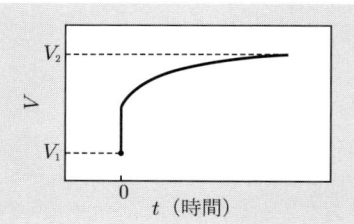

$$\left(\frac{T_2}{T_1}\right) = \left(\frac{V_1}{V_2}\right)^{\gamma-1} = \left(\frac{P_2}{P_1}\right)^{\frac{\gamma-1}{\gamma}} = \left(\frac{2}{10}\right)^{\frac{2}{5}} = 0.525, \quad T_2 = 300 \times 0.525 = 157.5\,\text{K}$$

結局 $t = 0$ において $(10\,\text{atm}, 300\,\text{K}, 12.3\,\text{dm}^3) \to (2\,\text{atm}, 157.5\,\text{K}, 32.3\,\text{dm}^3)$ と変わり，その後徐々に熱を吸収して $300\,\text{K}$ まで温度が上昇し，体積は $61.5\,\text{dm}^3$ になる．

2.1 仕事効率の異なる2つの可逆熱機関を例題の場合と同じように連結すると，図のようになる．仮に機関Iの効率の方がよいとすると，これを順運転させ，その仕事の一部をとって機関IIを逆運転することができる．その結果，熱量は変わらないのに無限に仕事を創り出せる機関ができることになる．これは第1種永久機関に相当している．

3.1 2つのカルノーサイクルを C_1, C_2 とし，その仕事効率を e_1, e_2 とする．いまかりに $e_1 > e_2$ とすると，T_h からそれぞれ Q の熱を流したとき

$$C_1 : W_1 = e_1 Q \qquad C_2 : W_2 = e_2 Q$$

の仕事をする．仮定により $W_1 > W_2$ である．したがって C_1 より Q_1 の熱を流し W_2 だけの仕事を C_2 にまわして C_2 を逆に働かせ Q_1 の熱を T_l から T_h へ汲み上げることができる．同時に残りの仕事 $\Delta W = W_1 - W_2$ を外界に対してすることができる．これは全体としてみると T_l の熱源から ΔW に相当する熱 $(Q_2' - Q_2)$ をとり出して外界に対して仕事をしたことになり，熱力学第2法則（トムソンの原理）に矛盾する．同時にして，$e_1 < e_2$ でないことを証明できる．よって $e_1 = e_2$ である．

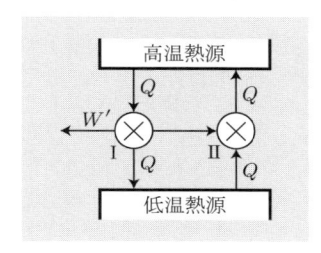

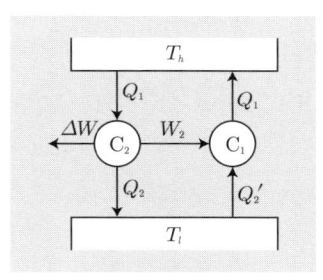

仕事効率が異なる2つのカルノーサイクルの連結

3.2 (1) $e_{\max} = \dfrac{800 - 400}{800} = 0.5$

(2) $e_{\max} = \dfrac{600 - 300}{600} = 0.5$ (3) $e_{\max} = \dfrac{800 - 300}{800} = 0.625$

一般に $e_{\max} = 1 - T_2/T_1$ となるので，最大仕事効率は比 T_2/T_1 だけできまる．したがって (1) と (2) の $e_{\max}$ は等しい．しかし，(1) と (2) とを比較すると，高温熱源の温度は (1) の方が高いので，(3) のように，(2) と同じ低温熱源を用いれば効率を高めることができる．

3.3 $e = 0.7 e_{\max} = 0.7 \times \dfrac{673 - 323}{673} = 0.7(1 - 0.480) = 0.364$

$$e = \frac{-W}{Q} \quad \text{より} \quad Q = \frac{10^3}{0.364} = 2.75\,\text{kJ}$$

3.4 (d) 式より可逆熱機関の仕事効率 e は

$$e \equiv \frac{Q_1}{Q_2} = \frac{T_2 - T_1}{T_2}$$

で与えられる．ここで Q_2 は高温熱源から流出する熱量，Q_1 は仕事に変えられる熱量を表わし，T_2 は高温熱源の温度，T_1 は低温熱源の温度である．この場合 $T_1 = 20\,°\mathrm{C} = 293\,\mathrm{K}$ で一定である．仕事に変わる熱は，金属の温度を T として

$$W = \int_{T_2}^{T_1} \delta Q_1 = \int_{T_2}^{T_1} \frac{T - T_1}{T} \delta Q_2$$

で与えられる．金属の熱容量を C_P，質量を m とすると，$\delta Q_2 = mC_P dT$ の関係があるので

$$W = mC_P \int_{T_2}^{T_1} \frac{T - T_1}{T} dT = mC_P \left[(T_1 - T_2) - T_1 \ln \frac{T_1}{T_2} \right]$$

一方，金属から流出する熱量の総和は

$$Q = mC_P \int_{T_2}^{T_1} dT = mC_P (T_1 - T_2)$$

ゆえに

$$\frac{W}{Q} = 1 - \frac{T_1}{T_1 - T_2} \ln \frac{T_1}{T_2} = 1 - \frac{T_1}{T_2 - T_1} \ln \frac{T_2}{T_1} = 1 - \frac{293}{480} \ln \frac{773}{293} = 1 - 0.592 = 0.408$$

4.1 $5\,\mathrm{atm}$ で $25\,\mathrm{dm}^3$ の体積を占める $3\,\mathrm{mol}$ の窒素の温度 T_1 は

$$3 \times 22.4 \times \frac{T_1}{273} \times \frac{1}{5} = 25 \quad \text{より} \quad T_1 = 507.8\,\mathrm{K}$$

$100\,\mathrm{dm}^3$ まで断熱膨張したときの温度を T_2 とすると，$T_1 V_1^{\gamma - 1} = T_2 V_2^{\gamma - 1}$ の関係より，$\gamma = \dfrac{7}{5}$ として

$$507.8 \times 25^{2/5} = T_2 \times 100^{2/5}, \quad T_2 = 507.8 \times \left(\frac{25}{100} \right)^{2/5} = 507.8 \times 0.574 = 291.7\,\mathrm{K}$$

$\Delta U = W$ で $\Delta U = \dfrac{5}{2} nR(T_2 - T_1)$ であるから

$$W = 3 \times \frac{5}{2} R \times (291.7 - 507.8) = -13.47\,\mathrm{kJ}$$

4.2 気体の温度は前問の結果により $507.8\,\mathrm{K}$ である．したがって，気体が外界に対してする仕事は

$$W = -3RT \ln \frac{V_2}{V_1} = -3RT \ln 4 = -17.55\,\mathrm{kJ}$$

等温膨張の方が断熱膨張の場合よりも外界に対して気体がなす仕事が大きい．その理由は，P-V 曲線において等温線の方が断熱線よりも上にあり（同じ V ならば P が大きく），P-V 曲線の下の面積が大きくなるからである．

4.3 第1法則より $Q_1 + Q_2 + W = 0$ であるから

$$e_c = \frac{Q_2}{W} = -\frac{Q_2}{Q_1 + Q_2} \tag{a}$$

一方，理想熱機関について

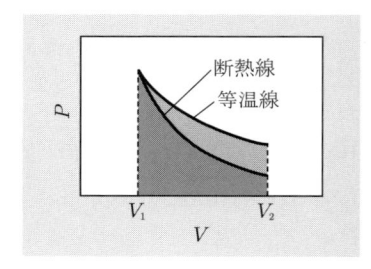

$$e_{\max} = \frac{-W}{Q_1} = \frac{Q_1+Q_2}{Q_1} = \frac{T_1-T_2}{T_1} \quad \text{より} \quad \frac{T_1}{Q_1}+\frac{T_2}{Q_2}=0$$

であるから，$Q_2 = -\frac{T_2}{T_1}Q_1$ とおいて

$$e_c = \frac{T_2}{T_1-T_2} \tag{b}$$

4.4 夏期には 25°C の室内から 35°C の室外に熱を汲み出すヒートポンプとして作動し，冬期には 0°C から 20°C に熱を汲み上げるヒートポンプとして作動している．Q_2 の熱を汲み上げるのに要する仕事 W は前問の (a) 式と (b) 式より

$$W = \frac{Q_2}{e_c} = \frac{Q_2(T_1-T_2)}{T_2}$$

である．夏の仕事 W_a と冬の仕事 W_b は，それぞれ

$$W_a = \frac{Q_2 \times 10}{298}, \quad W_b = \frac{Q_2 \times 20}{273}$$

で両者の比は $\dfrac{W_b}{W_a} = 2 \times \dfrac{298}{273}$ となる．なお，冬期にヒートポンプで汲み上げるだけの熱をジュール熱として発生させた場合に要する仕事は $W_b' = Q_2$ であるから

$$\frac{W_b}{W_b'} = \frac{20}{273}$$

となり，ヒートポンプとした方が電力消費はいちじるしく小さいことがわかる（本書では，コンプレッサーは室外にあり，コンプレッサーを作動させるのに要する仕事から発生する熱はすべて室外に放出されるとして計算した）．

4.5 可逆カルノーサイクルにおいて熱機関がする仕事は，高温熱源から取り込まれる熱量 Q_1 と，高温熱源と低温熱源の温度 T_1 および T_2 とできまる．すなわち

$$e_{\max} = \frac{-W}{Q_1} = \frac{T_1-T_2}{T_1}, \quad -W = \frac{Q_1(T_1-T_2)}{T_1}$$

等温可逆膨張で 1 mol の水蒸気が吸収する熱量は

$$Q_1 = R \times 800 \times \ln 2 = 4.61\,\text{kJ}$$

断熱膨張により，気体の温度は T_2 まで低下すると，$\gamma = \dfrac{4}{3}$ であるから

$$\frac{T_2}{800} = \left(\frac{1}{5}\right)^{\frac{1}{3}}, \quad T_2 = 800 \times 0.585 = 468\,\text{K}$$

したがって $-W = 4.61 \times \dfrac{800-468}{800} = 1.91\,\text{kJ}$

4.6 ヘリウムでは $C_V = \dfrac{3}{2}R,\ \gamma = \dfrac{5}{3}$ であるから

$$T_2 = 800 \times \left(\frac{1}{5}\right)^{\frac{2}{3}} = 800 \times 0.342 = 274\,\text{K}$$

したがって

$$-W = 4.61 \times \frac{800-274}{800} = 3.03\,\text{kJ}$$

効率の比は

$$\frac{800-274}{800-468} = 1.58$$

となる．このことから，気体熱機関では，熱容量の小さい気体を作業物質として用いた方が効率がよいことがわかる．

5.1 仕事効率 e は定義により

$$e = \frac{\text{なされた仕事}}{\text{吸収された熱}}$$

によって計算される．また，第1法則より

$$\text{なされた仕事} = \text{吸収された熱} - \text{放出された熱} = \sum Q_i$$

の関係がある．したがって，図 4.7 中の $1 \to 2, 2 \to 3, 3 \to 4, 4 \to 1$ の 4 つの過程を準静的に行った際の熱の出入りを計算すればよい．これらは

$$Q_{1\to 2} = nRT_1 \ln \frac{V_2}{V_1}, \quad Q_{2\to 3} = nC_V(T_2 - T_1)$$

$$Q_{3\to 4} = nRT_2 \ln \frac{V_1}{V_2}, \quad Q_{4\to 1} = nC_V(T_1 - T_2)$$

となる．これらのうちで，$Q_{1\to 2}$ と $Q_{4\to 1}$ は正，$Q_{2\to 3}$ と $Q_{3\to 4}$ は負である．$Q_{2\to 3} = -Q_{4\to 1}$ なので $\sum Q_i = nR(T_1 - T_2)\ln(V_2/V_1)$ となり，吸収された熱は $Q_{1\to 2} + Q_{4\to 1} = nRT_1 \ln(V_2/V_1) + nC_V(T_1 - T_2)$ である．したがって，結局は

$$e = \frac{R(T_1 - T_2)\ln(V_2/V_1)}{RT_1 \ln(V_2/V_1) + C_V(T_1 - T_2)}$$

となる．

5.2 (1) 等温変化では $\Delta T = 0$ より $\Delta U = 0$．$\Delta S = R\ln(V_2/V_1)$
断熱変化では $Q = 0$ より $\Delta S = 0$．$\Delta U = C_V(T_2 - T_1)$

より図 (1) となる．

(2) 等温変化では $\Delta T = 0$ であるが $\Delta V \neq 0$, $\Delta P \neq 0$．
断熱変化では $P^{1-\gamma}T^\gamma = $ 一定．

より図 (2) となる（断熱変化では圧縮に伴い温度も上昇する）．

(3) 等温変化では $(\partial H/\partial V)_T = 0$ の関係があるので（第 2 章問題 3.2 参照）$\Delta H = 0$．
断熱変化では $dH = C_P dT$ の関係があるので（(2.7) 式参照）$\Delta H = C_P \Delta T$

より図 (3) となる．

第 3 章の問題解答

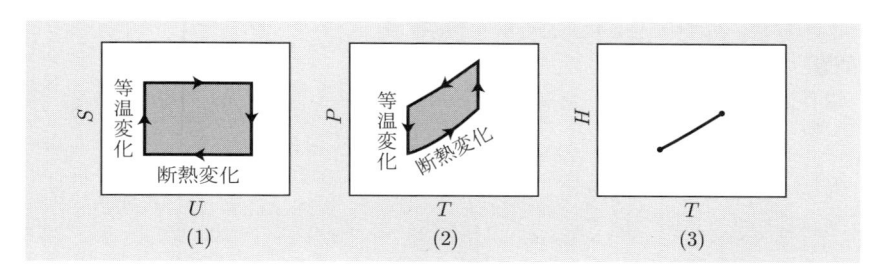

5.3 いま 2 つの可逆断熱線 AD と BC が交叉するとし, 図のように 2 つの等温線 AB と CD を含んだサイクルを考える. このサイクル A → B → C → D を順にたどると

(1) AB：等温膨張（T_1 とする）で Q_1 の熱をもらうとすると, $\Delta S_1 = Q_1/T_1 > 0$.
(2) BC：断熱膨張で $Q = 0$ より $\Delta S = 0$.
(3) CD：等温膨張（T_2 とする）で Q_2 の熱をもらうとすると, $\Delta S_2 = Q_2/T_2 > 0$.
(4) DA：断熱圧縮で $Q = 0$ より $\Delta S = 0$.

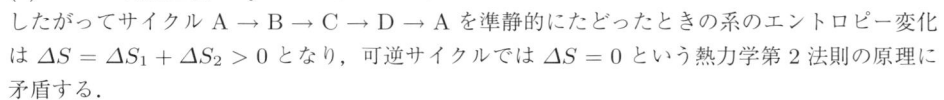

したがってサイクル A → B → C → D → A を準静的にたどったときの系のエントロピー変化は $\Delta S = \Delta S_1 + \Delta S_2 > 0$ となり，可逆サイクルでは $\Delta S = 0$ という熱力学第 2 法則の原理に矛盾する．

以上のことから，可逆断熱線は交叉しないことがわかる．

6.1 トムソンの原理が否定されれば，たとえば図のような海水から熱を取ってエンジンを動かしながら航行する舟も可能となる．仕事に使ったエネルギーは摩擦熱で結局熱に戻るから，第 1 法則には矛盾せずに，舟を目的地まで運航できることになる．

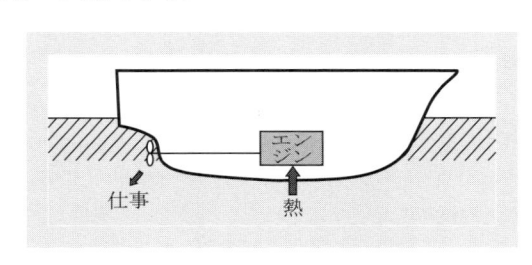

クラウジウスの原理が否定されれば，低温から高温へ可逆的に熱を汲み上げ，その熱を使って熱機関を働かせることができる．仕事は最終的には熱に変わるので，同じことが繰り返し行える．

6.2 熱機関の基本原理の 1 つは，"循環的に作動する" ということである．トムソンの原理でも "何の影響も残さずに" という前提があるので，ある過程ののちに機関等の物質系はもとの状態にもどらねばならない．気体の膨張は物質の系の変化で，これだけでは熱機関となっていない．カルノーサイクルでは気体ははじめの状態にもどることを想起してほしい．

6.3 この水飲み鳥の反復動作は，くちばしに付着した水の気化熱のために頭部の気圧が低下し，尻部のエーテルが体内の小管に押しあげられる．そのために重心が高くなり頭が下がる．頭を下げた鳥の体内では，小管の末端がエーテルの外に出るために，小管内のエーテルが底部に流

出し，重心が下がる．そのために鳥は頭をもちあげる．

演習問題

1 熱機関の最大仕事効率は，高温熱源の絶対温度を T_h，低温熱源の絶対温度を T_l として
$$e_{\max} = \frac{T_h - T_l}{T_h} = \frac{\Delta T}{T_h}$$
で与えられる．ΔT は一定であるから，T_h が小さいほど $e_{\max}$ は大きくなる．なお，$T_l > 0$ であるからつねに $T_h > \Delta T$ であり $e_{\max}$ は 1 を超えることはない．

2 熱機関 1 の仕事効率 e_1 を 1 より大きいとすると
$$e_1 = \frac{Q_1 + Q_2}{Q_1} = 1 + \frac{Q_2}{Q_1} > 1 \longrightarrow \frac{Q_2}{Q_1} > 0$$
となる．ここで Q_1 は高温熱源からの熱（流入で正），Q_2 は低温熱源からの熱である．$Q_2/Q_1 > 0$ であるから $Q_2 > 0$，すなわち，低温熱源からも熱が流入することになる．エネルギー保存則が成立すると，$\Delta U = W + (Q_1 + Q_2)$ であるが，熱機関はサイクルとして運転されるのでサイクル終了時には $\Delta U = 0$ である．したがって $-W = (Q_1 + Q_2) > 0$ となる．これは，系（熱機関）が高温・低温両熱源から熱を吸収して，それをすべて仕事に変えていることを意味している．かりに $Q_1 = 0$ とすると低温熱源から熱をとって仕事に変える第 2 種永久機関ができることになる．

3 $e_1 > e_2$ より $\dfrac{Q_1^{(1)} + Q_2^{(1)}}{Q_1^{(1)}} > \dfrac{Q_1^{(2)} + Q_2^{(2)}}{Q_1^{(2)}}$，すなわち $\dfrac{Q_2^{(1)}}{Q_1^{(1)}} > \dfrac{Q_2^{(2)}}{Q_1^{(2)}}$ である．$Q_1^{(1)} = Q_1^{(2)}$ であるから $Q_2^{(1)} > Q_2^{(2)}$．したがって $-Q_2^{(1)} < -Q_2^{(2)}$ となり，(2) の方が放熱量は多い．

4 理想熱機関をヒートポンプとして働かせたときの効率は
$$e_c = \frac{T_l}{T_h - T_l} = \frac{273}{293 - 273} = \frac{273}{20}$$
である．この機関の効率はその 1/3 であるから，$e_c = 273/60$．仮に 1 kJ の熱を汲み上げるとすると，要するエネルギーは $1000 \div (273/60) = 220\,\mathrm{J}$ である．したがって，電気器で暖房する場合よりも 0.22 倍の電力ですむ．

5 仮に T_l が負になったとすると，$e_{\max} = \dfrac{T_h - T_l}{T_h} = 1 - \dfrac{T_l}{T_h} > 1$ となる．T_l に下限がないと，温度基準をどこに定めようと必ず負の温度が実現できることとなる．なお，カルノーの原理により，この場合の温度 T は理想気体の状態方程式 $PV = nRT$ で定義される温度であり，この温度基準において負の温度が実現されないことになる．

6 可逆熱機関の仕事効率は $e_{\max} = (T_h - T_l)/T_h = 1 - T_l/T_h$ で与えられる．$T_h = 573\,\mathrm{K}$ である．断熱膨張により体積は 2 倍に膨張するから，低温熱源の温度 T_l は $(T_h/T_l) = (V_2/V_1)^{\gamma - 1} = 2^{\gamma - 1}$ で与えられる．ここで $\gamma - 1 = \dfrac{4}{3} - 1 = \dfrac{1}{3}$ である．ゆえに，$T_l = 573/2^{1/3} = 573/1.26$．$e_{\max} = (573 - 573/1.26)/573 = 1 - 1/1.26 = 0.206$．作業物質としてアルゴンを用いると，$\gamma - 1 = 5/3 - 1 = 2/3$ であるから，$T_l = 573/2^{2/3} = 573/1.59$．$e_{\max} = 1 - 1/1.59 = 0.370$．

7 上問の結果をまとめると，膨張率を $z = V_1/V_2$ として，$T_l = T_h(V_1/V_2)^{\gamma - 1} = T_h z^{\gamma - 1}$ であるから，$e_{\max} = \dfrac{T_h - T_l}{T_h} = 1 - \dfrac{T_l}{T_h} = 1 - z^{\gamma - 1}$ となる．すなわち $e_{\max}$ は z と γ だけできまる．

第 4 章

1.1 混合後の平均水温 $t\,°\mathrm{C}$ とすると,熱量保存則より

$$(t-10)\times 1.5 = (60-t)\times 0.5, \quad t = 22.5\,°\mathrm{C}$$

となる.したがって,$10\,°\mathrm{C}$ および $60\,°\mathrm{C}$ の水のエントロピー変化 ΔS_1 および ΔS_2 は

$$\Delta S_1 = 1.5 \times 18 \times 4.184 \ln\frac{296.0}{283.2} = 4.99\,\mathrm{J\,K^{-1}}$$

$$\Delta S_2 = 0.5 \times 18 \times 4.184 \ln\frac{296.0}{333.2} = -4.56\,\mathrm{J\,K^{-1}}$$

したがって全体としてのエントロピー変化 ΔS は

$$\Delta S = \Delta S_1 + \Delta S_2 = 4.99 - 4.56 = 0.43\,\mathrm{J\,K^{-1}}$$

1.2 混合後の温度 t とすると $t = \dfrac{t_1+t_2}{2}$.したがって,エントロピー変化を ΔS とすると

$$\Delta S = nC_P\left\{\ln\left(\frac{t}{t_1}\right) + \ln\left(\frac{t}{t_2}\right)\right\} = nC_P\ln\frac{(t_1+t_2)^2}{4t_1t_2}$$

$(t_1+t_2)^2 - 4t_1t_2 = (t_1-t_2)^2 > 0$ であるから $\Delta S > 0$ である.

1.3 抵抗体は温度一定のままであるからエントロピーは変化しない.電流による発熱は I^2Rt であるから $10\,°\mathrm{C}$ の水には毎秒 $100\times 10^2 = 10^4\,\mathrm{J}$ の熱が発生する.したがって 1 分当りの水のエントロピー変化は

$$\Delta S = 60 \times \frac{10^4}{283} = 2.12 \times 10^3\,\mathrm{J\,K^{-1}}$$

また水温が $80\,°\mathrm{C}$ の場合は

$$\Delta S = 60 \times \frac{10^4}{353} = 1.70 \times 10^3\,\mathrm{J\,K^{-1}}$$

1.4 ヘリウムは単原子分子であるから,$C_P = \dfrac{5}{2}R$,水素は 2 原子分子であるから,$C_P = \dfrac{7}{2}R$ である.したがってそれぞれの気体のエントロピー変化は

$$\text{ヘリウム:}\quad \Delta S_1 = \int_{273}^{373}\frac{C_P}{T}dT = \frac{5}{2}R\ln\frac{373}{273}$$

$$\text{水　素:}\quad \Delta S_2 = \int_{273}^{373}\frac{C_P}{T}dT = \frac{7}{2}R\ln\frac{373}{273}$$

ゆえに $\Delta S_2/\Delta S_1 = 7/5$.

2.1 (1) 外界に仕事をしない場合は $W = 0$.$q = 0$ であるから $\Delta U = 0$.理想気体であるから気体の温度は体積によらず一定となる.外界では熱の移動がないので $\Delta S_{\text{ext}} = 0$.気体そのもののエントロピー変化 ΔS_g は,等温で,V_1 から V_2 まで体積が膨張しているので

$$\Delta S_g^{(1)} = nR\ln\frac{V_2}{V_1}$$

(2) 外界に仕事をする場合は,$W < 0$.$q = 0$ であるから $\Delta U < 0$ となる.そのために気体

の温度は低下する（気体分子は運動エネルギーの一部を失う）．断熱変化であるから外界のエントロピー変化 $\Delta S_{\text{ext}} = 0$ である．気体のエントロピーは増大するが，気体の温度が低下しているので，$\Delta S_g^{(1)}$ よりは小さい．膨張前の気体の温度を T_1，膨張後の気体の温度を T_2 とすると，この場合のエントロピー変化 $\Delta S_g^{(2)}$ と $\Delta S_g^{(1)}$ との差は，n モルの気体を V_2 に保ったまま温度を T_1 から T_2 まで低下させるときのエントロピー変化に等しい．すなわち

$$\Delta S_g^{(1)} - \Delta S_g^{(2)} = n\int_{T_1}^{T_2} \frac{C_V}{T} dT = nC_V \ln \frac{T_2}{T_1}$$

である．

2.2 エントロピーは状態量であるから，はじめの状態のエントロピーと終わりの状態のエントロピーの差をとればよい．それぞれの気体の物質量は

$$\text{N}_2 : 0.79 \times \frac{1}{22.4} = 3.53 \times 10^{-2} \text{ mol}, \qquad \text{O}_2 : 0.20 \times \frac{1}{22.4} = 8.93 \times 10^{-3} \text{ mol},$$

$$\text{Ar} : 0.01 \times \frac{1}{22.4} = 4.46 \times 10^{-4} \text{ mol}$$

である．それぞれの気体は，$1\,\text{dm}^3$ より $0.79\,\text{dm}^3$，$0.20\,\text{dm}^3$，$0.01\,\text{dm}^3$ に減少するので，全体としてのエントロピー変化は

$$\Delta S = \Delta S_{\text{N}_2} + \Delta S_{\text{O}_2} + \Delta S_{\text{Ar}}$$
$$= 3.53 \times 10^{-2} R \ln \frac{0.79}{1} + 8.93 \times 10^{-3} R \ln \frac{0.20}{1} + 4.46 \times 10^{-4} R \ln \frac{0.01}{1} = -20.6\,\text{J K}^{-1}$$

2.3 表 2.2 より $C_P = 44.2 + 8.79 \times 10^{-3} T - 8.62 \times 10^5 T^{-2}$ である．CO_2 の体積を定圧下で 2 倍にするためには，$V = nRT/P$ の式より，$T = 2 \times 298 = 596\,\text{K}$ としなければならない．その際に CO_2 が吸収する熱量は

$$Q = \int_{298}^{596} (44.2 + 8.79 \times 10^{-3} T - 8.62 \times 10^5 T^{-2}) dT$$
$$= 44.2 \times 298 + \frac{8.79 \times 10^{-3}}{2}(596^2 - 298^2) + 8.62 \times 10^5 (596^{-1} - 298^{-1})$$
$$= 1.29 \times 10^4 \text{ J}$$

定圧変化であるから $Q = \Delta H$．外界にする仕事は，$P = $ 一定 であり，$\Delta V = V_2 - V_1$ であるから

$$W = P\Delta V = 1 \times 22.4 \times \frac{298}{273} = 24.45\,\text{dm}^3\,\text{atm} = 2.48 \times 10^3 \text{ J}$$

エントロピー変化は

$$\Delta S = \int_{T_1}^{T_2} \frac{C_P}{T} dT = 44.2 \ln \frac{596}{298} + 8.79 \times 10^{-3} \times 298 + \frac{8.62 \times 10^{-5}}{2}(596^{-2} - 298^{-2})$$
$$= 29.6\,\text{J K}^{-1}$$

3.1 $\Delta S_1 = \int_{273.2}^{773.2} \frac{C_P}{T} dT = \int_{273.2}^{773.2} \left[\frac{29.06}{T} - 0.837 \times 10^{-3} + 2.013 \times 10^{-6} T\right] dT$

$$= 29.06 \ln \frac{773.2}{273.2} - 0.837 \times 10^{-3}(773.2 - 273.2) + \frac{2.013 \times 10^{-6}}{2}(773.2^2 - 273.2^2)$$
$$= 30.34 \, \mathrm{J\,K^{-1}\,mol^{-1}}$$

$0\,°\mathrm{C}$ における C_P の値は $28.98\,\mathrm{J\,K^{-1}\,mol^{-1}}$ である．$C_P = 28.98\,\mathrm{J\,K^{-1}\,mol^{-1}}$ で一定とすると
$$\Delta S_2 = 28.98 \ln \frac{773.2}{273.2} = 30.15 \, \mathrm{J\,K^{-1}\,mol^{-1}}$$

このように，ΔS_1 と ΔS_2 の差はわずか $0.19\,\mathrm{J\,K^{-1}\,mol^{-1}}\,(0.63\%)$ である．

3.2 エントロピー変化は
$$\Delta S = \frac{125.9}{278.7} + 1.72 \ln \frac{353.3}{278.7} + \frac{392.6}{353.5} = 1.97 \, \mathrm{J\,K^{-1}\,g^{-1}}$$

ベンゼンの分子量は 78 であるから $\Delta S = 153.7\,\mathrm{J\,K^{-1}\,mol^{-1}}$ である．

3.3 金属のエントロピー変化は，準静的に $0\,°\mathrm{C}$ から $500\,°\mathrm{C}$ まで加熱したときの $d'Q_r/T$ を積分して得られるから
$$\Delta S_{\mathrm{metal}} = 1.75 \times 10^3 \ln \frac{773.2}{273.2} = 1.82 \times 10^3 \, \mathrm{J\,K^{-1}}$$

である．他方電気炉の温度は $500\,°\mathrm{C}$ で一定に保たれており，$500\,°\mathrm{C}$ で $Q = 500 \times 1.75 \times 10^3 \, \mathrm{J}$ の熱を失うから，炉におけるエントロピーの減少は
$$\Delta S_f = \frac{500 \times 1.75 \times 10^3}{773.2} = 1.13 \times 10^3 \, \mathrm{J\,K^{-1}}$$

である．すなわち炉のエントロピーの減少は金属におけるエントロピーの増大よりも少ない．

4.1 例題 4 の結果から，$-20\,°\mathrm{C}$ の水が $-20\,°\mathrm{C}$ の氷になるときのエントロピー変化は $\Delta S = -1.06\,\mathrm{J\,K^{-1}}$ である．一方，$-20\,°\mathrm{C}$ において水を直接氷に変えるときに外界から水に吸収される熱量は $-291.4\,\mathrm{J}$ であり（いいかえると水は $291.4\,\mathrm{J}$ の熱を放出し），その際水から外界へ移動するエントロピーは $1.15\,\mathrm{J\,K^{-1}}$ である．したがって，水のエントロピー変化（減少）よりも外界のエントロピー変化（増大）が大きく，自然界全体としてはエントロピーが増大しており，不可逆変化である．

4.2 この場合，水 → 氷 の変化だけをみればエントロピーは減少しているが，それ以上のエントロピーが外界へ移動している．このように，不可逆変化でも部分的にはエントロピーの減少は起こり得るが，その場合，それ以上のエントロピーが外部で増大しており，自然界全体としてエントロピーが増大している．したがって第 2 法則とは矛盾しない．

4.3 不可逆変化であることを証明するには，この変化によって自然界のエントロピーが増大したことか，あるいは外界の変化を伴わずには系をもとの状態にもどせないことを，クラウジウスの原理か，トムソンの原理を用いて証明すればよい．このような場合，サイクル（もとの状態へもどすこと）について考えることが大切である．

(i) まず，$20\,°\mathrm{C}$ の金属を $500\,°\mathrm{C}$ の電気炉に挿入したところから考える．金属は加熱される（熱を吸収する）ので，炉を $500\,°\mathrm{C}$ に保つために電源から電流を通じて炉を加熱しなければならない．電気的仕事が熱に変えられる．この過程が図に示してある．図 (a) では便宜上，電気炉内にあるヒーター（抵抗線）は発熱装置として別に書いてある．この過程において

(a) 電気的仕事が熱に変えられたこと

(b) 有限の温度勾配のもとで炉から金属へ熱が流れたこと

のいずれをとりあげてみても，この変化が不可逆であることがわかる．しかしそれを証明するためには，系をもとの状態にもどしてみなければならない．

(ii) 系をもとにもどす際には，可逆的に行うものとする．そのむ 1 つの方法として，$500\,°C$ の電気炉から取り出した金属を完全な断熱材に入れ，$20\,°C$ の低温熱源とのあいだで理想機関

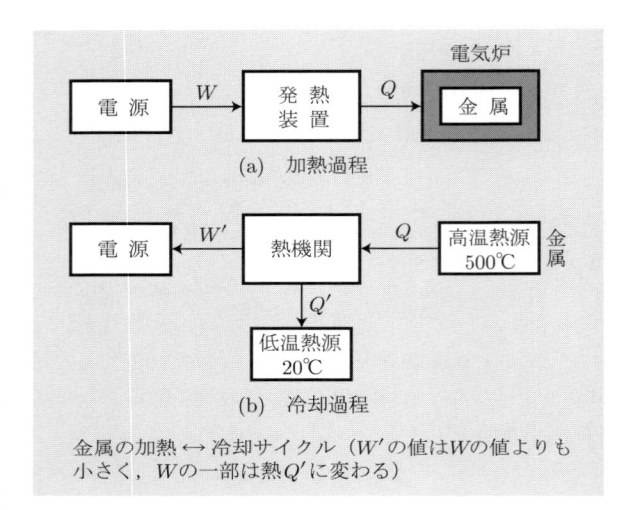

金属の加熱 ↔ 冷却サイクル（W' の値は W の値よりも小さく，W の一部は熱 Q' に変わる）

を働かせながら冷却することにする（図 (b)）．すなわち $500\,°C$ の金属を $20\,°C$ まで冷却する際の熱を，最大限仕事に変えるものとする．この際，可逆機関の仕事効率は必ず 1 よりも小さく，金属の冷却による熱の一部しか仕事に変えられず，他の一部は熱となって低温熱源に流れる（トムソンの原理）．したがって，結局このサイクルにおいて電源の電気的仕事の一部が熱に変えられたことになり，自然界はもとの状態にもどらない．

5.1 $n = 1$ であるから L 個の分子があり，各分子につき配向の自由度が 3 である．したがった可能な配置の総数は $W = 3^L$．ボルツマンの公式より，残留エントロピーは

$$S = k \ln 3^L = kL \ln 3 = R \ln 3 = 9.13\,\mathrm{J\,K^{-1}\,mol^{-1}}$$

5.2 1 mol の氷中には $2L$ 個の H 原子がある．これらの H 原子が全く独立に 2 つの位置のいずれかを取るとすると，可能な配置の数は $W = 2^{2L}$ となる．

しかし，これらの配置には，下図の 5 とおりのものすべてが含まれている．これら 5 とおりの配置のうち，H_2O に相当するのは中央のものだけで，その組合せの数は図の下部に示すように 6 とおりである．なお，これらの組合せの合計は $2^4 = 16$ である．すなわち

$$\sum_{i=0}^{4} {}_4C_i = {}_4C_0 + {}_4C_1 + {}_4C_2 + {}_4C_3 + {}_4C_4 = 16$$

したがって，2^{2L} の配置のうち，H_2O に相当するものは $\left(\dfrac{6}{16}\right)^L$ である．これより，氷の残留

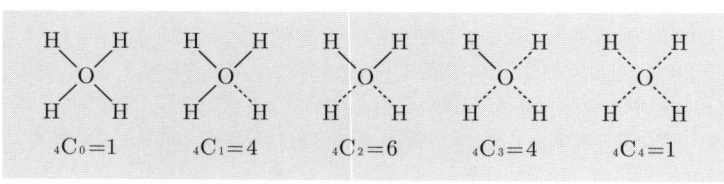

エントロピーは
$$S = k\ln\left[2^{2L} \times \left(\frac{6}{16}\right)^L\right] = kL\ln\left(\frac{3}{2}\right) = 3.37\,\text{J K}^{-1}\,\text{mol}^{-1}$$
なお実測値は $3.4\,\text{J K}^{-1}\,\text{mol}^{-1}$ である.

5.3 混合前の配置の数 W_0 は $W_0 = {}_{N_1}C_{N_1} \times {}_{N_2}C_{N_2} = 1$ である.混合後の配置の数は,A および B の原子同士は互いに区別できないので
$$W = \frac{(N_1 + N_2)!}{N_1!\,N_2!}$$
である.ゆえに,混合によるエントロピー変化は
$$\Delta S = k\ln W - k\ln W_0 = k\ln\frac{(N_1 + N_2)!}{N_1!\,N_2!}$$
スターリングの近似式 $\ln N! = N\ln N - N$ を用いると,上式は
$$\begin{aligned}\Delta S &= k\{(N_1 + N_2)\ln(N_1 + N_2) - (N_1 + N_2) - (N_1\ln N_1 - N_1 + N_2\ln N_2 - N_2)\}\\ &= k\left\{N_1\ln\frac{N_1 + N_2}{N_1} + N_2\ln\frac{N_1 + N_2}{N_2}\right\}\end{aligned}$$
となる.A と B の物質量を $n_1, n_2\,\text{mol}$,それぞれのモル分率を $x_1 = \dfrac{N_1}{N_1 + N_2}, x_2 = \dfrac{N_2}{N_1 + N_2}$ とすると $N_1 = n_1 L, N_2 = n_2 L$ であるから次のようになる.
$$\Delta S = -kL\{n_1\ln x_1 + n_2\ln x_2\} = -R\sum_{i=1}^{2} n_i \ln x_i$$

6.1 $\quad \Delta S = \displaystyle\int_0^{10}\frac{C_P}{T}dT = a\int_0^{10} T^2 dT = \frac{a}{3}T^3\Big|_0^{10} = \frac{1}{3}C_{P,10} = \frac{1000a}{3}$

$0\,°\text{K}$ において $S_0 = 0$ であるから, $S_{10} = \dfrac{1000a}{3}$

6.2 (1) $\Delta S^{\ominus} = 2S^{\ominus}(\text{NO}_2) - 2S^{\ominus}(\text{NO}) - S^{\ominus}(\text{O}_2) = -145.391\,\text{J K}^{-1}\,\text{mol}^{-1}$

(2) $\Delta S^{\ominus} = S^{\ominus}(\text{Fe}_2\text{O}_3) - 2S^{\ominus}(\text{Fe}) - \dfrac{3}{2}S^{\ominus}(\text{O}_2) = -271.9\,\text{J K}^{-1}\,\text{mol}^{-1}$

(3) $\Delta S^{\ominus} = 3S^{\ominus}(\text{CO}_2) + 4S^{\ominus}(\text{H}_2\text{O}, l) - S^{\ominus}(\text{C}_3\text{H}_8) - 5S^{\ominus}(\text{O}_2) = -374.37\,\text{J K}^{-1}\,\text{mol}^{-1}$

演習問題

1 エントロピー変化は準静的変化で系に吸収される熱量 Q_r より $\Delta S = \int d'Q_r/T$ で計算される.定圧変化であるから定圧モル熱容量を $C_P/\text{J K}^{-1}\,\text{mol}^{-1}$ として $d'Q = C_P dT$. ゆえに $\Delta S = \int (C_P/T)dT = \int C_P(d\ln T)$. 理想気体では C_P は一定であるから $\Delta S = C_P \ln(T_2/T_1) = C_P \ln(373/273)$.

$$\text{Ar} : C_P = \frac{5}{2}R, \quad \Delta S = \frac{5}{2} \times 8.314 \times \ln(373/273) = 6.49\,\text{J K}^{-1}\,\text{mol}^{-1}$$
$$\text{N}_2 : C_P = \frac{7}{2}R, \quad \Delta S = \frac{7}{2} \times 8.314 \times \ln(373/273) = 9.08\,\text{J K}^{-1}\,\text{mol}^{-1}$$

$\text{Ar} = 40.0, \text{N} = 14.0$ であるから Ar は $2.50\,\text{mol}$,N_2 は $3.57\,\text{mol}$ である.したがって,

Ar : $\Delta S = 6.49 \times 2.50 = 16.23\,\mathrm{J\,K^{-1}}$, N$_2$: $\Delta S = 32.42\,\mathrm{J\,K^{-1}}$.

2 H$_2$: $C_P = 27.3 + 3.26 \times 10^{-3}T + 0.50 \times 10^5 T^{-2}$.

$$\Delta S = \int C_P dT = 27.3 \ln(373/273) + 3.26 \times 10^{-3}(373 - 273)$$
$$- (0.50 \times 10^5)(373^{-2} - 273^{-2})/2 = 9.00\,\mathrm{J\,K^{-1}\,mol^{-1}}$$

Cl$_2$: $C_P = 37.0 + 0.67 \times 10^{-3}T - 2.85 \times 10^5 T^{-2}$. $\Delta S = 37.0\ln(373/273) + 0.67 \times 10^{-3}(373 - 273) + (2.85 \times 10^5)(373^{-2} - 273^{-2})/2 = 10.73\,\mathrm{J\,K^{-1}\,mol^{-1}}$)

2 原子分子理想気体では $C_P = (7/2)R$ だから $\Delta S = (7/2)R \ln(373/273) = 9.08\,\mathrm{J\,K^{-1}\,mol^{-1}}$
誤差は H$_2$: 0.8 %, Cl$_2$: 15.1 %.

3 $C_P = 29.7 + 25.1 \times 10^{-3}T - 1.55 \times 10^5 T^{-2}$. $\Delta S = 29.7\ln(573/273) + 25.1 \times 10^{-3}(573 - 273) + (1.55 \times 10^5)(573^{-2} - 273^{-2})/2 = 28.75\,\mathrm{J\,K^{-1}\,mol^{-1}}$. NH$_3$ 3 mol については $28.75 \times 3 = 86.25\,\mathrm{J\,K^{-1}}$.
$C_P = 4R$ とすると $\Delta S = 3 \times 4 \times 8.314 \times \ln(573/273) = 73.97\,\mathrm{J\,K^{-1}\,mol^{-1}}$. 差はかなり大きい (14 %).

4 1 atm 下では 0°C で氷と水は平衡状態にあり, その変化は可逆的に行われる. したがって, 水 1 mol 当りのエントロピー変化は $\Delta S = Q_r/T = 6.004 \times 10^3/273 = 21.99\,\mathrm{J\,K^{-1}\,mol^{-1}}$.
水 1 kg は $1000 \div 18 = 55.56$ mol であるから, $\Delta S = 1.22 \times 10^3\,\mathrm{J\,K^{-1}}$.

5 蒸発のエントロピー変化は $\Delta S = 4.029 \times 10^4/373 = 108.0\,\mathrm{J\,K^{-1}\,mol^{-1}}$ である. これは融解のエントロピー変化 21.99 J K^{-1} mol の 4.9 倍である.

6 $Q_r = -W_r = nRT\ln(V_2/V_1)$. $\Delta S = Q_r/T = nR\ln(V_2/V_1) = -26.8\,\mathrm{J\,K^{-1}}$.

7 H$_2$ の分圧は 50 atm より $50 \times (3/4)$ atm に, N$_2$ の分圧は $50 \times (1/4)$ atm に減少する. それぞれの気体のエントロピー変化は

$$\mathrm{H}_2 : \Delta S_1 = -nR\ln(P_2/P_1) = -30 \times 8.314\ln(3/4) = 71.75\,\mathrm{J\,K^{-1}}.$$
$$\mathrm{N}_2 : \Delta S_2 = -nR\ln(P_2/P_1) = -10 \times 8.314\ln(1/4) = 115.26\,\mathrm{J\,K^{-1}}.$$

全体としては $\Delta S = \Delta S_1 + \Delta S_2 = 186.8\,\mathrm{J\,K^{-1}}$.

8 定圧変化で吸収する熱量が系のエンタルピー変化であるから, 1 mol のアンモニアにつき $\Delta H = Q = \int_{T_1}^{T_2} C_P dT = \int_{T_1}^{T_2}(29.7 + 25.1 \times 10^{-3}T - 1.55 \times 10^5 T^{-2})dT$ で与えられる.
$T_1 = 373$ K として, 体積が 3 倍であるので $T_2 = 373 \times 3 = 1119$ K だから

$$Q = \Delta H = 29.7(1119 - 373) + \frac{1}{2} \times 2.51 \times 10^{-3}(1119^2 - 373^2) + 1.55 \times 10^5(1119^{-1} - 373^{-1})$$
$$= 3.58 \times 10^4\,\mathrm{J\,mol^{-1}}.$$ 2 mol については 7.16×10^4 J

マイヤーの式 $C_P - C_V = R$ より

$$\Delta U = n\int C_V dT = n\int_{373}^{1119}(C_P - R)dT = 7.16 \times 10^4 - 2 \times 8.314 \times (1119 - 373)$$
$$= 5.92 \times 10^4\,\mathrm{J}$$

$$W = -\int PdV = -P(V_2 - V_1) = 1 \times (3-1) \times 2 \times 22.4 \times \frac{373}{273} = 122.4 \, \text{dm}^3 \, \text{atm}$$
$$= 1.24 \times 10^4 \, \text{J}$$

この値は $2R(T_2 - T_1) = 2 \times 8.314 \times (1119 - 373) = 1.24 \times 10^4$ J に同じで，2 mol の気体についての $(C_P - C_V)\Delta T$ に等しい．

$$\Delta S = 2\int_{373}^{1119} \frac{C_P}{T}dT = 2\left[29.7 \ln \frac{1119}{373} + 2.51 \times 10^{-3}(1119 - 373)\right.$$
$$\left. - \frac{1}{2} \times 1.55 \times 10^5 (1119^{-2} - 373^{-2})\right] = 101.7 \, \text{J K}^{-1}$$

9 (1) 準静的な定積温度変化を考える．1 mol の気体について

$$\Delta U = \int C_V dT = C_V(T_2 - T_1)$$

V は一定であるから $\Delta H = \Delta(U + PV) = \Delta U + V\Delta P = C_V(T_2 - T_1) + R(T_2 - T_1) = C_P \Delta T$.
[∵ $P_1V_1 = RT_1$, $P_2V_1 = RT_2$ より $V_1\Delta P = V_1(P_2 - P_1) = R(T_2 - T_1)$].
定積変化であるから $d'Q_r = C_V dT$ である．したがって $\Delta S = \int \frac{d'Q_r}{T} = \int \frac{C_V}{C}dT = C_V \ln \frac{T_2}{T_1}$

(2) 積分経路を

$\text{I}(T_1, V_1) \xrightarrow{\text{定温可逆}} \text{A}(T_1, V_2) \xrightarrow{\text{定積可逆}} \text{II}(T_2, V_2)$ ととって ΔV および ΔS を計算する．定温変化では $\Delta U = 0$ であるから，気体の物質量を n mol として

$$\Delta U = nC_V(T_2 - T_1)$$

エントロピー変化は，定温は体積変化と定積温度変化の和になるので

$$\Delta S = nR \ln \frac{V_2}{V_1} + nC_V \ln \frac{T_2}{T_1}$$

(3) 積分経路を $(300 \, \text{K}, 0.1 \, \text{atm}) \xrightarrow{\text{定圧可逆}} (500 \, \text{K}, 0.1 \, \text{atm}) \xrightarrow{\text{定温可逆}} (500 \, \text{K}, 2 \, \text{atm})$ ととって計算する．気体の物質量は 2 mol であるから，$C_P = \frac{7}{2}R$ として

$$\Delta S = 2 \times C_P \ln \frac{T_2}{T_1} - 2R \ln \frac{P_2}{P_1} = 7R \ln \frac{5}{3} - 2R \ln 20 = -20.1 \, \text{J K}^{-1}$$

(4) 定積変化であるから $Q = \Delta U = nC_V(T_2 - T_1)$,

$$\Delta S = nC_V \ln \frac{T_2}{T_1}$$

$n = 10 \times 0.1 \times \frac{273}{22.4 \times 300} = 4.06 \times 10^{-2}$ mol, $C_V = \frac{5}{2}R$ であるから

$$Q = \Delta U = 84.4 \, \text{J}, \quad \Delta S = 0.243 \, \text{J K}^{-1}$$

10 (1) 断熱可逆変化であるから $Q_r = 0$．したがって $\Delta S = \int d'Q_r/T = 0$．第 1 法則より

$$\Delta U = W_r$$
$$= -\int PdV = -P_1V_1^\gamma \int_{V_1}^{V_2} \frac{1}{V^\gamma}dV$$
$$= \frac{1}{\gamma-1}nR(T_2-T_1) = nC_V(T_2-T_1).$$

あるいは，これを右図の過程 b（定温可逆）と過程 c（定積可逆）に分けて考えることもできる．そうすると定温変化では $\Delta U = 0$ であるから，直ちに $\Delta U = nC_V(T_2-T_1)$ が導かれる．

$$\Delta H = nC_P(T_2-T_1)$$

(2) $Q_r = 0$ より $\Delta S = 0$. この場合も右図の過程 b と c に分けて考えると

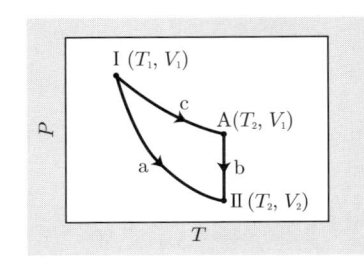

$$\Delta U = \int_{T_1}^{T_2} nC_V dT + \int_{V_1}^{V_2} \left(\frac{\partial U}{\partial V}\right)_T dV$$

となる．$\left(\frac{\partial U}{\partial V}\right)_T = T\left(\frac{\partial P}{\partial T}\right)_V - P$ より $\left(\frac{\partial U}{\partial V}\right)_T = \frac{n^2 a}{V^2}$ となる．したがって

$$\Delta U = nC_V(T_2-T_1) - n^2a\left(\frac{1}{V_2} - \frac{1}{V_1}\right)$$

11 沸点におけるエントロピー変化は，$\Delta S(64.7\,°\mathrm{C}) = 35.2\times 10^3/337.9 = 104\,\mathrm{J\,K^{-1}\,mol^{-1}}$. $0\,°\mathrm{C}$ におけるエントロピー変化は，右図の経路によって $\Delta S_1, \Delta S_2, \Delta S_3$ を計算して求められる．

$$\Delta S_1 = \int_{273.2}^{337.9} 79.7\frac{1}{T}dT = 79.7\ln(337.9/273.2)$$
$$\Delta S_2 = \int_{337.9}^{273.2} 24.4\frac{1}{T}dT = 24.4\ln(273.2/337.9)$$
$$\Delta S(0\,°\mathrm{C}) = \Delta S_1 + \Delta S_2 + \Delta S_3 = 104 + (79.7 - 24.4)\ln(337.9/273.2)$$
$$= 116\,\mathrm{J\,K^{-1}\,mol^{-1}}.$$

低温の方が蒸発のエントロピー変化が大きいのは，液体のエントロピーの温度依存性が蒸気のそれよりも大きいためである．

12 $\Delta S = \Delta H_v/T_b$ より計算する．H_2 : 44.3, CH_4 : 73.25, C_6H_{14} : 84.4, C_6H_6 : 86.6, C_2H_5OH : 109.8, H_2O : 109.0, CH_3COOH : 62.3 $(\mathrm{J\,K^{-1}\,mol^{-1}})$

13 ボルツマンの公式 $S_0 = k\ln W$ で計算する．ここで W は可能な配置の数である．混合前は N_1 個の点に N_1 個の球 A を N_2 個の点に N_2 個の球 B を配置していると考えることがで

きるので，配置の仕方は 1 とおりである．$W = 1$. 両者を自由に $N = N_1 + N_2$ 個の点に配置する場合の可能な配置の数は

$$W = \frac{(N_1 + N_2)!}{N_1! \, N_2!}, \quad S_1 = k \ln \frac{(N_1 + N_2)!}{N_1! \, N_2!}$$

スターリングの近似式 $\ln N! = N \ln N - N$ を用いると，$\ln 1 = 0$ であるから

$$\begin{aligned}
\Delta S &= S_1 - S_0 \\
&= k\{(N_1 + N_2) \ln (N_1 + N_2) - N_1 \ln N_1 - N_2 \ln N_2\} \\
&= k\{N_1 \ln [(N_1 + N_2)/N_1] + N_2 \ln [(N_1 + N_2)/N_2]\} \\
&= -k\{N_1 \ln x_1 + N_2 \ln x_2\}
\end{aligned}$$

となる（問題 5.3 参照）．ここで $x_1 = N_1/(N_1 + N_2)$, $x_2 = N_2/(N_1 + N_2)$ は A および B のモル分率である．A と B の物質量を n_1 mol, n_2 mol とすると，アボガドロ数を L として，$N_1 = n_1 L$, $N_2 = n_2 L$, $kL = R$（気体定数）であるから，上式は

$$\Delta S = -R\{n_1 \ln x_1 + n_2 \ln x_2\}$$

と書ける．このように，理想格子の混合エントロピーは形式上理想気体の混合エントロピーと同じになる．

14 一般に $dU = C_V(T)dT$ であるが，理想気体では C_V は温度によらず一定である．

$$d'Q_r = dU + PdV = C_V dT + \frac{nRT}{V} dV$$

である．これは Q_r の全微分形である．$d'Q_r$ が完全微分量であるか否かをチェックするために，問題の条件を用いると

$$\left(\frac{\partial C_V}{\partial V}\right)_T = 0 \quad \text{であるのに対し,} \quad \frac{\partial}{\partial T}\left[\frac{nRT}{V}\right]_V = \frac{nR}{V} \neq 0$$

であるので，完全微分量の必要十分条件を充していない．一方，$d'Q_r/T$ について同じことをみると

$$\frac{d'Q_r}{T} = \frac{C_V}{T} dT + \frac{nR}{V} dV$$

となる．これについて問題の条件を調べてみると

$$\left[\frac{\partial}{\partial V}\left(\frac{C_V}{T}\right)\right]_V = 0, \quad \left[\frac{\partial}{\partial T}\left(\frac{nR}{V}\right)\right]_V = 0$$

で完全微分量の必要十分条件を充していることがわかる．

15 $dU = TdS - PdV$ より $dS = \frac{1}{T}dU + \frac{P}{T}dV$ である．理想気体では $dU = C_V dT$, $\frac{P}{T} = \frac{R}{V}$ であるから

$$dS = \frac{C_V}{T} dT + \frac{R}{V} dV \tag{a}$$

となる．これを T_0 と T，V_0 と V のあいだで積分すると

$$S - S_0 = \int dS = \int_{T_0}^{T} \frac{C_V}{T} dT + \int_{V_0}^{V} \frac{R}{V} dV = C_V \ln \frac{T}{T_0} + R \ln \frac{V}{V_0}$$

第 5 章

1.1 $dT = 0$ であるから

$$\Delta G = \int V dP = \int_{P_1}^{P_2} \frac{nRT}{P} dP = 0.5 RT \ln \frac{P_2}{P_1}$$

となる．$P_2/P_1 = V_1/V_2 = 10/30$ であるから，$\Delta G = 0.5 \times 8.314 \times 300 \times \ln(1/3) = -1.37\,\mathrm{kJ}$

1.2 混合気体 3 atm 中水素の分圧は 2 atm，酸素の分圧は 1 atm である．したがって全体としての変化は水素が 1 atm から 2 atm に圧縮されるだけで，酸素は変化しない．したがって

$$\Delta A = \Delta G = 2RT \ln 2 = 4.30 \times 10^3\,\mathrm{J}$$

1.3 断熱系であるから $Q = 0$．かつ $\Delta V = 0$ であるから $W = -P\Delta V = 0$．したがって

$$\Delta U = Q + W = 0 \quad 一方, \quad \Delta H = \Delta U + \Delta(PV) = P\Delta V + V\Delta P$$

であるが $\Delta P \neq 0$ であるから $\Delta H \neq 0$．

反応により分子数は 2/3 に減少するが発熱反応であるために温度は上昇する．反応熱は H_2O につき 240 kJ mol^{-1} で C_P は 30 J K^{-1} mol^{-1} 程度であるから反応熱による温度上昇は数千度に達するので $\Delta P > 0$ と考えられる．したがって $\Delta H > 0$．

孤立系における自発変化であるから $\Delta S > 0$．

定温・定積の条件であれば自発的変化で $\Delta A < 0$ といえるが，この場合定温の条件は成立しない．しかし $\Delta A = \Delta U - \Delta(TS) = -T\Delta S - S\Delta T$ であり，$\Delta S > 0$，$\Delta T > 0$ であるから $\Delta A < 0$．

$\Delta G = \Delta H - \Delta(TS) = \Delta H - T\Delta S - S\Delta T$ で，一般には変化するが符号は条件による．

1.4 CH_4 の燃焼反応は $CH_4(g) + 2O_2(g) \longrightarrow CO_2(g) + 2H_2O(\ell)$ である．

$CH_4(g)$ の標準燃焼熱は $-890.31\,\mathrm{kJ\,mol^{-1}}$ である．反応物および生成物の標準エントロピーは $O_2(g) = 205.03$，$CH_4(g) = 186.2$，$CO_2(g) = 213.64$，$H_2O(\ell) = 69.94\,\mathrm{J\,K^{-1}\,mol^{-1}}$ である．

この反応におけるエントロピー変化は

$\Delta S = S^{\ominus}(CO_2) + 2S^{\ominus}(H_2O) - \{S^{\ominus}(CH_4) + 2S^{\ominus}(O_2)\} = 213.64 + 2 \times 69.94 - (186.2 + 2 \times 205.03) = -242.74\,\mathrm{J\,K^{-1}}$．したがって，$\Delta G = \Delta H - T\Delta S$ より

$$\Delta G = -890.31 \times 10^3 + 298.2 \times 242.74 = -817.9 \times 10^3\,\mathrm{J}$$

反応に伴う体積変化は 2 mol 相当であるから $PV = nRT$ より，$\Delta P = 0$ であるから

$$\Delta A = \Delta U - T\Delta S = \Delta H - P\Delta V - T\Delta S = \Delta G - P\Delta V = \Delta G + 2RT = -812.9 \times 10^3\,\mathrm{J}$$

1.5 $-182.97\,°C$ で O_2 の液体と 1 atm の O_2 の気体とが平衡状態にある．1 atm の気体を

0.2 atm の気体に変えるときのギブズエネルギー変化は

$$\Delta G = RT \ln \frac{0.2}{1} = 8.314 \times 90.18 \times \ln 0.2 = -1.207 \times 10^3 \,\mathrm{J\,mol^{-1}}$$

当然のことながら 1 atm の O_2 に変えるときは可逆変化であるから $\Delta G = 0$ である．このことは，モル気化熱を ΔH_v として，$\Delta S_v = \Delta H_v/T_b$ (T_b は沸点) であるから

$$\Delta G\,(1\,\mathrm{atm}) = \Delta H_v - T_b \Delta S_v = 0$$

となることからもわかる．したがって，$-182.97\,°\mathrm{C}$ で液状酸素 1 mol を 0.2 atm の気体に変えるときのギブズエネルギー変化は 1 mol の酸素を $-182.97\,°\mathrm{C}$ において 1 atm から 0.2 atm まで膨張させるときの ΔG に等しい．これは -1.207×10^{-3} J である．

2.1 (1) $C_V = \left(\dfrac{\partial U}{\partial T}\right)_V$, $C_P = \left(\dfrac{\partial H}{\partial T}\right)_P = \left(\dfrac{\partial U}{\partial T}\right)_P + P\left(\dfrac{\partial V}{\partial T}\right)_P$ であるから

$$C_P - C_V = \left(\frac{\partial U}{\partial T}\right)_P + P\left(\frac{\partial V}{\partial T}\right)_P - \left(\frac{\partial U}{\partial T}\right)_V \tag{a}$$

となる．$\left(\dfrac{\partial U}{\partial T}\right)_V$ と $\left(\dfrac{\partial U}{\partial T}\right)_P$ の関係を得るために (T, V) を独立変数として U の全微分をとる．

$$dU = \left(\frac{\partial U}{\partial T}\right)_V dT + \left(\frac{\partial U}{\partial V}\right)_T dV \tag{b}$$

(b) 式の両辺を，$P = $ 一定 の条件で dT で割ると，目的の関係を得る．

$$\left(\frac{\partial U}{\partial T}\right)_P = \left(\frac{\partial U}{\partial T}\right)_V + \left(\frac{\partial U}{\partial V}\right)_T \left(\frac{\partial V}{\partial T}\right)_P \tag{c}$$

(c) 式を (a) 式に代入すると

$$C_P - C_V = \left\{\left(\frac{\partial U}{\partial V}\right)_T + P\right\}\left(\frac{\partial V}{\partial T}\right)_P \tag{d}$$

を得る．$\left(\dfrac{\partial U}{\partial V}\right)_T$ は圧力の次元をもっており，分子間の凝集力などが原因となる内部圧力に相当している．液体の内部圧力は非常に大きく，外圧が 1 atm のときの内部圧力は数千 atm である．

(2) (d) 式に例題 2 の (1) 式を代入すると

$$C_P - C_V = T\left(\frac{\partial P}{\partial T}\right)_V \left(\frac{\partial V}{\partial T}\right)_P \tag{e}$$

となる．$\alpha = \dfrac{1}{V}\left(\dfrac{\partial V}{\partial T}\right)_P$, $\kappa = -\dfrac{1}{V}\left(\dfrac{\partial V}{\partial P}\right)_T$ (κ は正となる) である．一方

$$dP = \left(\frac{\partial P}{\partial T}\right)_V dT + \left(\frac{\partial P}{\partial V}\right)_T dV$$

より両辺を $P = $ 一定 $(dP = 0)$ の条件で dT で割ると $\left(\dfrac{\partial P}{\partial T}\right)_V = -\left(\dfrac{\partial P}{\partial V}\right)_T \left(\dfrac{\partial V}{\partial T}\right)_P$ の関

係が導かれるので，(e) 式は次のようになる．

$$C_P - C_V = -T\left(\frac{\partial V}{\partial T}\right)_P^2 \left(\frac{\partial P}{\partial V}\right)_T = -T\left(\frac{\partial V}{\partial T}\right)_P^2 \Big/ \left(\frac{\partial V}{\partial P}\right)_T = TV\alpha^2/\kappa$$

2.2 (5.18) 式を用いると，$dU = TdS - PdV$ より

$$\left(\frac{\partial U}{\partial V}\right)_T = T\left(\frac{\partial S}{\partial V}\right)_T - P = T\left(\frac{\partial P}{\partial T}\right)_V - P = 0$$

となる（演習問題 5，(3) 式）．したがって

$$P = T\left(\frac{\partial P}{\partial T}\right)_V, \quad \left(\frac{\partial P}{\partial T}\right)_V = \frac{P}{T}$$

となる．これは，$V = $ 一定 の条件で $P \propto T$ となることを示している．そこで，比例定数を c とすると $P = cT$ と書けるから，c は体積 V だけの関数である．ボイルの法則より

$$P = \frac{c'}{V}$$

である．ここで c' は T だけの関数である．$P = cT$ と $P = c'/V$ とより

$$P = \frac{c''T}{V} \tag{a}$$

が得られる．c'' は T, V によらない定数である．1 mol 当りの気体について $c'' = R$ とおくと，(a) 式は次のようになる．

$$PV = nRT$$

2.3 (1) 例題 2 の (1) の式 $\left(\frac{\partial U}{\partial V}\right)_T = T\left(\frac{\partial P}{\partial T}\right)_V - P$ を用いる．ファン・デル・ワールスの式を $P = \frac{RT}{V-b} - \frac{a}{V^2}$ と書き直すと次のようになる．

$$\left(\frac{\partial U}{\partial V}\right)_T = T\left(\frac{\partial P}{\partial T}\right)_V - P = T\left(\frac{R}{V-b}\right) - P = \frac{RT}{V-b} - \left(\frac{RT}{V-b} - \frac{a}{V^2}\right) = \frac{a}{V^2} \quad \text{(a)}$$

(2) 例題 1 の (2) 式 $\left(\frac{\partial H}{\partial P}\right)_T = -T\left(\frac{\partial V}{\partial T}\right)_P + V$ を用いる．ファン・デル・ワールスの式を $V = \frac{RT}{P} + b - \frac{a}{RT}$ と近似すると，次のようになる．

$$\left(\frac{\partial H}{\partial P}\right)_T = -T\left(\frac{\partial V}{\partial T}\right)_P + V = -T\left(\frac{R}{P} + \frac{a}{RT^2}\right) + \frac{RT}{P} + b - \frac{a}{RT} = b - \frac{2a}{RT} \quad \text{(b)}$$

(3) ファン・デル・ワールスの状態方程式の定数 a は分子間引力による補正を，b は分子の排除体積による補正を表わしている．(a) 式はファン・デル・ワールス気体の理想気体との違いを端的に示している．理想気体では $\left(\frac{\partial U}{\partial V}\right)_T = 0$ であるのに対し，この場合，$\left(\frac{\partial U}{\partial V}\right)_T = a/V^2 > 0$ で，内部エネルギーは体積の増大とともに増大する．これは，分子間引力に抗して膨張するのに仕事を必要とするからで，この効果は当然のことながら V が小さいほど顕著になる．

理想気体では $(\partial H/\partial P)_T = 0$ であるが，この場合は (b) 式から，十分高温のときには $(\partial H/\partial P)_T \doteqdot b$ となり，圧力を増すとエンタルピーは増大する．これは，排除体積による斥力の効果の方がより優勢になるためである．低温では $-2a/RT$ の項の寄与が大きくなる．これは圧縮により分子間引力の効果がより有効に働くようになるためである．

3.1 例題 3 の (d) 式より，$90\,°C\,(363\,K)$ における蒸気圧を $P_{90}\,\mathrm{atm}$ とすると，$100\,°C$ における水蒸気圧は $1\,\mathrm{atm}$ であるから

$$\ln \frac{P_{90}}{1} = -\frac{40.65 \times 10^3}{R}\left(\frac{1}{363} - \frac{1}{373}\right) = -0.361, \quad P_{90} = 0.697\,\mathrm{atm}$$

同様にして，$110\,°C\,(383\,K)$ における蒸気圧は

$$\ln \frac{P_{110}}{1} = -\frac{40.65 \times 10^3}{R}\left(\frac{1}{383} - \frac{1}{373}\right) = 0.342, \quad P_{110} = 1.408\,\mathrm{atm}$$

3.2 水蒸気圧が $5\,\mathrm{atm}$ になる温度を $T\,K$ とすると

$$\ln \frac{5}{1} = -\frac{4.065 \times 10^4}{R}\left(\frac{1}{T} - \frac{1}{373}\right)$$

これより

$$\frac{1}{T} = -\frac{8.314}{4.065 \times 10^4}\ln 5 + \frac{1}{373} = 2.352 \times 10^{-3}, \quad T = 425\,\mathrm{K} = 152\,°C$$

3.3 例題 3 の (d) 式より

$$\ln \frac{1040}{583} = -\frac{\Delta H_\mathrm{v}}{R}\left(\frac{1}{403} - \frac{1}{383}\right) = \frac{\Delta H_\mathrm{v}}{R} \times 1.296 \times 10^{-4}, \quad \Delta H_\mathrm{v} = 3.71 \times 10^4\,\mathrm{J\,mol^{-1}}$$

を得る．これより

$$\Delta S_\mathrm{v}^\mathrm{cal} = 3.71 \times 10^4/(117.4 + 273.2) = 95.0\,\mathrm{J\,K^{-1}\,mol^{-1}}$$

一方 ΔH_v の実測値から $\Delta S_\mathrm{v}^\mathrm{ob}$ を計算すると，$C_2H_4O_2 = 60$ だから

$$\Delta S_\mathrm{v}^\mathrm{ob} = 406 \times 60/(117.4 + 273.2) = 62.4\,\mathrm{J\,K^{-1}\,mol^{-1}}$$

である．$\Delta S_\mathrm{v}^\mathrm{ob}$ がトルートンの規則で予想される値 $10.5R = 87\,\mathrm{J\,K^{-1}\,mol^{-1}}$ よりもかなり小さいのは，この温度では液体中でも蒸気中でもかなりの分子が分子間の水素結合で 2 量体となっているためである．また，蒸気圧の温度依存性から求めた ΔS^cal が異常に大きな値となるのは，温度の上昇とともに会合分子の割合が減少するために，温度上昇に伴う蒸気圧の上昇が異常に大きいためである．

3.4 自然対数に書き改めると，$\ln x = 2.303 \log x$ だから

$$\ln P = 2.303 \times 26.075 - 6.203 \ln T - 2.303 \times 2610/T$$

例題 3 の (c) 式より $\dfrac{dP}{P} = d\ln P = \dfrac{\Delta H_\mathrm{v}}{RT^2}dT, \quad \dfrac{d\ln P}{dT} = \dfrac{\Delta H_\mathrm{v}}{RT^2}$ となる．これより

$$-\frac{6.203}{T} + \frac{6010.8}{T^2} = \frac{\Delta H_\mathrm{v}}{RT^2}, \quad \Delta H_\mathrm{v} = -6.203RT + 6010.8R$$

$$\Delta S_\mathrm{v} = \Delta H_\mathrm{v}/T = -6.203R + 6010.8R/T = -51.57 + 4.997 \times 10^4/T$$

4.1 例題 4 の (a) 式より，ΔH_v が温度によらないとすると

$$\ln \frac{760}{17.54} = -\frac{\Delta H_\mathrm{v}}{R}\left(\frac{1}{373} - \frac{1}{293}\right) = \frac{\Delta H_\mathrm{v}}{R} \times 7.32 \times 10^{-4}$$

より，$\Delta H_\mathrm{v} = 4.28 \times 10^4 \,\mathrm{J\,mol^{-1}}$ となる．これより，(a) 式における定数 c は

$$c = \ln 760 + \frac{4.28 \times 10^4}{373R} = 20.43$$

となり，25°C における蒸気圧は

$$\ln P = -\frac{4.28 \times 10^4}{298R} + 20.43 = 3.155, \quad P = 23.45\,\mathrm{Torr}$$

である．$\Delta G_{298}^\ominus$ は 1 atm，298 K (25°C) で $H_2O(\ell) \longrightarrow H_2O(g)$ とするときのギブズエネルギー変化であるから，問題 1.5 の場合と同様にして

$$\Delta G_{298}^\ominus = RT \ln \frac{760}{23.45} = 8.314 \times 298 \ln 32.41 = 8.62 \times 10^{-3}\,\mathrm{J\,mol^{-1}}$$

4.2 黒鉛 → ダイヤモンドの転移熱 $\Delta H_\mathrm{tr}^\ominus$ は，燃焼熱の差として直ちに求められる．

$$\Delta H_\mathrm{tr}^\ominus = -393.52 - (-395.32) = 1.80\,\mathrm{kJ\,mol^{-1}} \quad (吸熱)$$

である．この転移に伴う標準エントロピー変化 $\Delta S_\mathrm{tr}^\ominus$ は

$$\Delta S_\mathrm{tr}^\ominus = 2.439 - 5.694 = -3.255\,\mathrm{J\,K^{-1}\,mol^{-1}}$$

である．ゆえに

$$\Delta G_\mathrm{tr}^\ominus = \Delta H^\ominus - T\Delta S^\ominus = 1.80 \times 10^3 + 298 \times 3.255 = 2.77 \times 10^3\,\mathrm{J\,mol^{-1}}$$

温度一定の条件では，(5.17) 式より $\left(\dfrac{\partial \Delta G}{\partial P}\right)_T = \Delta V$ である．ΔV が圧力によらないとすると，上式を積分して

$$\Delta G(P_2) - \Delta G(P_1) = \Delta V(P_2 - P_1)$$

となる．黒鉛 → ダイヤモンドの $\Delta V\,\mathrm{mol^{-1}}$ は

$$\frac{12}{3.513} - \frac{12}{2.260} = -1.894\,\mathrm{cm^3\,mol^{-1}} = -1.894 \times 10^{-6}\,\mathrm{m^3\,mol^{-1}}$$

である．圧力 P_2 において黒鉛とダイヤモンドが平衡となり $\Delta G(P_2) = 0$ となったとすると 1 atm において $\Delta G(P_1) = 2.77 \times 10^3\,\mathrm{J\,mol^{-1}}$ であるから，1 atm $= 1.013 \times 10^5\,\mathrm{J\,m^3}$ であることを考慮すると

$$0 - 2.77 \times 10^3 = -1.894 \times 10^{-6} \times (P_2 - 1) \times 1.013 \times 10^5$$

となる．これより $P_2 = 1.44 \times 10^4\,\mathrm{atm}$

5.1 1 atm 下では 100°C 以下で液相が気相よりも安定である．このことは，100°C 以下では液相の方が気相よりもモル当りギブズエネルギーが小さいことを意味している．100°C 以上ではその逆になる．図中破線は不安定相の G の値を示している．

355 Torr では気相の G は下方の曲線のように変化する．液相のモル当りギブズエネルギーは圧力にあまり依存しないで実質上変化

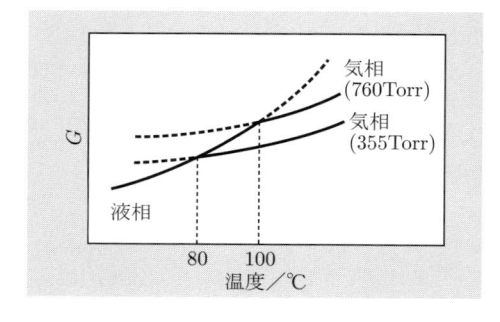

5.2 1g 当りの融解熱を Δh_m, 1g 当りの体積変化を Δv とすると，クラペイロン・クラウジウスの式より

$$\frac{dP}{dT} = \frac{\Delta h_\mathrm{m}}{T \Delta v} = \frac{333.9/101.3}{273(1/0.9999 - 1/0.9168) \times 10^{-3}} = -133.2\,\mathrm{atm\,K^{-1}}$$

$$\frac{dT}{dP} = -0.007508\,\mathrm{K\,atm^{-1}}$$

であるから，$\Delta P = 4.58/760 - 1 = -0.994\,\mathrm{atm}$ として，$\Delta T = 0.00746\,\mathrm{K}$.

(注) $1\,\mathrm{J} = 101.3\,\mathrm{dm^3\,atm}$ で換算する．Δv も $\mathrm{dm^3}$ 単位に換算する．

5.3 $0\,°\mathrm{C}$ は 1 atm 下で空気で飽和された水と氷（固体中には気体はほとんど溶け込まないので純粋な固体と考えてよい）とが共存するときの温度である．一方，水の状態図は純粋な水と氷との共存の条件で考えている．空気の溶解による水の凝固点降下で融点は $0.0024\,\mathrm{K}$ 低下している．いいかえると 1 atm 下で純粋な氷と水の共存温度は $0.0024\,°\mathrm{C}$ である．また，3 重点は圧力が 4.58 Torr と低下しているので，氷と水の共存温度は高くなる（$\Delta V = V_\mathrm{s} - V_\ell > 0$ であるために dP/dT が正である．圧力低下による温度上昇分が $0.0075°$ である（前問参照））．結局 3 重点の温度は $0.0024 + 0.0075 = 0.0099\,°\mathrm{C}$ である．

5.4 $v_\ell > v_\mathrm{s}$ であるから $v_\ell - v_\mathrm{s} > 0$ で dP/dT は正である．$\Delta v = v_\ell - v_\mathrm{s}$ は値が非常に小さいので s–ℓ 曲線の勾配は急である．

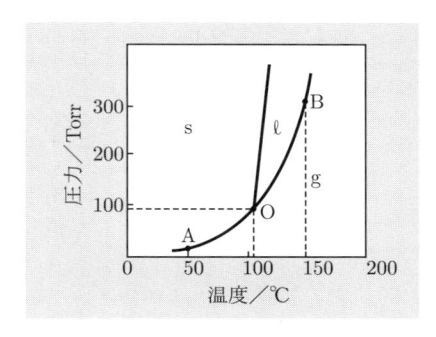

演習問題

1 (1) $100\,°\mathrm{C}$, 1 atm 下で水と水蒸気は平衡状態に達する．したがってこの条件で水，水蒸気のモル当りギブズエネルギーは等しい．$\Delta G = 0$.

(2) 熱膨張に伴う体積変化の仕事は無視して考える．この変化は 273 K から 373 K まで $\Delta U = C_V(T_2 - T_1) = 100 C_V$ の熱を汲み上げたことに相当している．したがってギブズエネルギー変化は，373 K を高温熱源，273 K を低温熱源として ΔU だけの熱を用いて可逆熱機関です る仕事量 W_r に等しい．

$$W_r = C_V(T_2 - T_1) \times \frac{T_2 - T_1}{T_2} = 4.18 \times 18 \times 100 \times \frac{100}{373} = 2.02\,\mathrm{kJ}$$

$\Delta G = 2.02\,\mathrm{kJ}$

(3) $\Delta G = W_r = -\int_{V_1}^{V_2} P dV = -nRT \int_{V_1}^{V_2} \frac{dV}{V} = -nRT \ln \frac{V_2}{V_1}$ である．$P_2 = 0.1 P_1$ であるから $V_2 = 10 V_1$. $n = 1$ より

$$\Delta G = -R \times 373 \ln 10 = -7.14\,\mathrm{kJ}$$

2 室内に閉じ込められている空気は，温度一定であればその分圧は変わらず，したがっ

て $\Delta A, \Delta S, \Delta U$ への寄与は無視できる．すなわち，真空中への水の蒸発のみを考えればよい．水蒸気の分圧は，水の物質量が $100 \div 18 = 5.56\,\mathrm{mol}$ であるから，$P = nRT/V$ において $R = 0.08205\,\mathrm{dm^3\,atm\,K^{-1}\,mol^{-1}}$, $V = 10^4\,\mathrm{dm^3}$, $T = 303\,\mathrm{K}$ として*

$$P = 5.56 \times 0.08205 \times 303/1.0 \times 10^4 = 1.381 \times 10^{-2}\,\mathrm{atm} = 10.50\,\mathrm{Torr}$$

30 °C で水（液）と 31.8 Torr の水蒸気とが平衡であるから

$$\Delta A = nRT \ln\left(\frac{P_2}{P_1}\right) = 5.56 \times 8.314 \times 303 \times \ln\frac{10.5}{31.8} = -1.55 \times 10^4\,\mathrm{J}$$

$$\Delta S = -nR\ln\left(\frac{P_2}{P_1}\right) = 51.2\,\mathrm{J\,K^{-1}}, \quad \Delta U = 5.56 \times 40.6 \times 10^3 = 2.56 \times 10^5\,\mathrm{J}$$

3 1 の (3) のように準静的変化で系になされる仕事量によって ΔA や ΔG を求めることができるが，本問では一般式を用いた別解を示す．

$$dA = -PdV - SdT \quad \text{および} \quad dG = -SdT + VdP$$

より，次の関数式が導かれる．

$$\left(\frac{\partial A}{\partial V}\right)_T = -P, \quad \left(\frac{\partial G}{\partial V}\right)_T = \left(\frac{\partial G}{\partial P}\right)_T \left(\frac{\partial P}{\partial V}\right)_T = V\left(\frac{\partial P}{\partial V}\right)_T$$

これより，$PV = nRT$ を用いて，$\left(\frac{\partial P}{\partial V}\right)_T = -\frac{nRT}{V^2}$ であるから

$$\Delta A = \int_{V_1}^{V_2} (-P)dV = -nRT \ln\frac{V_2}{V_1} = -nRT\ln(0.1)$$

$$\Delta G = \int_{V_1}^{V_2} V\left(\frac{\partial P}{\partial V}\right)_T dV = -nRT\ln\frac{V_2}{V_1} = -nRT\ln(0.1) = \Delta A$$

$$n = (3 \times 273)/(22.4 \times 298), \quad nRT = 3 \times 273 \times 8.314/22.4 = 304,$$

$$\Delta A = \Delta G = 700\,\mathrm{J}, \quad \Delta A = \Delta U - T\Delta S \quad (T = \text{一定})$$

で，かつ理想気体では $\Delta U = 0 (T = \text{一定})$ であるから $\Delta S = -\Delta A/T = -2.3\,\mathrm{J\,K^{-1}}$．

4 $-5\,°\mathrm{C}$ の氷は 3.012 Torr の水蒸気と，$-5\,°\mathrm{C}$ の水は 3.163 Torr の水蒸気と平衡状態にある．したがって，$-5\,°\mathrm{C}$ の水 → $-5\,°\mathrm{C}$ の氷の変化に伴う ΔG は 3.163 Torr の蒸気 → 3.012 Torr の蒸気に伴う ΔA に等しい．氷と水の体積差は小さいので $\Delta A \fallingdotseq \Delta G$ とみなせる．ゆえに

$$\Delta G = nRT \ln\frac{P_2}{P_1} = 8.314 \times 268 \times \ln\frac{3.012}{3.163} = -109\,\mathrm{J}.$$

5 (1) 自然変数を用いて $A \equiv A(T, V)$ とすると

$$dA = -SdT - PdV \qquad \text{(a)} \qquad \text{これより直ちに} \quad \left(\frac{\partial A}{\partial T}\right)_V = -S \qquad \text{(b)}$$

---

* SI 単位系として $R = 8.314\,\mathrm{J\,K^{-1}\,mol}$ を用いると，$V = 10\,\mathrm{m^3}$ として $P = 1.40 \times 10^3\,\mathrm{Pa}\,(= 1.38 \times 10^{-2}\,\mathrm{atm})$ となる（第 1 章問題 1.1 の解答参照）．

(2) (1) と同様にして $G \equiv G(T,V)$ とすると

$$dG = -SdT + VdP \qquad \text{(c)} \qquad \text{これより直ちに} \qquad \left(\frac{\partial G}{\partial T}\right)_P = -S \qquad \text{(d)}$$

(3) $dA = -SdT - PdV$ より

$$\left(\frac{\partial A}{\partial V}\right)_T = -P \qquad \text{(e)}$$

$\left[\dfrac{\partial}{\partial V}\left(\dfrac{\partial A}{\partial T}\right)_V\right]_T = \left[\dfrac{\partial}{\partial T}\left(\dfrac{\partial A}{\partial V}\right)_T\right]_V$ より (b) 式と (e) 式を用いて

$$\left(\frac{\partial S}{\partial V}\right)_T = \left(\frac{\partial P}{\partial T}\right)_V$$

(4) (c) 式より

$$\left(\frac{\partial G}{\partial P}\right)_T = V \qquad \text{(f)}$$

$\left[\dfrac{\partial}{\partial P}\left(\dfrac{\partial G}{\partial T}\right)_P\right]_T = \left[\dfrac{\partial}{\partial T}\left(\dfrac{\partial G}{\partial P}\right)_T\right]_P$ に (d) 式と (f) 式を代入すると

$$-\left(\frac{\partial S}{\partial P}\right)_T = \left(\frac{\partial V}{\partial T}\right)_P$$

6 (1) 例題 2 の (1) より

$$\left(\frac{\partial U}{\partial V}\right)_T = T\left(\frac{\partial P}{\partial T}\right)_V - P \qquad \text{(a)}$$

$P = \dfrac{RT}{V-b}, \quad V = \dfrac{RT}{P} + b$ であるから

$$\left(\frac{\partial P}{\partial T}\right)_V = \frac{R}{V-b} \qquad \text{(b)} \qquad \left(\frac{\partial V}{\partial T}\right)_P = \frac{R}{P} \qquad \text{(c)}$$

(b) 式を (a) 式に代入すると $\left(\dfrac{\partial U}{\partial V}\right)_T = \dfrac{RT}{V-b} - P = P - P = 0.$

(2) 例題 2 の (2) より

$$\left(\frac{\partial H}{\partial P}\right)_T = -T\left(\frac{\partial V}{\partial T}\right)_P + V \qquad \text{(d)}$$

(1) の場合と同様にして (c) 式を (d) 式に代入すると

$$\left(\frac{\partial H}{\partial V}\right)_T = -\frac{TR}{P} + V = -\frac{TR}{P} + \left(\frac{RT}{P} + b\right) = b$$

(3) 問題 2.1 より $C_P - C_V = \left\{\left(\dfrac{\partial U}{\partial V}\right)_T + P\right\}\left(\dfrac{\partial V}{\partial T}\right)_P = \{0+P\}\dfrac{R}{P} = R.$

7 5 の (4) 式よりエントロピーの圧力依存性は $\left(\dfrac{\partial S}{\partial P}\right)_T = -\left(\dfrac{\partial V}{\partial T}\right)_P$ で与えられる.
298.15 K では 0.1235 atm においてベンゼンの気–液平衡が成り立っており,エントロピー変化

は $\Delta S_b = \Delta H_v/T_b = 33.744 \times 10^3/298.15$ で計算される．したがって，全体としてのエントロピー変化は

$$\text{液体}(1\,\text{atm}) \longrightarrow \text{液体}(0.1235\,\text{atm}) \longrightarrow \text{気体}(0.1235\,\text{atm}) \longrightarrow \text{気体}(1\,\text{atm})$$

の経路で計算される．液体について $\left(\dfrac{\partial V}{\partial T}\right)_P$ は無視できるほど小さい．したがってベンゼン蒸気について $PV = RT$ の関係が成立するとして

$$S_g^\ominus - S_\ell^\ominus = \frac{\Delta H_v}{T_b} + R\ln\frac{P_1}{P_2} = 113.2 + 8.314 \times \ln\frac{0.1235}{1} = 95.8\,\text{J K}^{-1}$$

$$S_g^\ominus = 95.8 + 172.3 = 268.1\,\text{J K}^{-1}\,\text{mol}^{-1}$$

8 $\Delta G = \Delta H - T\Delta S$ より，ΔH と ΔS の値から ΔG を求める．

$$\Delta H = -\Delta H_m + [C_P(\text{水}) - C_P(\text{氷})](273.15 - 263.15)$$

$$= -5630\,\text{J mol}^{-1}$$

$$\Delta S = -\Delta S_m + \int_{T_1}^{T_2}\{(C_P(\text{水}) - C_P(\text{氷}))/T\}dT$$

$$= -\Delta S_m + (C_P(\text{水}) - C_P(\text{氷}))\ln\frac{T_2}{T_1}$$

$$= -21.99 + 37.8\ln\frac{273.15}{263.15} = -20.59\,\text{J K}^{-1}\,\text{mol}^{-1}$$

$$\Delta G = -5630 + 263.15 \times 20.59 = -212\,\text{J mol}^{-1}$$

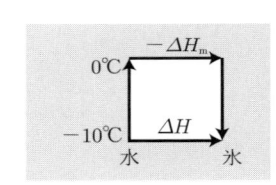

9 尿素 (ℓ) ⟷ 尿素 (s) は 405.85 K で平衡であるから，$\Delta G = 0$．$\Delta H = \Delta G + T\Delta S = T\Delta S = 405.85 \times 37 = 15.02\,\text{kJ}$．結晶化熱 $\Delta H_c = -\Delta H_m$ であるから ΔG の温度依存性はギブス・ヘルムホルツの式を用いて計算できる．

$$\int_{T_1}^{T_2}\left[\frac{\partial}{\partial T}\left(\frac{\Delta G}{T}\right)\right]_P dT = -\int_{T_1}^{T_2}\frac{\Delta H}{T^2}dT = -\Delta H\left(\frac{1}{T_2} - \frac{1}{T_1}\right) \quad (\Delta H\text{ は一定とする}).$$

$$\frac{\Delta G(T_2)}{T_2} = \frac{\Delta G(T_1)}{T_1} + \Delta H\left(\frac{1}{T_2} - \frac{1}{T_1}\right) = -15.02 \times 10^3\left(\frac{1}{397.85} - \frac{1}{405.85}\right) = -0.7442\,\text{J T}^{-1}$$

$$\Delta G(T_2) = -0.7472 \times 397.85 = -296\,\text{J}.$$

10 ΔH_v が温度によらず，水蒸気に対して理想気体近似が成り立つとすると，クラペイロン・クラウジウスの式より

$$\ln\left(\frac{P_2}{P_1}\right) = -\frac{\Delta H_v}{R}\left(\frac{1}{T_2} - \frac{1}{T_1}\right) \tag{a}$$

が導かれる．これより

$$\ln\frac{250}{760} = -\frac{40660}{8.314}\left(\frac{1}{T_2} - \frac{1}{373}\right), \quad \frac{1}{T_2} = 1.112 \times \frac{8.314}{40600} + \frac{1}{373}$$

$$T_2 = 344\,\text{K} \quad (71\,°\text{C})$$

11 蒸発熱が温度によらず一定であるとし，蒸気について理想気体近似が成立するとすると，

前問 (a) 式より

(1) $\ln\left(\dfrac{1520}{20}\right) = -\dfrac{\Delta H_v}{8.314}\left(\dfrac{1}{292.0} - \dfrac{1}{205.2}\right)$, $\Delta H_v = 2.485 \times 10^4\,\mathrm{J\,mol^{-1}}$

(2) $\ln\left(\dfrac{60.0}{20.0}\right) = -\dfrac{\Delta H_v}{8.314}\left(\dfrac{1}{220.4} - \dfrac{1}{205.2}\right)$, $\Delta H_v = 2.717 \times 10^4\,\mathrm{J\,mol^{-1}}$

(3) $-16.3\,°\mathrm{C}$ と $18.8\,°\mathrm{C}$ のあいだに沸点があるので，この間の蒸発熱を一定とすると

$$\ln\left(\dfrac{1520}{400}\right) = -\dfrac{\Delta H_v}{8.314}\left(\dfrac{1}{292.0} - \dfrac{1}{256.9}\right), \quad \Delta H_v = 2.372 \times 10^4\,\mathrm{J\,mol^{-1}}$$

沸点を T_b とすると

$$\ln\left(\dfrac{760}{400}\right) = -\dfrac{23720}{8.314}\left(\dfrac{1}{T_b} - \dfrac{1}{256.9}\right), \quad T_b = 272.7\,\mathrm{K},\ -0.5\,°\mathrm{C}$$

（実測値は $-0.6\,°\mathrm{C}$ で多少の誤差を生じる．）

12 1g 当りの蒸発熱を h_v とする．クラペイロン・クラウジウスの式

$$\dfrac{dP}{dT} = \dfrac{\Delta H_v}{T\Delta V} = \dfrac{\Delta h_v}{T\Delta v} \quad (\Delta v = v_g - v_\ell\text{ は 1g 当りの体積変化})$$

により h_v が計算される．$v_g = 1/0.00359\,\mathrm{cm^3}$, $v_\ell = 1/0.9814\,\mathrm{cm^3}$. $T = 405\,\mathrm{K}$.
$\dfrac{dP}{dT} = 20.5\,\mathrm{Torr\,K^{-1}} = \dfrac{20.5}{760} \times 10^{-3}\,\mathrm{atm\,K^{-1}}$ を用いて計算すると

$$h_v = 3.032 \times 10^3\,\mathrm{cm^3\,atm\,g^{-1}} = 3.032\,\mathrm{dm^3\,atm\,g^{-1}} = 3.07 \times 10^2\,\mathrm{J\,g^{-1}}$$

分子量は $C_6H_5Cl = 112.45$ であるから，$H_v = 3.45 \times 10^4\,\mathrm{J\,mol^{-1}}$.

理想気体近似を用いると，液体の体積を無視して $V_g = \dfrac{RT}{P}$ とおいて

$$\dfrac{dP}{dT} = \dfrac{\Delta H_v}{TV_g} = \dfrac{P\Delta H_v}{RT^2}$$

となる．$R = 8.314\,\mathrm{J\,K^{-1}\,mol^{-1}}$ を用いて，$\Delta H_v = 3.68 \times 10^4\,\mathrm{J\,mol^{-1}}$

13 (1) 水銀蒸気について理想気体近似を用いると，**10** の解答の (a) 式より

$$\ln\left(\dfrac{4.013}{0.052}\right) = -\dfrac{\Delta H_v}{R}\left(\dfrac{1}{433} - \dfrac{1}{303}\right), \quad \Delta H_v = 3.65 \times 10^4\,\mathrm{J\,mol^{-1}}$$

(2) 蒸気圧を P とすると，$70\,°\mathrm{C}$ における値を用いて

$$\ln\left(\dfrac{P}{0.052}\right) = -\dfrac{3.65 \times 10^4}{R}\left(\dfrac{1}{234.3} - \dfrac{1}{303}\right), \quad \ln\left(\dfrac{P}{0.052}\right) = -4.25$$

$$P = 0.052\exp(-4.25) = 7.4 \times 10^{-4}\,\mathrm{Torr}$$

14 図中のエタノールに関する $\log P \sim 1/T$ 曲線（直線となる）上の2点の座標をよみとる．たとえば

$$1/T_1 = 2.8 \times 10^{-3}\,\mathrm{K^{-1}}\text{に対して}\log P_1 = 0.025$$

$$1/T_2 = 3.6 \times 10^{-3}\,\mathrm{K^{-1}}\text{に対して}\log P_2 = -1.65$$

となる．**10** の解答の (a) 式からわかるように，$\log P \sim 1/T$ の勾配は ΔH_v に比例するから勾

配の大きいエタノールの方が ΔH_v が大きい.

$$\Delta H_m = \frac{2.303R(\log P_2 - \log P_1)}{-\left(\dfrac{1}{T_2} - \dfrac{1}{T_1}\right)} = \frac{2.303 \times 8.314 \times (-1.65 - 0.025)}{-(3.6 \times 10^{-3} - 2.8 \times 10^{-3})}$$

$$= 40.1 \,\text{kJ}\,\text{mol}^{-1}$$

15 分子量は $Br_2 = 159.8$ だから $\Delta H_v = 3.88 \times 10^4\,\text{J}\,\text{mol}^{-1}$. ゆえに, **10** の解答の (a) 式より

$$\ln\left(\frac{P}{15.7}\right) = -\frac{3.88 \times 10^4}{R}\left(\frac{1}{266.0} - \frac{1}{252.2}\right), \quad P = 15.7\exp(0.960) = 41.0\,\text{Torr}.$$

16 クラペイロン・クラウジウスの式を固体−液体平衡に適用する. $\dfrac{dP}{dT} = \dfrac{\Delta H_m}{T\Delta V}$ で ΔH_m および $\Delta V = V_\ell - V_s$ を一定とすると

$$\int_{T_1}^{T_2} \frac{dT}{T} = \frac{\Delta V}{\Delta H_m}\int_{P_1}^{P_2} dP, \quad \ln\left(\frac{T_2}{T_1}\right) = \frac{\Delta V}{\Delta H_m}(P_2 - P_1)$$

となる. $V_\ell = 18.00\,\text{cm}^3\,\text{mol}^{-1}$, $V_s = 18.0/0.917 = 19.63\,\text{cm}^3\,\text{mol}^{-1}$. $\Delta V = -1.63\,\text{cm}^3\,\text{mol}^{-1}$ である. ΔVP の単位を $\text{dm}^3\,\text{atm}$ とし, ΔH_m の単位も $\text{dm}^3\,\text{atm}$ として計算する.

$$\ln\frac{T_2}{273.15} = -1.63 \times 10^{-3}(10.00 - 4.58/760)/(6.009 \times 10^3 \div 101.3)$$

$$= -2.746 \times 10^{-4}$$

$$T_2 = 273.15\exp(-2.731 \times 10^{-4}) = 273.07\,\text{K}, \quad -0.08\,°\text{C}$$

17 $2\,\text{cm}^2$ の刃に均一に $60\,\text{kg}$ の体重がかかったとすると, 圧力は $30\,\text{kg}\,\text{cm}^{-2}$. $1\,\text{atm} = 1.013 \times 10^5\,\text{Pa} = 1.013 \times 10^5\,\text{kg}\,\text{m}^{-1}\,\text{s}^{-2} = 1.013 \times 10^5\,\text{N}\,\text{m}^{-2}$. $0.102\,\text{kg}$ の物体に作用する重力が $1\,\text{N}$ であるから, $30\,\text{kg}\,\text{cm}^{-2} = 3 \times 10^5\,\text{kg}\,\text{m}^{-2} = 2.94 \times 10^6\,\text{N}\,\text{m}^{-2} = 29.0\,\text{atm}$ である. ゆえに, 温度 T_2 は

$$T_2 = 273.15\exp(-8.00 \times 10^{-4}) = 272.93\,\text{K}, \quad T_2 = -0.22\,°\text{C}$$

(実際は氷の表に凹凸があるために接触する面積は非常に小さく, したがってかなりの圧力が接点に加わっていると考えられる.)

18 絶対温度で表わしたスズの融点は

$$T/\text{K} = 505.0 + 0.0033(P - 1)$$

であるから $P = 1\,\text{atm}$ における融点は $505.0\,\text{K}$ である. 上式より $dT/dP = 0.0033\,\text{K}\,\text{atm}^{-1}$ であるから, クラペイロン・クラウジウスの式より計算する.

$\Delta h_m = 58.785\,\text{J}\,\text{g}^{-1} = 0.5803\,\text{dm}^3\,\text{atm}\,\text{g}^{-1}$. $v_\ell = 1/6.988 = 0.1431\,\text{cm}^3\,\text{g}^{-1}$ であるから

$\dfrac{dT}{dP} = \dfrac{T\Delta v}{\Delta h_m}, \quad 0.0033 = \dfrac{505.0}{0.5803}\Delta v, \quad \Delta v = v_\ell - v_s = 3.79 \times 10^{-6}\,\text{dm}^3 = 3.79 \times 10^{-3}\,\text{cm}^3$,

$v_s = 0.1393\,\text{cm}^3\,\text{g}^{-1}, \quad \rho = 7.18\,\text{g}\,\text{cm}^{-3}$

19 3重点付近では $v_s < v_\ell$ であるから $dP/dT > 0$ で勾配は急である.3重点および臨界点のデータから,状態図は右図のようになる.

20 前問の図において1 atm においては点 A において固体が直接気体にまたその逆の変化が起こる.10 atm においては固体を熱すると点 B で液化し,さらに点 C で液体が気化する.温度を下げるとその逆の変化が起こる.

21 (1) 2000 K において圧力を高くしていくと,黒鉛からダイヤモンドに転移する.図から転移圧力は,約 6×10^9 Pa であることがわかる.

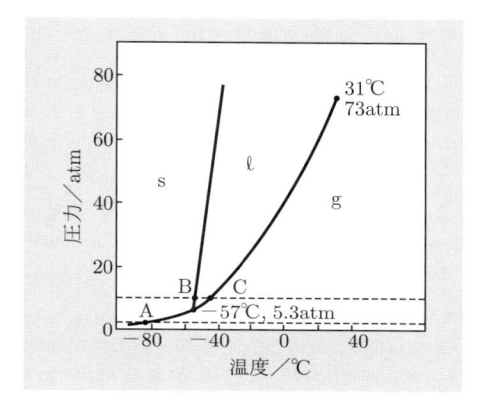

(2) ダイヤモンド−黒鉛の相転移に対して,クラペイロン・クラウジウスの式

$$\frac{dT}{dP} = \frac{T\Delta V^{(g)}}{\Delta H^{(g)}}$$

図から $dT/dP > 0$,また $\Delta H^{(g)} > 0$,よって $\Delta V^{(g)} > 0$.すなわちダイヤモンド → 黒鉛の転移で体積が増加し,よってダイヤモンドの方が高い密度をもつ.

一般に,黒鉛のような高温で安定な相は高いエネルギーを,ダイヤモンドのような高圧で安定な相は高い密度をもつ.

(3) クラペイロン・クラウジウスの式

$$\frac{dT}{dP} = -\frac{T\Delta V^{(\ell)}}{\Delta H^{(\ell)}}$$

から,黒鉛と溶融炭素が同じ密度をもつ条件で,$\Delta V^{(\ell)} = 0$,よって $dT/dP = 0$.この条件を満たす点は $T \sim P$ 曲線の極値で与えられる.よって図から 7×10^9 Pa,4700 K と求められる.

第 6 章

1.1 蒸気中の四塩化炭素のモル分率を x_B とすると

$$x_B = \frac{0.25 \times 114.5}{0.75 \times 199.1 + 0.25 \times 114.5} = 0.161$$

質量分率 y_B は,$CCl_3H = 119.5$,$CCl_4 = 154.0$ であるから

$$y_B = \frac{0.25 \times 114.5 \times 154.0}{0.75 \times 199.1 \times 119.5 + 0.25 \times 114.5 \times 154.0} = 0.198$$

1.2 ヘキサン,ヘプタン,オクタンの溶液中のモル分率を $x_1^{(\ell)}$,$x_2^{(\ell)}$,$x_3^{(\ell)}$ とすると

$$x_1^{(\ell)} P_1^\circ = x_2^{(\ell)} P_2^\circ = x_3^{(\ell)} P_3^\circ$$

(P_i° は純物質の 50 °C における蒸気圧)である.したがって

$$56\,x_3^{(l)} = 408\,x_1^{(l)}, \qquad 56\,x_3^{(l)} = 141\,x_2^{(l)} = 56\,(1 - x_1^{(l)} - x_2^{(l)})$$

これより，$x_3^{(l)} = 0.652,\ x_1^{(l)} = 0.0895,\ x_2^{(l)} = 0.259$.

2.1 (1) 冷却していくとき，溶液 L と A + L の境界曲線に到達したのち（点 a からの下向の矢印），純粋な A が析出し，系の温度・組成は点 b に到達する．ここで共晶が析出する．

(2) A だけを揮発し続けると，溶液 L と B + L の境界曲線に到達する（点 a からの右向の矢印）．さらに A を蒸発させ続けると，温度・組成とも一定のまま純粋な B が析出し続ける．この現象は A が完全になくなるまで，すなわち液相 L が完全になくなるまで続く．

2.2 (1) 点 a より垂直に下した線が気相線と交叉する点で凝集がはじまる．温度は T_1，液相の組成は x_2 である．

(2) 凝集が完了したときの液相の組成ははじめの蒸気の組成と同じになる．したがって，凝集は液相の組成が点 a から下した垂線が液相線と交る点で完了する．温度は T_2，組成は x_1 である．

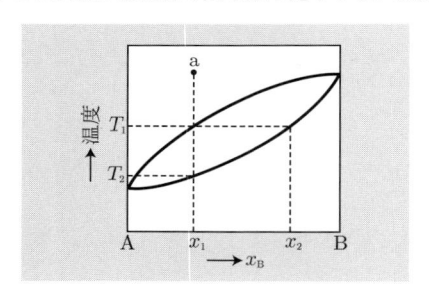

2.3 氷と塩化ナトリウムは全く固溶液をつくらないから，状態図は下図のようになる．塩化ナトリウムが 22.4 wt% であれば，氷が残っている限り氷と NaCl の結晶と溶液とが共存する点，すなわち $-21.2\,°\mathrm{C}$ の点に止まるので，加える塩化ナトリウムの量は多目であれば適当でよい．

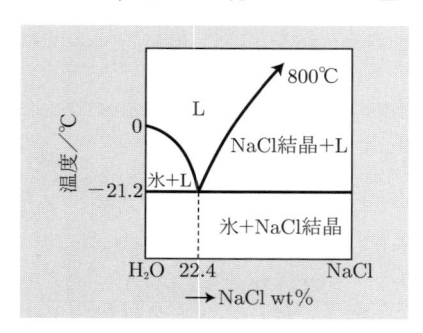

演習問題

1 ギブズエネルギーの全微分は T, P を独立変数にとると $dG = -SdT + VdP$ と書かれる．開放系においては，物質 i が外部から系へ dn_i mol 流入したときのギブズエネルギーの増分

$(\partial G/\partial n_i)_{T,P,n_{j\neq i}}$ を化学ポテンシャルといい記号 μ_i で表わす．したがって

$$\mu_i = \left(\frac{\partial G}{\partial n_i}\right)_{T,P,n_{j\neq i}}$$

が (T, P) 一定の条件下での化学ポテンシャルの定義である．同様にして，定温・定積の条件では

$$\mu_i = \left(\frac{\partial A}{\partial n_i}\right)_{T,V,n_{j\neq i}}$$

である．したがって，開放系についてはギブズエネルギーおよびヘルムホルツエネルギーの全微分は，それぞれ (T, P, n_i) および (T, V, n_i) を独立変数にとると

$$dG = -SdT + VdP + \sum \mu_i\, dn_i, \quad dA = -SdT - PdV + \sum \mu_i\, dn_i$$

となる．

2 開放系についての内部エネルギーおよびエンタルピーの全微分は，それぞれ自然変数の組 (S, V, n_i) および (S, P, n_i) を独立変数にとると

$$dU = TdS - PdV + \sum \mu_i\, dn_i, \quad dH = TdS + VdP + \sum \mu_i\, dn_i$$

となる．ここで μ_i は $(S, V, n_{j\neq i})$ あるいは $(S, P, n_{j\neq i})$ 一定の条件下での物質 i の移動に伴う内部エネルギーあるいはエンタルピーの増分，すなわち化学ポテンシャルである．そこで，化学ポテンシャルは，次のようになる．

$$\mu_i = \left(\frac{\partial U}{\partial n_i}\right)_{T,V,n_{j\neq i}} \quad \text{および} \quad \mu_i = \left(\frac{\partial H}{\partial n_i}\right)_{T,P,n_{j\neq i}}$$

3 分子量は $CH_3OH = 32$，$C_2H_5OH = 46$ であるから，溶液中のメタノールのモル分率 x_M は

$$x_M^{(l)} = \frac{1/32}{1/32 + 1/46} = 0.590$$

平衡蒸気中のメタノールのモル分率 $x_M^{(g)}$ は

$$x_M^{(g)} = \frac{0.590 \times 88.7}{0.590 \times 88.7 + 0.410 \times 44.5} = 0.741$$

4 液相中および気相中のベンゼンのモル分率を $x_1^{(l)}$, $x_1^{(g)}$，トルエンのモル分率を $x_2^{(l)}$, $x_2^{(g)}$ とすると，全圧 P に対して次の式が成り立つ．

$$P/\text{Torr} = 74.7\, x_1^{(l)} + 22.3\, x_2^{(l)} = P_1 + P_2, \quad x_1^{(g)} = \frac{P_1}{P_1 + P_2} = \frac{74.7\, x_1^{(l)}}{74.7\, x_1^{(l)} + 22.3\, x_2^{(l)}}$$

$x_1^{(l)}$	0	10	20	30	40	50	60	70	80	90	100
$x_1^{(g)}$	0	0.271	0.456	0.589	0.691	0.770	0.834	0.887	0.931	0.968	1
P/Torr	22.3	27.54	32.78	33.02	43.26	48.50	53.74	58.98	64.22	69.46	74.7

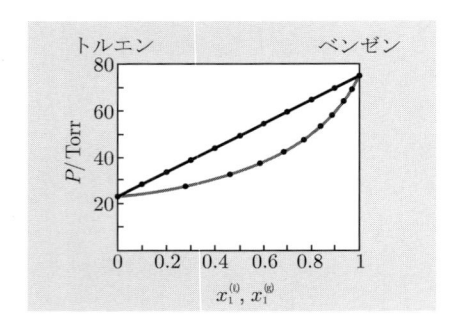

5 (1) 蒸気 O を冷却して温度 T_A で点 A に達すると，蒸気の組成 x_2 と平衡な溶液 A′ が生成する．その組成は a である．

(2) さらに冷却を続けると，気相の温度・組成は曲線 AC″ に沿って変化する．それにつれて生成する液相の温度・組成は曲線 A′C に沿って変化する．点 B においては組成 $x_2^{(\ell)}$ の液相と組成 $x_2^{(g)}$ の気相とが共存している．液相と気相の量のあいだには，てこの関係が成立する（問題 7 参照）．

(3) 凝集は気相がなくなるまで続く．凝集は温度 T_A ではじまるが，液相の組成が点 C に達したところで液相の組成ははじめの蒸気の組成と等しくなる．すなわち，蒸気が全部凝集したことになる．したがって，温度 T_C に達したところで凝集は終わる．

6 水–エタノールの蒸気–溶液平衡の相図における気相線も液相線に極小があり両者は一致している．すなわち，この系は沸点 78.174 °C の共沸混合物を形成することがわかる．エタノールの沸点は 78.3 °C である．共沸混合物のモル分率はエタノール 0.89 である．

共沸組成よりエタノール含量の少ない混合溶液を分留すると，低沸点成分はエタノール 0.89（モル分率：wt % は 96）の共沸混合物となり，それ以上のエタノール含量の溶液は分留では得られない．高沸点成分は純粋な水である．ただし，エタノール含量が 0.89 以上の組成の混合溶液を分留すると低沸点成分は共沸混合物になるが，高沸点成分は純粋なエタノールとなる．

エタノール 96 %（wt %）の含水エタノールに少量のベンゼンを加えて蒸留すると，水：エタノール：ベンゼン = 7.4：18.5：74.1（質量分率）の組成の共沸混合物が，沸点 64.86 °C で留出してくる．水がなくなるとエタノール：ベンゼン = 32.4：67.6（質量分率）の共沸混合物が 68.24 °C で留出してくる．その結果あとにほぼ純粋なエタノールが残る．

7 点 c における系の全組成（気相と液相を合わせたものの組成）は B のモル分率で示すと x_c である．このとき B のモル分率 x_a の気相と x_b の液相とが共存している．$n^{(\ell)}$，$n^{(g)}$ はそれぞれ液相中および気相中の A と B の物質量の和であるから，液相中の成分 B の物質量は $x_a n^{(\ell)}$，気相中の成分 B の物質量は $x_b n^{(g)}$ である．両者の和が $x_c(n^{(\ell)} + n^{(g)})$ に等しいから

$$x_a n^{(\ell)} + x_b n^{(g)} = x_c(n^{(\ell)} + n^{(g)})$$

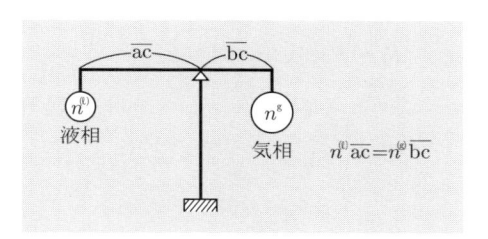

これより $\dfrac{n^{(\ell)}}{n^{(g)}} = \dfrac{x_b - x_c}{x_c - x_a} = \dfrac{\overline{bc}}{\overline{ac}}$ となる．これは上図のようにアームの長さとそれについている物質量との積が等しく，天秤が釣り合った形となっているので，てこの関係という．

8 ギブズの相律から，系の自由度 f は $f = 2 + c - p$ で与えられる．c は独立成分の数，p は相の数である．

(1) $c = 1$, $p = 3$, よって $f = 2 + 1 - 3 = 0$. 純物質の 3 相が平衡で存在している条件はただ 1 つに定まり，自由度はない．これはベンゼンの 3 重点である．

(2) $c = 2$, $p = 2$, よって $f = 2 + 2 - 2 = 2$. 水中の NaCl 濃度，温度，圧力のうちいずれか 2 つを任意に指定することができる．このとき残りの 1 つは自動的に定まる．

第 7 章

1.1 (c) 式は $G_\text{mix} = G^\circ + RT \sum n_i \ln x_i = \sum n_i \mu_i^\circ + RT \sum n_i \ln x_i$ と書ける．これより

$$\mu_i = \left(\dfrac{\partial G_\text{mix}}{\partial n_i}\right)_{T,P,n_j} = \mu_i^\circ + RT \ln x_i + RT \sum_{j=1}^{k} n_j \left(\dfrac{\partial \ln x_j}{\partial n_i}\right)_{T,P,n_j}$$

となる．$\dfrac{\partial}{\partial n_i}\left(\sum n_j\right) = 1$ であるから，$x_j = \dfrac{n_j}{\sum n_l}$ とおいて

$$\sum_{j=1}^{k} n_j \left(\dfrac{\partial \ln x_j}{\partial n_i}\right) = \sum_{j=1}^{k} \dfrac{n_j}{x_j} \dfrac{\partial}{\partial n_i}\left(\dfrac{n_j}{\sum n_l}\right) = \left(\sum_{l=1}^{k} n_l\right) \sum_{j=1}^{k} \left[\dfrac{1}{\sum n_l} \dfrac{\partial n_j}{\partial n_i} - \sum_{l \neq i}^{k} \dfrac{n_j \dfrac{\partial}{\partial n_i} \sum n_l}{\left(\sum n_l\right)^2}\right]$$

$$= \left(\sum_{l=1}^{k} n_l\right) \sum_{j=1}^{k} \left[\dfrac{\sum n_l}{\left(\sum n_l\right)^2} - \sum_{j}^{k} \dfrac{n_j}{\left(\sum n_l\right)^2}\right] = 0$$

となる．これより (a) 式を得る．

1.2 溶液と平衡にある蒸気も理想気体であるとすれば，蒸気および溶液中の i 成分の化学ポテンシャルは

$$\mu_i^{(g)} = \mu_i^{\circ(g)} + RT \ln x_i^{(g)}, \quad \mu_i^{(\ell)} = \mu_i^{\circ(\ell)} + RT \ln x_i^{(\ell)}$$

である．ここで (g) は気相を示し，(ℓ) は液相を示す．平衡状態では $\mu_i^{(g)} = \mu_i^{(\ell)}$ であるから

$$\mu_i^{\circ(g)} + RT \ln x_i^{(g)} = \mu_i^{\circ(\ell)} + RT \ln x_i^{(\ell)}, \quad x_i^{(g)} = x_i^{(\ell)} \exp\left(\dfrac{\mu_i^{\circ(\ell)} - \mu_i^{\circ(g)}}{RT}\right)$$

となる．P_i を i 成分の分圧，P を全圧とすると，$x_i^{(g)} = P_i/P$ であるから，上式は

$$P_i = P x_i^{(\ell)} \exp\left(\frac{\mu_i^{\circ(\ell)} - \mu_i^{\circ(g)}}{RT}\right) \tag{a}$$

となる．$x_i^{(\ell)} = 1$，すなわち純粋な i の場合，$P_i^\circ = P \exp\left(\dfrac{\mu_i^{\circ(\ell)} - \mu_i^{\circ(g)}}{RT}\right)$ であるから，(a) 式は次のように書ける．

$$P_i = P_i^\circ x_i^{(\ell)}$$

1.3 2 mol の溶液中 o-キシレンは 0.6 mol，m-キシレンは 1.4 mol である．純粋な o-キシレンは 0.6 mol と m-キシレン 1.4 mol とを混合する際のギブズエネルギー変化を求めればよい．

$$\Delta G_{\text{mix}} = RT\,(0.6\ln 0.3 + 1.4\ln 0.7) = -3.03\,\text{kJ}$$

であるから，分離するのに要する最小の仕事は 3.03 kJ．

1.4 (1) $f = c - p + 2$ で $c = 2$，$p = 3$ より $f = 1$．したがって圧力，温度，組成のいずれか 1 つを自由に変えるとそれに基づいて他は一意的に定まる．

(2) 成分 A は気相，液相，固相のいずれにも存在しているので，その平衡条件は

$$\mu_A^{\circ(g)} = \mu_A^{(\ell)} = \mu_A^{\circ(s)}; \quad \mu_A^{(\ell)} = \mu_A^{\circ(\ell)} + RT \ln a_A$$

である．理想溶液なら $a_A = x_A$ となる．

(3) 溶液の組成が変わると $\mu_A^{(\ell)}$ が変化する．それにつれて，$\mu_A^{\circ(g)} = \mu_A^{\circ(s)}$ の条件を保ちながら変化する．これは純粋な A の固体と気体とが平衡を保ちながら (T, P) 平面上を移動することを意味している．すなわち昇華曲線上を移動する．

2.1 ギブズエネルギーは完全微分量であるから，微分の順序を交換することができる．したがって，次の関係が成立する．

$$\left(\frac{\partial \mu_i}{\partial P}\right)_{T, n_j} = \left[\frac{\partial}{\partial P}\left(\frac{\partial G}{\partial n_i}\right)_{T, P, n_{j \neq i}}\right]_{T, n_j} = \left[\frac{\partial}{\partial n_i}\left(\frac{\partial G}{\partial P}\right)_{T, n_i}\right]_{T, P, n_{i \neq j}}$$

$$= \left(\frac{\partial V}{\partial n_i}\right)_{T, P, n_{i \neq j}} = \bar{v}_i$$

$$\left(\frac{\partial \mu_i}{\partial T}\right)_{P, n_j} = \left[\frac{\partial}{\partial T}\left(\frac{\partial G}{\partial n_i}\right)_{T, P, n_{i \neq j}}\right]_{P, n_j} = \left[\frac{\partial}{\partial n_i}\left(\frac{\partial G}{\partial T}\right)_{P, n_i}\right]_{T, P, n_{i \neq j}}$$

$$= -\left(\frac{\partial S}{\partial n_i}\right)_{T, P, n_{i \neq j}} = -\bar{s}_i$$

2.2 (1) 希塩酸中では HCl は完全に電離しており，H^+ と Cl^- とは等量存在する．したがって独立成分の数は $H^+ : Cl^-$ の組と H_2O の 2 つである．

(2) 成分の数は見掛け上 H_2O，Ag^+，Cl^-，$AgCl(s)$ の 4 であるが，Ag^+ と Cl^- とは常に等量であり，かつ $Ag^+ + Cl^- \rightleftarrows AgCl(s)$ の平衡が成立している．したがって束縛条件は 2 つあり，独立成分の数は 2 である（H_2O と $AgCl(s)$ の量が任意に変えられる）．

(3) $H_2 + I_2 \rightleftharpoons 2HI$ の平衡が成立する．成分数 3 のうちこの条件のために独立成分の数は 2 である．

(4) $2HI \rightleftharpoons H_2 + I_2$ の平衡が成立するが，同時に H_2 と I_2 の量も常に等しい．したがって束縛条件は 2 となり，独立成分の数は 1 となる．

(5) この場合，$H^+ + Cl^- + Ag^+ + NO_3^- \longrightarrow H^+ + Cl^- + Ag^+ + NO_3^- + Ag(s)$ の反応が起こり，見掛上成分の数は H_2O も入れて 6 つある．しかし，H^+ と Ag^+ の和が Cl^- と NO_3^- の和に等しいこと（電気的中性の条件）$Ag^+ + Cl^- \rightleftharpoons AgCl(s)$ の平衡が成立していることのために，独立成分の数は 4 となる（H_2O, HCl, $AgNO_3$, AgCl の量が独立に変えられる）．

2.3 (1) 独立成分の数は 2．共存する相は溶液と結晶の 2．したがって $f = c + 2 - p = 2$．
(2) 独立成分の数は 2．共存する相は溶液と蒸気の 2．したがって $f = c + 2 - p = 2$．
(3) 独立成分の数は 1．共存する相の数は 3．したがって $f = c + 2 - p = 0$．
(3 重点では温度・圧力ともに一意的に定まる．)

3.1 純粋な B の固体と溶液とが平衡状態にある場合である．平衡条件は

$$\mu_B^{\circ(s)} = \mu_B^{\circ(\ell)} + RT \ln x_B \tag{a}$$

(a) 式を $P =$ 一定 の条件で T で微分し，ギブズ・ヘルムホルツの式（5.24）を用いると

$$\left(\frac{\partial \ln x_B}{\partial T}\right)_P = -\left[\frac{\partial}{\partial T}\left(\frac{\mu_B^{\circ(\ell)} - \mu_B^{\circ(s)}}{RT}\right)\right]_P = -\left[\frac{\partial}{\partial T}\left(\frac{\Delta G^\circ}{RT}\right)\right]_P = \frac{\Delta H_m}{RT^2} \tag{b}$$

B のモル融解熱 ΔH_m が一定とみなされる範囲で (b) 式を T から純粋な B の融点 T_f まで積分すると

$$\ln x_B = -\frac{\Delta H_m}{RT} + C\,;\; \ln\left[x_B(T_f)/x_B(T)\right] = -\frac{\Delta H_m}{R}\left(\frac{1}{T_f} - \frac{1}{T}\right) \tag{c}$$

T_f においては B そのものが液体となるために $x_B = 1$ となる（$x_B(T_f) = 1$）．したがって，(c) 式より

$$\ln x_B = -\frac{\Delta H_m}{R}\left(\frac{1}{T} - \frac{1}{T_f}\right) \tag{d}$$

となる．

3.2 前問の (d) 式を用いる．ナフタレンおよびベンゼンの溶解度に対して

$$\ln x\,(\text{ナフタレン}) = -\frac{19080}{R}\left(\frac{1}{T} - \frac{1}{353.1}\right) = 6.50 - \frac{2295}{T}\,;\; x = 665 e^{-2295/T}$$

$$\ln x\,(\text{ベンゼン}) = -\frac{9837}{R}\left(\frac{1}{T} - \frac{1}{278.7}\right) = 4.245 - \frac{1183}{T}\,;\; x = 69.8 e^{-1183/T}$$

4.1 ブドウ糖の分子量は $C_6H_{12}O_6 = 180$ である．したがってブドウ糖のモル分率は $\dfrac{10/180}{10/180 + 90/18} = 0.0110$ であり，水のモル分率は 0.989 である．したがって，ラウールの法則が成り立つとして，水の蒸気圧は

$$P = 0.989 \times 55.32 = 54.71 \text{ Torr}$$

また，同じ溶液の水 1 kg 中にブドウ糖は

$$\frac{1000}{90} \times 10 = 111.1\,\mathrm{g}$$

溶けているから，その質量モル濃度は，$m = 111.1 \div 180 = 0.617$ である．したがって，沸点上昇は $0.51 \times 0.617 = 0.315\,\mathrm{deg}$ である．したがって水の沸点は $100.32\,°\mathrm{C}$ である．

4.2 (1) 溶液中の水のモル分率を x_A とすると

$$742.3 = x_\mathrm{A}\,760 \quad;\quad x_\mathrm{A} = 0.9767$$

である．したがって溶質のモル分率は 0.0233 である．溶質の分子量を M_B とすると

$$\frac{100}{18} : \frac{10.35}{M_\mathrm{B}} = 0.9767 : 0.0233$$

となる．これより $M_\mathrm{B} = 78.1$．

(2) エーテルのモル分率を x_A とすると

$$360.1 = x_\mathrm{A}\,382.0\;;\;x_\mathrm{A} = 0.9427$$

これより $x_\mathrm{B} = 0.0573$ である．B の分子量を M_B とすると

$$\frac{100}{74} : \frac{11.346}{M_\mathrm{B}} = 0.9427 : 0.0573 \quad;\quad M_\mathrm{B} = 138.1$$

4.3 空気の圧力が $1\,\mathrm{atm}$ のとき窒素の分圧は $0.79\,\mathrm{atm}$，酸素の分圧は $0.21\,\mathrm{atm}$ である．したがって，$0\,°\mathrm{C}$ で $1\,\mathrm{dm}^3$ の水に溶解する量は

窒素：$\dfrac{0.0235 \times 0.79}{22.4} = 8.29 \times 10^{-4}\,\mathrm{mol}$，酸素：$\dfrac{0.0489 \times 0.21}{22.4} = 4.58 \times 10^{-4}\,\mathrm{mol}$

したがって，水の密度は $1.00\,\mathrm{g/cm}^3$ であるので，これらの気体の質量モル濃度は $8.29 \times 10^{-4} + 4.58 \times 10^{-4} = 1.287 \times 10^{-3}\,\mathrm{mol}$ である．凝固点降下は $\varDelta T_\mathrm{f} = K_\mathrm{f} m = 1.86 \times 1.287 \times 10^{-3} = 2.39 \times 10^{-3}\,\mathrm{deg}$．凝固点は $-2.39 \times 10^{-3}\,°\mathrm{C}$．

4.4 エチレングリコール水溶液がかなり高濃度まで理想溶液であると仮定すると，凍結温度を 5 度下げるためには，質量モル濃度 m を 2.69 としなければならない．$\mathrm{C_2H_6O_2} = 62$ だから，水 $1\,\mathrm{kg}$ 中に $166.8\,\mathrm{g}$ のエチレングリコールを溶かさなければならない．百分率濃度は 14.3%．

実際には水とエチレングリコール $\mathrm{C_2H_4(OH)_2}$ との親和力が強いために，水の活量は理想溶液に比べるとかなり低下しており，凝固点の降下は計算値よりもかなり大きい．

5.1 血液の質量モル濃度（の実効値）を m とすると

$$m = 0.56/1.86 = 0.301\,\mathrm{mol\,kg}^{-1}$$

である．$0.301\,\mathrm{mol}$ の溶質の溶解によっても水の容積には実質上変化がないとすると，濃度は $0.301\,\mathrm{mol\,dm}^{-3}$，$R = 0.08205\,\mathrm{dm}^3\,\mathrm{atm}$ であるから

$$\varPi = 0.301 \times 0.08205 \times (273 + 36) = 7.63\,\mathrm{atm}$$

濃度 $0.301\,\mathrm{mol\,dm}^{-3}$ の水溶液 $1\,\mathrm{dm}^3$ 中には，ブドウ糖が $0.301\,\mathrm{mol}$ 含まれているから，その質量は $0.301 \times 180 = 54.2\,\mathrm{g}$．

5.2 ショ糖水溶液における水のモル分率は

$$x_A = \frac{1000/18}{1000/18 + 5.0} = 0.917$$

である．ショ糖水溶液を理想溶液とすると，蒸気圧はラウールの法則より

$$P^{\text{id}} = 0.917\, P^\circ = 0.917 \times 4.58 = 4.20\,\text{Torr}$$

したがって相対活量は $a_1 = 3.99/4.58 = 0.871$ である．活量係数は $\gamma_1 = 3.99/4.20 = 0.950$ である（$\gamma_1 = 0.871/0.917 = 0.950$ としても求められる）．

5.3 $\alpha = 2.83 \times 10^{-2}\,\text{dm}^3/\text{dm}^3$ であるから，$2.1\,\text{atm}$ 下では $1\,\text{dm}^3$ の水に $0\,^\circ\text{C}$，$1\,\text{atm}$ 換算で $2.83 \times 10^{-2} \times 2.1\,\text{dm}^3$ の酸素が溶ける．酸素の物質量は

$$\frac{2.83 \times 10^{-2} \times 2.1}{22.4} = 2.65 \times 10^{-3}\,\text{mol}$$

である．したがって酸素のモル分率 x_B は

$$x_B = \frac{2.65 \times 10^{-3}}{1000/18 + 2.65 \times 10^{-3}} = 4.77 \times 10^{-5}$$

演習問題

1 理想混合物の条件より

$$\Delta V_m = 0, \quad \Delta U_m = 0, \quad \Delta H_m = \Delta U_m + P\Delta V_m = 0$$

である．$C_6H_{14} = 86$，$C_7H_{16} = 100$ であるから $1\,\text{kg}$ の物質量はそれぞれ $1000/86 = 11.63$ と $10.00\,\text{mol}$ である．ゆえに

$$\Delta S_m = -R\sum n_i \ln x_i = -R\left(11.63 \ln \frac{11.63}{21.63} + 10.00 \ln \frac{10.00}{21.63}\right) = 124.1\,\text{J K}^{-1}$$

$$\Delta A_m = \Delta G_m = T\Delta S_m = 3.70 \times 10^4\,\text{J}$$

2 混合物中の成分のモル当りギブズエネルギーは化学ポテンシャルによって与えられる．理想混合系の化学ポテンシャルは $\mu_i = \mu_i^\circ + RT \ln x_i$ で与えられる．ベンゼンのモル分率を x_1，トルエンのモル分率を x_2 とする．

(1) $x_1 = 0.6$ のとき：$W = \Delta G = \mu_1^\circ - (\mu_1^\circ + RT \ln 0.6) = -RT \ln 0.6 = 1.27 \times 10^3\,\text{J mol}^{-1}$．

$x_1 = 0.4$ のとき：$W = \Delta G = -RT \ln 0.4 = 2.27 \times 10^3\,\text{J mol}^{-1}$．

エントロピー変化はそれぞれ，$\Delta S = -1.27 \times 10^3/298 = -4.26\,\text{J K}^{-1}\,\text{mol}^{-1}$ および $-7.62\,\text{J K}^{-1}\,\text{mol}^{-1}$ である．

$x_1 = 0.4$ の場合の方が多くの仕事を要する．また $-\Delta S$ も大きい．その理由は，希薄な溶液中の方がベンゼンはより広い空間に拡散しているからである．

(2) 分離により純粋なベンゼンと純粋なトルエンに分かれるから

$x_1 = 0.6$ のとき：$W = \Delta G = 0.6\left[\mu_1^\circ - (\mu_1^\circ + RT \ln 0.6)\right] + 0.4\left[\mu_2^\circ - (\mu_2^\circ + RT \ln 0.4)\right] = -RT(0.6 \ln 0.6 + 0.4 \ln 0.4) = 1.67 \times 10^3\,\text{J}$．$\Delta S = -5.60\,\text{J K}^{-1}$．

$x_1 = 0.4$ のとき：$W = \Delta G = 0.4\left[\mu_1^\circ - (\mu_1^\circ + RT \ln 0.4)\right] + 0.6\left[\mu_2^\circ - (\mu_2^\circ + RT \ln 0.6)\right] =$

$-RT(0.4\ln 0.4 + 0.6\ln 0.6) = 1.67 \times 10^3$ J. $\Delta S = -5.60$ J K^{-1}.
この場合混合比が 4：6 または 6：4 で熱力学的にみて両者に差がない理想溶液では，結局同じ組成の理想混合系とみなせるので，ΔG や ΔS に差を生じない．

3 (1) 理想溶液が形成する条件は，(a) $\Delta H = 0$：AB 2 成分系でいえば A-A, B-B 相互作用のエネルギーが A-B 相互作用のエネルギーにほぼ等しいこと．(b) $\Delta V = 0$：各分子の分子容がほぼ等しいこと，の 2 点である．CCl_4 と $SnCl_4$ はいずれも正四面体構造で無極性であり，中心原子を 4 個の Cl 原子が取り囲んでいるので分子間相互作用にほとんど差がない．また分子は球状で分子容もほぼ同じである．

(2) 分子量は $CCl_4 = 154$, $SnCl_4 = 261$ であるから溶液中の CCl_4 のモル分率 $x_1^{(\ell)}$ は 0.371, $SnCl_4$ は $x_2^{(\ell)} = 0.629$ である．蒸気中については
$$x_1^{(g)} = \frac{90.0 \times 0.371}{90.0 \times 0.371 + 19.0 \times 0.629} = 0.736, \quad x_2^{(g)} = 0.264$$

(3) それぞれ純物質から CCl_4 1 mol + $SnCl_4$ 2 mol の混合系をつくるときの ΔS_1 と CCl_4 2 mol と $SnCl_4$ 2 mol の混合系をつくるときの ΔS_2 を計算しその差をとればよい．
$$\Delta S_1 = -R(\ln(1/3) + 2\ln(2/3)), \quad \Delta S_2 = -R(2\ln(2/4) + 2\ln(2/4))$$
$$\Delta S = \Delta S_2 - \Delta S_1 = R(\ln(1/3) + 2\ln(2/3) - 4\ln(1/2)) = 0.718 \text{ J K}^{-1}$$
$$\Delta G = -T\Delta S = -273 \times 0.718 = -196 \text{ J}$$

4 両者は互いに混合せず独立に液体–蒸気平衡が成立するから，全蒸気圧は各純物質の蒸気圧の和になることに留意する．第 5 章例題 3 の (d) 式より，水とニトロベンゼンのモル気化熱を $\Delta H_v^1, \Delta H_v^2$ とすると

水：$\ln\left(\dfrac{P_2}{P_1}\right) = \dfrac{\Delta H_v^1}{R}\left(\dfrac{1}{T_2} - \dfrac{1}{T_1}\right), \quad \ln\left(\dfrac{760}{233.7}\right) = \dfrac{\Delta H_v^1}{8.314}\left(\dfrac{1}{373} - \dfrac{1}{343}\right),$
$\Delta H_v^1 = 4.181 \times 10^4 \text{ J mol}^{-1}$

ニトロベンゼン：$\ln\left(\dfrac{148}{22.4}\right) = -\dfrac{\Delta H_v^2}{8.314}\left(\dfrac{1}{423} - \dfrac{1}{373}\right), \quad \Delta H_v^2 = 4.954 \times 10^4 \text{ J mol}^{-1}$

したがって，水およびニトロベンゼンの蒸気圧の温度依存性は

水：$\ln(P/\text{Torr}) = -5.029 \times 10^3(1/T - 1/343) + \ln(233.7)$
$\qquad = -5.029 \times 10^3/T + 20.12$

ニトロベンゼン：$\ln(P/\text{Torr}) = 5.958 \times 10^3(1/T - 1/343) + \ln 22.4$
$\qquad = -5.959 \times 10^3/T + 20.48$

各成分の蒸気圧およびその和の温度依存性は次の表のようになる．

温度/K	$P_水$/Torr	$P_{ニトロベン}$/Torr	$(P_水 + P_{ニトロベン})$/Torr
368	635.4	72.8	708.2
369	659.4	76.0	735.4
370	684.1	79.4	763.5
371	709.6	82.9	792.5
372	736.0	86.6	822.6

これより内挿により沸点すなわち全蒸気圧が $1\,\text{atm}$ となる点では $T = 366.9\,\text{K}$, $P_\text{水} = 682\,\text{Torr}$, $P_\text{ニトロベン} = 79\,\text{Torr}$ となる．$1\,\text{atm}$ 下では蒸気中の水とニトロベンゼン質量比は $\text{H}_2\text{O} = 18$, $\text{C}_6\text{H}_5\text{NO}_2 = 123$ であるから

$$\text{水：ニトロベンゼン} = 18 \times 682 : 123 \times 79 = 100 : 79$$

で，$79\,\text{g}$ のニトロベンゼンが留出する．

5 (1) 相の数は $p = 1$．成分の数としては $\text{HCl}, \text{H}^+, \text{Cl}^-$ および H_2O があるが，$\text{HCl}, \text{H}^+, \text{Cl}^-$ については $\text{HCl} \rightleftarrows \text{H}^+ + \text{Cl}^-$ の平衡が成立し，かつ $\text{H}^+ = \text{Cl}^-$ である（$\text{H}_2\text{O} \rightleftarrows \text{H}^+ + \text{OH}^-$ の解離を考慮しても同じである）．したがって独立成分 c の数は 2．自由度 f は $f = c + 2 - p = 2 + 2 - 1 = 3$ であるが，圧力および濃度が一定であれば残りの自由度は 1．

(2) $p = 2$, $\text{NH}_3 + \text{H}_2\text{O} \rightleftarrows \text{NH}_4^+ + \text{OH}^-$, $\text{NH}_4^+ = \text{OH}^-$ が成立するので独立成分 c の数も 2．したがって，$f = c + 2 - p = 2 + 2 - 2 = 2$．温度を一定に保つと残りの自由度は 1 であるが組成を $1\,\text{M}$ と定めると $f = 0$ となり，圧力も自動的にきまる．

(3) $c = 3$, $p = 1$ で $f = c + 2 - p = 4$ であるが，$3\text{H}_2 + \text{N}_2 \rightleftarrows 2\text{NH}_3$ の条件と定温・定圧の条件があるので $f = 1$．H_2 と N_2 の混合比を変えることができる．

(4) $c = 4$ であるが $2\text{C} + \text{O}_2 \rightleftarrows 2\text{CO}$, $2\text{CO} + \text{O}_2 \rightleftarrows 2\text{CO}_2$ の平衡が成立するので独立成分の数は 2．$f = c + 2 - p = 2 + 2 - 2 = 2$ であるが定温であるので $f = 1$．圧力または組成のいずれかを変えることができる．いいかえると圧力を一定にすると $\text{CO}, \text{CO}_2, \text{O}_2$ の割合は一義的に定まる．

6 例題 3 を整理してみるとわかる．

(a) 溶媒に対してラウールの法則 $\mu_\text{A}^{(\ell)} = \mu_\text{A}^{\circ(\ell)} + RT \ln a_\text{A}$ が成立する．

(b) 蒸気に対して理想気体近似が成立し $\mu_\text{A}^{(g)} = \mu_\text{A}^{\circ(g)} + RT \ln P_\text{A}$ が成立する．

(c) 蒸発熱 ΔH_v が T_b° から $T_\text{b}^\circ + \Delta T_\text{b}$ の間で一定とみなせる．

(d) ΔH_b は H_b に比べて小さく，$T_\text{b}^\circ(T_\text{b}^\circ + \Delta T_\text{b}) \doteqdot T_\text{b}^{\circ 2}$ とおける．

(e) 溶質のモル分率 x_B が 1 に比べて非常に小さく，$-\ln x_\text{A} = -\ln(1 - x_\text{B}) \doteqdot x_\text{B}$ と近似できる．

(f) $n_\text{B} \ll n_\text{A}$ であるから $n_\text{B} = \dfrac{n_\text{B}}{n_\text{A} + n_\text{B}} \doteqdot \dfrac{n_\text{B}}{n_\text{A}}$ と近似できる．

7 右図のように，Π/c を c に対してプロットし，曲線を $c \to 0$ に外挿して

$$(\Pi/c)_0 = 0.00100\,\text{atm}^{-1}\,\text{dm}^3$$

を得る．またファント・ホッフの式

$$\Pi = n_2 RT/V$$

で溶質の質量を w_2, 分子量を M_2 とすると $n_2 = w_2/M_2$ であり，また濃度 $c_2 = w_2/V$ で表わされるから

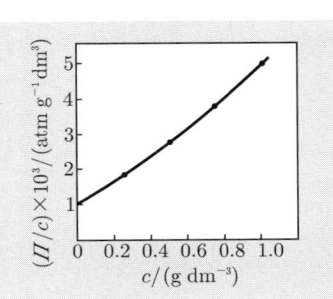

$$\Pi/c_2 = RT/M_2$$

となる．

$$T = 298.2\,\text{K}, \quad R = 0.08205\,\text{dm}^3\,\text{atm}\,\text{K}^{-1}\,\text{mol}^{-1}$$

を用いて，$M_2 = \dfrac{RT}{(\Pi/c)_0} = \dfrac{0.08205 \times 298.2}{0.00100} = 24470\,\text{g}\,\text{mol}^{-1}$．よって，この高分子化合物の分子量は 2.45×10^4 である．

8 100 °C で水の蒸気圧は 760 Torr であるから，溶液中の水の相対活量は

$$a_1 = 707/760 = 0.930$$

一方，水のモル分率は

$$x_1 = \frac{500/18}{500/18 + 0.73} = 0.974$$

であるから，活量係数は $f_1 = 0.930/0.974 = 0.955$

9 ショ糖の分子量は $C_{12}H_{22}O_{11} = 342$ であるから，溶液の質量モル濃度は $m = 1.0$ である．水のモル分率は

$$x_1 = \frac{1000/18}{1000/18 + 1.0} = 0.982$$

である．一方，凝固点から求めた水の活量の値は水のモル凝固点降下定数が $1.86\,\text{kg}\,\text{K}\,\text{mol}^{-1}$ であるので

$$a_1 = 1.832/1.86 = 0.985$$

である．したがって水の活量係数は

$$f_1 = 0.985/0.982 = 1.003$$

10 蒸気相：$\mu_1 = \mu_1^{\ominus(\text{g})} + RT \ln P_1$, 溶液相：$\mu_1 = \mu_1^{\circ(l)} + RT \ln a_1$

ここで，$\mu_1^{\ominus(\text{g})}$ は気相（1 atm）での標準化学ポテンシャル，$\mu_1^{\circ(l)}$ は純粋液体 1 の化学ポテンシャルである．純溶媒および溶液についての気-液平衡条件は，それぞれ

$$\mu_1^{\ominus} + RT \ln P_1^{\circ} = \mu_1^{\circ(l)}, \quad \mu_1^{\ominus} + RT \ln P_1 = \mu_1^{\circ(l)} + RT \ln a_1$$

2 式の差をとると，$\ln a_1 = \ln(P_1/P_1^{\circ})$．よって

$$a_1 = P_1/P_1^{\circ}$$

この結果を用いて，$m_2 = 5.0\,\text{mol}\,\text{kg}^{-1}$ ショ糖水溶液での水の相対活量は

$$a_1 = \frac{3.99}{4.58} = 0.871$$

また，この溶液は水 $1000/18 = 55.55\,\text{mol}$，ショ糖 $5.0\,\text{mol}$ の割合で成るので，水のモル分率は

$$x_1 = \frac{55.55}{55.55 + 5.0} = 0.917$$

である．よって，活量係数は $r_1 = \dfrac{a_1}{x_1} = \dfrac{0.871}{0.917} = 0.95$

11 純溶媒と蒸気との平衡条件は，蒸気を理想気体とみなして

$$\mu_A^{\circ(\ell)} = \mu_A^{\ominus(g)} + RT \ln P_A^\circ$$

他方，溶液と蒸気とが平衡にあるときには

$$\mu_A^{(\ell)} = \mu_A^{\ominus(g)} + RT \ln P_A$$

ゆえに $\mu_A^{(\ell)} - \mu_A^{\circ(\ell)} = RT \ln P_A (P_A/P_A^\circ)$

圧力 $P+\Pi$ 下の溶液中の溶媒と圧力 P 下の純溶媒の化学ポテンシャルが等しいときに浸透平衡に達するから

$$\mu_A^{(\ell)}(P+\Pi) = \mu_A^{\circ(\ell)}(P)$$

$\left(\dfrac{\partial \mu_A^{(\ell)}}{\partial P}\right)_T = \overline{v}_A$ であるから［問題 2.1 参照］，$\overline{v}_A$ は圧力にほとんどよらないことを考慮して

$$\mu_A^{(\ell)}(P+\Pi) - \mu_A^{(\ell)} \int_P^{P+\Pi} \overline{v}_A \, dP \doteqdot \Pi \overline{v}_A$$

であるから

$$\mu_A^{(\ell)} - \mu_A^{\circ(\ell)} = RT \ln P_A (P_A/P_A^\circ) = -\Pi \overline{v}_A$$

これより問題の式が得られる．

12 1 回で抽出を行う場合に溶液に残存する溶質の量を w_1 とすると，溶媒 A と B とにおける C の濃度は w_1/V と $(w-w_1)/v$ であるから

$$\frac{(w-w_1)/v}{w_1/V} = K, \quad w_1 = \left(\frac{V}{V+Kv}\right)w$$

である．体積 v/n を用いて 1 回だけ抽出するときは，残存量は

$$w_n^1 = \left(\frac{V}{V+Kv/n}\right)w$$

これを n 回繰り返し行うと

$$w_n^n = \left(\frac{V}{V+Kv/n}\right)^n w = \left(\frac{nV}{nV+Kv}\right)^n w$$

効率を比較するために w_1 と w_n^n の比をとると

$$\frac{w_n^n}{w_1} = \left(\frac{V}{V+Kv/n}\right)^n \left(\frac{V+Kv}{V}\right) = \frac{1+Kv/V}{[1+(Kv/Vn)]^n}$$

分母 $[1+(Kv/Vn)]^n = 1 + n(Kv/Vn) + \dfrac{1}{2}n(n-1)(Kv/Vn)^2 + \cdots$ は分子よりも大きい．具体的に計算してみる．

$V = v = 1, \quad K = 2$ で

$n = 1$ のとき　$w_1^1 = \dfrac{1}{3}$

$n = 2$ のとき　$w_2^1 = \dfrac{1}{2}w$　$w_2^2 = \dfrac{1}{4}w$

$n = 3$ のとき　$w_3^1 = \dfrac{3}{5}w$　$w_3^2 = \left(\dfrac{3}{5}\right)^2 w$　$w_3^3 = \left(\dfrac{3}{5}\right)^3 w = 0.216$

$n = 5$ のとき　$w_5^1 = \dfrac{5}{7}w$　$w_5^5 = \left(\dfrac{5}{7}\right)^5 = 0.186$

このように最終残量 w_n^n は n の増大とともに減少する．

第 8 章

1.1　解離度を α_1，分解前の水蒸気を P° とすると，解離平衡状態における各成分の分圧は

$$P_{H_2O} = (1-\alpha)P^\circ, \quad P_{H_2} = \alpha P^\circ, \quad P_{O_2} = \frac{1}{2}\alpha P^\circ$$

となる．全圧は $P = \left(1 + \dfrac{1}{2}\alpha\right)P^\circ$ となる．したがって各成分の分圧を P で表わすと

$$P_{H_2O} = \frac{1-\alpha}{1+\frac{1}{2}\alpha}P, \quad P_{H_2} = \frac{\alpha}{1+\frac{1}{2}\alpha}P, \quad P_{O_2} = \frac{\frac{1}{2}\alpha}{1+\frac{1}{2}\alpha}P$$

となる．ゆえに

$$K_P = \frac{P_{H_2}^2 P_{O_2}}{P_{H_2O}^2} = \frac{\frac{1}{2}\alpha^3}{\left(1+\frac{1}{2}\alpha\right)(1-\alpha)^2}P = 6.9 \times 10^{-15}\,\text{atm}$$

$\alpha \ll 1$ だから，$\left(1+\dfrac{1}{2}\alpha\right)(1-\alpha)^2 \fallingdotseq 1$ とおけるので，$P = 5\,\text{atm}$ として

$$\alpha^3 = 6.9 \times 10^{-15}/2.5, \quad \alpha = 1.4 \times 10^{-5}$$

1.2　原子量は $Cl = 35.45$ であるから，$70.9\,\text{g}$ の Cl_2 の物質量は $1\,\text{mol}$ である．もし解離しないとすると，$2000\,°C$ において $1\,\text{mol}$ の Cl_2 が示す圧力は $1 \times 2273/273\,\text{atm}$ である．解離度を α とすると，$Cl_2 : 1-\alpha$, $Cl : 2\alpha$ となるから圧力は $1+\alpha$ 倍になる．したがって，$(2273/273) \times (1+\alpha) = 12.5$，$\alpha = 0.501$．

1.3　この反応においては物質量（分子数）が変化しない．平衡状態において $x\,\%$ 相当の CO を生成したとすると

$$CO_2 : (40-x)\%, \quad H_2 : (60-x)\%, \quad CO = H_2O = x\,\%$$

であるから

$$\frac{x^2}{(40-x)(60-x)} = 1.66$$

これより，$x = 26.9\,\%$．

1.4　(1)　$13\,\%$ の H_2 が解離すると，全物質量は 1.13 倍になるので，H_2 は $(0.87/1.13) \times 100\,\%$,

H は $(0.13 \times 2/1.13) \times 100\%$ である．ゆえに分圧は

$$P_{H_2} = 0.87/1.13 = 0.77\,\text{atm}, \quad P_H = 0.13 \times 2/1.13 = 0.23\,\text{atm}$$

(2)
$$K_P = \frac{P_H^2}{P_{H_2}} = \frac{0.23^2}{0.77} = 6.9 \times 10^{-2}\,\text{atm}$$

(3) 全圧を P，解離度を α とすると，$P_{H_2} = \{(1-\alpha)/(1+\alpha)\}P, P_H = \{2\alpha/(1+\alpha)\}P$ であるから

$$K_P = \frac{4\alpha^2 P}{(1-\alpha)(1+\alpha)}$$

$\alpha = 0.1$ とおくと

$$6.9 \times 10^{-2} = \frac{4 \times 0.01}{0.99}P, \quad P = 1.7\,\text{atm}$$

1.5 平衡定数は

$$K_P = \frac{P_{NO}^2 P_{Br_2}}{P_{NOBr}^2}$$

である．$P_{Br_2} = 210/760 = 0.276\,\text{atm}$ で一定であるから

$$\frac{P_{NO}^2}{P_{NOBr}^2} = \frac{3.51 \times 10^{-2}}{0.276} = 1.27 \times 10^{-1}$$

これより $P_{NO} = (0.127)^{1/2} P_{NOBr} = 3.56\,\text{atm}$

2.1 表 2.4 および表 4.1 より $\Delta H_{f,298}^{\ominus}(NH_3) = -45.90\,\text{kJ mol}^{-1}$，$S_{298}^{\ominus}(H_2) = 130.59$，$S_{298}(N_2) = 191.5$，$S_{298}^{\ominus}(NH_3) = 192.5\,\text{J K}^{-1}\text{mol}^{-1}$ である．したがって (8.18) 式より 298 K において

$$\Delta S_f^{\ominus}(NH_3) = 192.5 - \frac{1}{2}(3 \times 130.59 + 191.5) = -99.14\,\text{J K}^{-1}\text{mol}^{-1}$$

$$\Delta G_f^{\ominus} = \Delta H_f^{\ominus} - T\Delta S = -1.636 \times 10^4\,\text{J mol}^{-1}$$

$$\Delta G^{\ominus} = -RT \ln K_P^{\ominus \, *} \quad \text{より} \quad K_P^{\ominus} = e^{-\Delta G^{\ominus}/RT} = 822\,\text{atm}^2$$

2.2 解離反応はそれぞれ

$$2H_2O = 2H_2 + O_2 \tag{a}$$

$$2CO_2 = 2CO + O_2 \tag{b}$$

である．それぞれ，解離度を α_1, α_2，全圧を P_1, P_2 とすると，$\alpha_1 \ll 1, \alpha_2 \ll 1$ であるから，各成分の分圧は

$$P_{H_2O} = (1-\alpha_1)P_1, \quad P_{H_2} = \alpha_1 P_1, \quad P_{O_2} = \frac{1}{2}\alpha_1 P_1,$$

$$P_{CO_2} = (1-\alpha_2)P_2, \quad P_{CO} = \alpha_2 P_2, \quad P_{O_2} = \frac{1}{2}\alpha_2 P_2$$

となる．したがってそれぞれの反応の圧平衡定数 K_1, K_2 は

---

* この反応系では K_P は (圧力)^2 の次元をもつ．したがって正式には $\Delta G^{\ominus} = -RT \ln (K_P^{\ominus}/\text{atm}^2)$ と表わす．以下，K_P の次元については省略して記す．

$$K_1 = \frac{P_{H_2}^2 P_{O_2}}{P_{H_2O}^2} = \frac{\frac{1}{2}\alpha_1^3 P_1}{(1-\alpha_1)^2} \doteqdot \frac{1}{2}\alpha_1^3 P_1, \quad K_2 = \frac{P_{CO}^2 P_{O_2}}{P_{CO_2}^2} \doteqdot \frac{1}{2}\alpha_2^3 P_2$$

となる. $\alpha_1 = 8.9 \times 10^{-5}$, $\alpha_2 = 1.41 \times 10^{-4}$ であるから $K_1 = 3.5 \times 10^{-13}$ atm, $K_2 = 1.4 \times 10^{-12}$ atm.

反応 $CO_2 + H_2 = CO + H_2O$ の平衡定数を K_3 とすると, これは $\frac{1}{2}[(b) 式 - (a) 式]$ であるから, $K_3 = \frac{P_{CO}P_{H_2O}}{P_{CO_2}P_{H_2}} = \left[\frac{K_2}{K_1}\right]^{1/2}$ となる. よって $K_3 = 2.0$.

ゆえに, $\Delta G° = -RT \ln K_P = -8.02 \,\text{kJ}\,\text{mol}^{-1}$

2.3 反応の標準生成ギブズエネルギー変化 $\Delta G^\ominus$ は

$$\Delta G^\ominus = -394.4 - 2 \times 228.60 + 50.84 = -800.76 \,\text{kJ}$$

$$\ln K_P = -\frac{\Delta G^\ominus}{RT} = \frac{800.76 \times 10^3}{8.314 \times 298} = 323, \quad K_P = 10^{140}$$

$25°C$ における $H_2O(\ell)$ の $\Delta G^\ominus$ は $H_2O(g)$ の値よりもさらに小さく, $H_2O(\ell)$ の方が安定であるから, 反応は完全に右側へ進む.

3.1 圧平衡定数と濃度平衡定数との関係は, (8.14) 式で与えられる. $\frac{d}{dT}\ln(RT)^{\Delta n_g} = \frac{\Delta n_g}{T}$ であるから

$$\frac{d(\ln K_P^\ominus)}{dT} = \frac{d(\ln K_c^\ominus)}{dT} + \frac{\Delta n_g}{T} \tag{a}$$

となる. ここで Δn_g に反応に伴う分子数の変化で, $\Delta n_g = \sum \nu_i (\text{生成物}) - \sum \nu_j (\text{反応物})$ である. (8.23) 式を用いると

$$\frac{d(\ln K_c^\ominus)}{dT} = \frac{d(\ln K_P^\ominus)}{dT} - \frac{\Delta n_g}{T} = \frac{\Delta H^\ominus - \Delta n_g RT}{RT^2} \tag{b}$$

となる. $PV = nRT$ より $\Delta n_g RT = P\Delta V$ であるから, (b) 式は

$$\frac{d(\ln K_c^\ominus)}{dT} = \frac{\Delta H^\ominus - P\Delta V}{RT^2} = \frac{\Delta U^\ominus}{RT^2} \tag{c}$$

となる. (c) 式を積分して次のようになる.

$$\ln\left[\frac{K_c^\ominus(T_2)}{K_c^\ominus(T_1)}\right] = -\frac{\Delta U^\ominus}{R}\left(\frac{1}{T_2} - \frac{1}{T_1}\right) \tag{d}$$

3.2 (1) 解離度を α, 全圧を P とすると, 分子数 (物質量) は $1 + \alpha$ 倍になるから

$$P_{N_2O_4} = \frac{1-\alpha}{1+\alpha}P, \quad P_{NO_2} = \frac{2\alpha}{1+\alpha}P$$

となる.

$$K_P = \frac{P_{NO_2}^2}{P_{N_2O_4}} = \frac{4\alpha^2}{1-\alpha^2}P \quad \text{より} \quad \alpha = \left[\frac{K_P}{4P+K_P}\right]^{1/2}$$

したがって, P が大きくなると α は小さくなる.

(2) 圧平衡定数の温度依存性は, (8.23) 式より

第 8 章の問題解答

$$\frac{d\ln K_P}{dT} = \frac{\Delta H^{\ominus}}{RT^2}$$

である．$\Delta H^{\ominus} = 33.9 \times 2 - 9.7 = 58.1\,\mathrm{kJ\,mol^{-1}}$ で正となるので，$d\ln K_P/dT > 0$ である．したがって，温度の上昇とともに吸熱 ($\Delta H > 0$) の反応が進む方向へ平衡が移動する．

3.3 反応の解離度を α，全圧を P とすると，分子数（物質量）は $1+\alpha$ 倍になるから

$$K_P = \frac{P_{\mathrm{CO}}P_{\mathrm{Cl_2}}}{P_{\mathrm{COCl_2}}} = \frac{\alpha^2}{1-\alpha^2}P$$

となる．これより，$503\,°\mathrm{C}$ で $K_P = 0.67^2/(1-0.67^2)P = 0.815P$，$553\,°\mathrm{C}$ で $K_P = 0.80^2/(1-0.80^2)P = 1.78P$ となる．(8.23) 式より

$$\ln\frac{K_P(826)}{K_P(776)} = -\frac{\Delta H}{R}\left(\frac{1}{826} - \frac{1}{776}\right) = -\frac{\Delta H}{R}(-7.80\times 10^{-5})$$

$$\Delta H = 8.314 \times \ln(1.78/0.815)/7.80\times 10^{-5} = 8.33\times 10^4\,\mathrm{J}$$

3.4 $\ln K$ の $1/T$ に対するプロット（右図）はほぼ直線となる．このことは，$\Delta H^{\ominus}$ が温度にほとんど依存しないことを意味している．$\Delta H^{\ominus}$ 一定とみなして

$$\frac{d\ln K^{\ominus}}{dT} = \frac{\Delta H^{\ominus}}{RT^2}$$

を積分すると

$$\ln K_2^{\ominus} - \ln K_1^{\ominus}$$
$$= -\frac{\Delta H^{\ominus}}{R}\left(\frac{1}{T_2} - \frac{1}{T_1}\right)$$

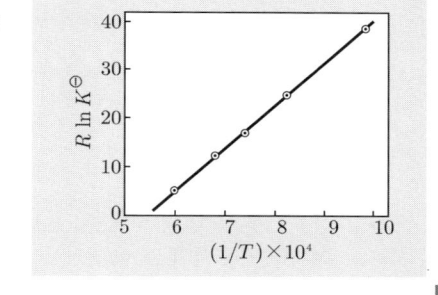

となる．$T_2 = 1.667$，$T_1 = 1023$ とすると

$$4.92 - 38.79 = -\Delta H^{\ominus}\left(\frac{1}{1667} - \frac{1}{1023}\right), \quad \Delta H^{\ominus} = -89.69\,\mathrm{kJ\,mol^{-1}}$$

4.1 ファント・ホッフの式 (8.23) より，この場合

$$\frac{d\ln K_P}{dT} = \frac{1.4477\times 10^5}{RT^2} - \frac{11.56}{RT} + \frac{1.172\times 10^{-2}}{R} - \frac{2.59\times 10^{-5}T}{R}$$

となる．これを積分すると

$$\ln K_P = -\frac{1.4477\times 10^5}{RT} - \frac{11.56}{R}\ln T + \frac{1.172\times 10^{-2}T}{R} - \frac{2.59\times 10^{-5}T^2}{2R} + C$$

となる．C は積分定数である．$T = 2300\,\mathrm{K}$ において $K_P = 0.01$ であるので，この式より $C = 18.73$ となる．ゆえに次のようになる．

$$\Delta G^{\ominus} = -RT\ln K_P$$
$$= 1.4477\times 10^5 + 11.56T\ln T - 1.172\times 10^{-2}T^2 + \frac{2.59\times 10^{-3}T^3}{2} - 18.73RT$$

4.2 所与の式より $\Delta G^{\ominus}_{1300}$ を計算する．

$$\Delta G_{1300}^{\ominus} = -8.033 \times 10^4 + 0.898 \times 10^4 + 3.666 \times 10^4 - 1.167 \times 10^4 - 0.340 \times 10^4$$
$$= -4.976 \times 10^4 \text{ J}$$

H_2S 生成の反応式は $H_2(g) + S(g) = H_2S(g)$ であるから

$$K_P = \frac{P_{H_2S}}{P_{H_2} P_S} = e^{-\Delta G^{\ominus}/RT} = 99.9$$

硫化水素の分解反応は $H_2S(g) \rightleftarrows H_2(g) + S(g)$ となる. H_2 の解離度を α とすると全物質量は $(1-\alpha) + \alpha + \alpha = 1 + \alpha$ となり, 各成分の分圧は

$$P_{H_2S} = \frac{1-\alpha}{1+\alpha}, \quad P_{H_2} = \frac{\alpha}{1+\alpha}, \quad P_S = \frac{\alpha}{1+\alpha}$$

であるから

$$K_P' = \frac{P_{H_2} P_S}{P_{H_2S}} = \frac{(1+\alpha)\alpha^2}{(1-\alpha)(1+\alpha)^2} = \frac{\alpha^2}{1-\alpha^2} = \frac{1}{99.9}$$

$\alpha \ll 1$ であるので $1 - \alpha^2 \doteqdot 1$ とおくと

$$\alpha^2 = \frac{1}{99.9}, \quad \alpha = 0.10$$

これより H_2 のモル分率は $x_{H_2} = \dfrac{\alpha}{1+\alpha} \doteqdot 0.091$

5.1 反応は次の不均一反応である. $CaCO_3(s) \rightleftarrows CaO(s) + CO_2(g)$. したがって, 平衡定数は

$$K_P = P_{CO_2}$$

となり, $CaCO_3$ の解離圧になる. ファント・ホッフの式 (8.23) より

$$\ln\left[\frac{K_P(1273)}{K_P(1073)}\right] = \ln\left(\frac{3.871}{0.220}\right) = -\frac{\Delta H}{R}\left(\frac{1}{1273} - \frac{1}{1073}\right)$$

となる. これより, 解離熱 ΔH は

$$\Delta H = (8.314 \times \ln 17.60)/1.462 \times 10^{-4} = 1.6283 \times 10^5$$

$K_P = 1$ atm になる温度 T とすると

$$\ln\left(\frac{1}{0.22}\right) = -\frac{1.628 \times 10^5}{R}\left(\frac{1}{T} - \frac{1}{1073}\right)$$

これより $8.314 \times \ln \dfrac{0.22}{1.682} \times 10^5 + \dfrac{1}{1073} = \dfrac{1}{T}$, $T = 1170$ K $= 897$ °C.

5.2 ファント・ホッフの式により反応熱を ΔH とすると

$$\ln\left(\frac{114.5}{20.5}\right) = -\frac{\Delta H}{R}\left(\frac{1}{676+273} - \frac{1}{575+273}\right)$$
$$\Delta H = 8.314 \times \ln(5.585/1.255 \times 10^{-4}) = 1.140 \times 10^5 \text{ J}$$

この場合, 平衡定数 $K_P = P_{O_2}$ であるから, 求めた ΔH は問題の反応式で与えられる反応 ($2\text{Ag}_2\text{O}$ の解離) の反応熱に相当している.

5.3 ΔH を一定としてファント・ホッフの式, $\dfrac{d\ln K_P}{dT} = -\dfrac{\Delta H}{RT^2}$ を積分すると

$$\ln K_P = 2.303 \log K_P = -\frac{\Delta H}{RT} + C$$

となる．C は積分定数である．問題の所与の式との比較から次のようになる．

$$\Delta H = 2.303 \times 8.314 \times 13261 = 2.54 \times 10^5 \,\mathrm{J}$$

5.4 ΔH の温度による変化は，定圧モル熱容量の値を用いて

$$\Delta(\Delta H) = \int_{T_1}^{T_2} \Delta C_P dT = \int [C_P(\mathrm{CH}_4) - (C_P(黒鉛) + 2C_P(\mathrm{H}_2))]dT$$

で計算される．また，ΔS の温度による変化は

$$\Delta(\Delta S) = \int_{T_1}^{T_2} \Delta\left(\frac{C_P}{T}\right) dT$$

で計算される．表 2.2 のデータを用いて計算すると

$$\begin{aligned}
\Delta(\Delta H) &= \Delta a(T_2 - T_1) + \frac{1}{2}\Delta b(T_2^2 - T_1^2) - \Delta c(T_2^{-1} - T_1^{-1}) \\
&= -47.9 \times 100 + \frac{1}{2} \times 36.61 \times 10^{-3}(973^2 - 873^2) - 5.62 \times 10^5(973^{-1} - 873^{-1}) \\
&= -1344\,\mathrm{J}
\end{aligned}$$

$$\Delta H(973) = -8.8052 \times 10^4 - 0.1344 \times 10^4 = 8.9396 \times 10^4 \,\mathrm{J}$$

$$\Delta(\Delta S) = -1.10 \,\mathrm{J\,K^{-1}}$$

$$\Delta S(973) = -113.1 - 1.1 = -114.2 \,\mathrm{J\,K^{-1}}$$

$$\Delta G^{\ominus}(973) = \Delta H^{\ominus}(973) - T\Delta S^{\ominus}(973) = 2.174 \times 10^4 \,\mathrm{J\,mol^{-1}}$$

$$K_P^{\ominus}(973) = e^{-21720/(973 \times 8.314)} = 0.0682$$

6.1 この反応の平衡定数は $K_P = P_{\mathrm{H}_2}^4/P_{\mathrm{H}_2\mathrm{O}}^4$ である．$K_P^{1/4} = 75.6/5.2$．1 atm の $\mathrm{H}_2\mathrm{O}$ を入れたときの H_2 の分圧を P_{H_2} Torr とすると，$P_{\mathrm{H}_2\mathrm{O}} = 760 - P_{\mathrm{H}_2}$ Torr である．ゆえに

$$K_P^{1/4} = \frac{75.6}{5.2} = \frac{P_{\mathrm{H}_2}}{760 - P_{\mathrm{H}_2}}$$

これより $P_{\mathrm{H}_2} = 711$ Torr, $P_{\mathrm{H}_2\mathrm{O}} = 49$ Torr

6.2 18 °C における水−水蒸気平衡 $\mathrm{H}_2\mathrm{O}(\ell) = \mathrm{H}_2\mathrm{O}(g)$ に対して

$$\Delta G_2 = \Delta G_2^{\ominus} + RT \ln(15.48/760) = 0$$

であるから

$$\Delta G_2^{\ominus} = -8.314 \times 291 \ln(15.48/760) = 9420 \,\mathrm{J}$$

一方，反応 $\mathrm{ZnSO}_4 \cdot 7\mathrm{H}_2\mathrm{O} \rightleftarrows \mathrm{ZnSO}_4 \cdot 6\mathrm{H}_2\mathrm{O} + \mathrm{H}_2\mathrm{O}(\ell)$ に対し，$\Delta G_1^{\ominus} = 1480 \,\mathrm{J}$ であるから，平衡蒸気圧を P Torr とすると

$$\begin{array}{ll}
\mathrm{ZnSO}_4 \cdot 7\mathrm{H}_2\mathrm{O} \rightleftarrows \mathrm{ZnSO}_4 \cdot 6\mathrm{H}_2\mathrm{O} + \mathrm{H}_2\mathrm{O}(\ell) & \Delta G_1^{\ominus} \\
\mathrm{H}_2\mathrm{O}(\ell) \rightleftarrows \mathrm{H}_2\mathrm{O}(g) & \Delta G_2 \quad (+ \\
\hline
\mathrm{ZnSO}_4 \cdot 7\mathrm{H}_2\mathrm{O} \rightleftarrows \mathrm{ZnSO}_4 \cdot 6\mathrm{H}_2\mathrm{O} + \mathrm{H}_2\mathrm{O}(g) &
\end{array}$$

となる．したがって
$$\Delta G = \Delta G_1^{\ominus} + \Delta G_2 = \Delta G_1^{\ominus} + RT \ln(P/760)$$
平衡状態で $\Delta G = 0$ であるから
$$\ln(P/760) = -\frac{1480 + 9420}{8.314 \times 291} = -4.505, \quad P = 0.01105 \times 760 = 8.40 \text{ Torr}$$

演習問題

1 (1) 解離度を α とすると，HI : $(1-\alpha)$，$\text{H}_2 = \text{I}_2 = \frac{1}{2}\alpha$ の割合となっている．全圧を P とすると各成分の分圧は $P_{\text{HI}} = (1-\alpha)P$，$P_{\text{H}_2} = P_{\text{I}_2} = \frac{1}{2}\alpha P$ となる．したがって圧平衡定数は $\alpha = 0.25$ であるから

$$K_P = \frac{P_{\text{H}_2} P_{\text{N}_2}}{P_{\text{HI}}^2} = \frac{\left(\frac{1}{2}\alpha\right)^2}{(1-\alpha)^2} = \frac{\frac{1}{4} \times 0.25^2}{0.75^2} = 0.0278$$

(2) 平衡に達した反応は $\text{CO}_2 + \text{H}_2 \rightleftarrows \text{CO} + \text{H}_2\text{O}$ である．CO_2 および H_2 のうち反応したものの割合を α とすると，それぞれの物質量を [ ] で表わして

$$\frac{[\text{CO}]}{[\text{CO}_2] + [\text{H}_2] + [\text{CO}] + [\text{H}_2\text{O}]} = \frac{\alpha}{(1-\alpha)+(1-\alpha)+\alpha+\alpha} = 1.8 \times 10^{-3}$$

ゆえに圧平衡定数は

$$K_P = \frac{P_{\text{CO}} P_{\text{H}_2\text{O}}}{P_{\text{CO}_2} P_{\text{H}_2}} = \frac{\alpha^2}{(1-\alpha)^2} = \frac{(3.6 \times 10^{-3})^2}{(1-3.6 \times 10^{-3})^2} = 1.31 \times 10^{-5}$$

(3) 全圧を P とすると各成分の分圧は $P_{\text{N}_2} = 0.7763 P$，$P_{\text{O}_2} = 0.2059 P$，$P_{\text{NO}} = 0.0079 P$ である．したがって圧平衡定数は

$$K_P = \frac{P_{\text{NO}}^2}{P_{\text{N}_2} P_{\text{O}_2}} = \frac{0.0079^2}{0.7763 \times 0.2059} = 3.90 \times 10^{-4}$$

2 (1) 反応式は $2\text{HI} = \text{H}_2 + \text{I}_2$ である．解離度を α とすると，濃度平衡定数 K_c は

$$K_c = \frac{[\text{H}_2][\text{I}_2]}{[\text{HI}]^2} = \frac{c\alpha \cdot c\alpha}{[c(1-\alpha)]^2} = \frac{\alpha^2}{(1-\alpha)^2} = \frac{0.22^2}{0.78^2} = 7.96 \times 10^{-2}$$

ここで c は反応前の HI の濃度である．なお，反応によって分子数は変わらないので $K_c = K_P$ である．

(2) アンモニアの分解反応は $2\text{NH}_3 \rightleftarrows 3\text{H}_2 + \text{N}_2$ である．NH_3 が全く分解しないとすると，350 °C における圧力は 30.73 atm になる．NH_3 が解離すると分子数は 2 倍になるから，圧力の増加分に相当するだけの NH_3 が分解したことになる．すなわち，分解した NH_3 に相当する圧力は $50.00 - 30.73 = 19.27$ atm である．したがって，解離度は

$$\alpha = \frac{19.27}{30.73} = 0.627$$

である．各成分の分圧は

$P_{NH_3} = 30.73 - 19.27 = 11.46\,\text{atm}, \quad P_{H_2} = \dfrac{19.27}{2} \times 3\,\text{atm}, \quad P_{N_2} = \dfrac{19.27}{2}\,\text{atm}$

である．したがって，圧平衡定数は

$$K_P = \dfrac{P_{H_2}^3 P_{N_2}}{P_{NH_3}^2} = \dfrac{(19.27 \times 1.5)^3 (19.27 \times 0.5)}{11.46^2} = 1.77 \times 10^3\,\text{atm}^2$$

(3) ホスゲンが解離しないとすると，圧力は $540 \times \dfrac{773}{290} = 1.439 \times 10^3\,\text{Torr} = 1.89\,\text{atm}$. 解離により $2.01\,\text{atm}$ になっているから，解離した $COCl_2$ に相当する圧力は $0.12\,\text{atm}$. 解離度は $\dfrac{0.12}{1.89} = 6.3 \times 10^{-2}$. 各成分の分圧は

$$P_{COCl_2} = 1.89 - 0.12 = 1.77\,\text{atm}, \quad P_{CO} = P_{Cl_2} = 0.12\,\text{atm}$$

圧平衡定数は

$$K_P = \dfrac{P_{CO} P_{Cl_2}}{P_{COCl_2}} = \dfrac{0.12^2}{1.77} = 8.1 \times 10^{-3}\,\text{atm}$$

3 空気の見かけの分子量は，$28 \times 0.79 \times 32 + 0.21 = 28.84$ であるから解離平衡にある気体の見かけの分子量は 106.7 である．PCl_5 は解離すると 2 分子になるから，解離度を α とすると，混合気体の見かけの分子量 M_{app} は

$$M_{\text{app}} = \dfrac{M(PCl_5)}{1+\alpha}, \quad \alpha = \dfrac{M(PCl_5)}{M_{\text{app}}} - 1$$

となる．$M(PCl_5) = 208.3$ であるから，$\alpha = 0.952$

4 $K_P = \dfrac{P_{PCl_3} P_{Cl_2}}{P_{PCl_5}}$ である．解離度 α のとき全物質は $1+\alpha$ 倍になっているから，全圧を P とすると，$P_{PCl_5} = \dfrac{1-\alpha}{1+\alpha} P$, $P_{PCl_3} = P_{Cl_2} = \dfrac{\alpha}{1+\alpha} P$ である．したがって

$$K_P = \dfrac{\alpha^2}{(1-\alpha)(1+\alpha)} P = \dfrac{\alpha^2}{1-\alpha^2} P = \dfrac{0.952^2}{1-0.952^2} = 9.67\,\text{atm}$$

$$K_c = K_P (RT)^{-1} = 9.67/(8.314 \times 553) = 2.10 \times 10^{-3}\,\text{mol}\,\text{dm}^{-3}$$

$10\,\text{atm}$ でも K_P の値は変わらないから

$$K_P = 9.67 = \dfrac{\alpha^2}{1-\alpha^2} P = \dfrac{\alpha^2}{1-\alpha^2} \times 10, \quad \alpha = 0.701$$

したがって全圧が増大すると解離度は減少する．すなわち分子数が減少して全圧を減らす方向へ平衡が移動する．

5 メタンの生成反応は $C + 2H_2 \longrightarrow CH_4$ である．$\Delta G^\ominus = \Delta H^\ominus - T\Delta S^\ominus$ であるから

$$\Delta G^\ominus = -74.85 \times 10^3 - 298(186.2 - 5.7 - 2 \times 130.6) = -50.80 \times 10^3\,\text{J}\,\text{K}^{-1}\,\text{mol}^{-1}$$

$$\Delta G_{298}^\ominus = -RT \ln K_P^\ominus \quad \text{より} \quad K_P^\ominus = \exp(-\Delta G^\ominus/RT) = 8.0 \times 10^8\,\text{atm}^{-1}$$

これより，$25\,°C$ においても反応速度のことを無視すれば，炭素と水素の系よりはメタンの方が遙かに安定であることがわかる．

6 $\Delta G^{\ominus}_{298} = 2 \times 51.30 - 2 \times 86.57 = -70.54\,\text{kJ}$ である. したがって

$$K_P^{\ominus} = e^{-\Delta G^{\ominus}/RT} = \frac{P_{\text{NO}_2}^2}{P_{\text{NO}}^2 P_{\text{O}_2}} = 2.28 \times 10^{12}\,\text{atm}^{-1}$$

また $\Delta n_g = -1$ であるから, (8.14) 式より

$$K_c^{\ominus} = K_P^{\ominus}(RT)^{-\Delta n_g} = 2.28 \times 10^{12} \times 8.314 \times 298 = 5.65 \times 10^{15}\,\text{dm}^3\,\text{mol}^{-1}$$

7 n-ブタン $\rightleftarrows$ iso-ブタン の $25\,°\text{C}$ における圧平衡定数を $K_P^{\ominus}$ とすると, $\Delta G^{\ominus} = -17.97 - (-15.71) = -2.26\,\text{kJ}$ であるから

$$K_P = e^{-\Delta G^{\ominus}/RT} = e^{0.912} = 2.49$$

ゆえに, n-ブタンと iso-ブタン のモル分率を x_A, x_B とすると

$$\frac{x_B}{x_A} = \frac{1 - x_A}{x_A} = 2.49$$

これより

$$x_A = 0.286, \quad x_B = 0.714$$

8 エステルおよび水の生成量を x mol とすると $\text{CH}_3\text{COOH} = 2 - x$ mol, $\text{C}_2\text{H}_5\text{OH} = 5 - x$ mol である. 溶液の体積を $V\,\text{dm}^3$ とすると, $[\text{CH}_3\text{COOH}] = (2-x)/V$, $[\text{C}_2\text{H}_5\text{OH}] = (5-x)/V$, $[\text{CH}_3\text{COOC}_2\text{H}_5] = [\text{H}_2\text{O}] = x/V$ であるから

$$\frac{x^2}{(2-x)(5-x)} = 4.0 \quad \text{これより} \quad x = 1.76$$

すなわち, エステルは 1.76 mol 生成する. 収率は 88 %. また, 水の活量が 1/10 に減少したとすると, $[\text{H}_2\text{O}] = 0.1x$ となり

$$\frac{0.1x^2}{(2-x)(5-x)} = 4, \quad x = 1.97$$

で収率は 98 % 以上.

9 $\Delta G^{\ominus} = \Delta H^{\ominus} - T\Delta S^{\ominus}, K_P = e^{-\Delta G^{\ominus}/RT}$ により K を計算するために, $\Delta H^{\ominus}$ と $\Delta S^{\ominus}$ を計算する.

$\Delta H^{\ominus}$: $\Delta H_f^{\ominus}(\text{ベンゼン}, \text{g}) - 3\Delta H_f^{\ominus}(\text{アセチレン}) = 82.93 - 3 \times 226.73 = -597.26\,\text{kJ}$

$\Delta S^{\ominus}$: $S^{\ominus}(\text{ベンゼン}, \text{g}) = S^{\ominus}(\text{ベンゼン}, \ell) + \Delta S_v = 172.8 + 97.2 = 270.0\,\text{J}\,\text{K}^{-1}\,\text{mol}^{-1}$

$\Delta S^{\ominus}$: $S^{\ominus}(\text{ベンゼン}, \text{g}) - 3S^{\ominus}(\text{アセチレン}) = -333.0\,\text{J}\,\text{K}^{-1}$

$\Delta G^{\ominus}$: $\Delta G^{\ominus} = \Delta H^{\ominus} - T\Delta S^{\ominus} = -597.26 \times 10^3 + 298 \times 333.0 = -4.98 \times 10^5\,\text{J}$

ゆえに $K_P = \dfrac{P_{\text{C}_6\text{H}_6}}{P_{\text{C}_2\text{H}_2}^3} = e^{-\Delta G^{\ominus}/RT} = 1.94 \times 10^{87}$

反応は完全に進行することがわかる.

10 第 1 段および第 2 段の反応の平衡定数を K_1, K_2 とすると

$$K_1 = \exp\left[-(136.65 \times 10^3 - 141.38 \times 10^3)/RT\right] = 2.58$$

$$K_2 = \exp\left[-(146.77 \times 10^3 - 136.65 \times 10^3)/RT\right] = 0.132$$

ペンタンのうちイソペンタンになったものの割合を α_1, ネオペンタンになったものの割合を α_2 とすると

$$K_1 = \frac{\alpha_1}{1 - \alpha_1 - \alpha_2} = 2.58, \quad K_2 = \frac{\alpha_2}{\alpha_1} = 0.132$$

ゆえに,ペンタン:イソペンタン:ネオペンタン $= 1 - \alpha_1 - \alpha_2 : \alpha_1 : \alpha_2 = 1 : 2.58 : 0.341$

11 平衡定数は

$$K_P = \frac{P_{H_2}^4}{P_{H_2O}^4} = \frac{325.1^4}{25.3^4} = 2.726 \times 10^4$$

である.1 atm の H_2O のうち α だけが反応したとすると,全圧は変わらないから

$$K_P = 2.726 \times 10^4 = \left(\frac{\alpha}{1-\alpha}\right)^4, \quad \frac{\alpha}{1-\alpha} = 12.85, \quad \alpha = 0.928$$

ゆえに $P_{H_2O} = 0.054$ atm, $P_{H_2} = 0.946$ atm. 全圧を 2 atm としても平衡は変わらないので各成分の分圧は 2 倍になるだけである.

$$P_{H_2O} = 0.108 \text{ atm}, \quad P_{H_2} = 1.892 \text{ atm}$$

12 (1) 解離圧を P とすると,$P = P_{Hg} + P_{O_2}, P_{Hg} = 2P_{O_2}, P = 86/760 = 0.113$ atm であるから

$$K_P = P_{Hg} P_{O_2}^{1/2} = \left(\frac{2}{3}P\right)\left(\frac{1}{3}P\right)^{1/2} = 1.47 \times 10^{-2} \text{ atm}^{3/2}$$

$$\Delta G = -RT \ln K_P/\text{atm}^{3/2} = 22.1 \text{ kJ mol}^{-1}$$

(2) 沸点であるから $Hg(g)$ の圧力は 1 atm である.したがって

$$(P_{Hg})(P_{O_2})^{1/2} = 1.47 \times 10^{-2} \text{ atm}^{3/2}, \quad (P_{O_2})^{1/2} = 1.47 \times 10^{-2} \text{ atm}$$

$$P_{O_2} = (1.47 \times 10^{-2})^2 = 2.16 \times 10^{-4} \text{ atm} = 0.164 \text{ Torr}$$

窒素は反応に関与しないから,理想混合気体を仮定する限り P_{Hg}, P_{O_2} に変化はない.空気を入れると反応前の $P_{O_2} = 0.2$ atm となるので

$$Hg(g) + \frac{1}{2}O_2(g) \longrightarrow HgO(s)$$

の反応が進行して $Hg(\ell), Hg(g), HgO(s), O_2(g)$ の平衡が成立するので P_{Hg}, P_{O_2} は結局同じになる.

13 平衡状態において $P_{CO} = 40 \times 0.8 = 32$ atm, $P_{CO_2} = 40 \times 0.2 = 8$ atm だから $2CO(g) = C(s) + CO_2(g)$ の平衡定数は

$$K_1 = \frac{P_{CO_2}}{P_{CO}^2} = \frac{8}{32^2} \text{ atm}^{-1}$$

$CO_2(g) + H_2(g) = CO(g) + H_2O(g)$ の平衡定数を K_2, $C(s) + H_2O(g) = CO(g) + H_2(g)$ の平衡定数を K_3 とすると

$$K_3 = \frac{P_{CO}P_{H_2}}{P_{H_2O}} = \frac{P_{CO_2}P_{H_2}}{P_{CO}P_{H_2O}} \cdot \frac{P_{CO}^2}{P_{CO_2}} = K_2^{-1}K_1^{-1}$$

である. ゆえに

$$K_3 = (1.70)^{-1} \times \frac{32^2}{8} = 75.3\,\text{atm}$$

14 反応熱 ΔH を一定とすると

$$\ln[K_P^\ominus(T_2)/K_P^\ominus(T_1)] = -\frac{\Delta H^\ominus}{R}\left(\frac{1}{T_2} - \frac{1}{T_1}\right) = -\frac{\Delta H^\ominus(T_2 - T_1)}{RT_1T_2}$$

より

$$\Delta H^\ominus = -17.87 \times 10^3\,\text{J mol}^{-1}$$

900 °C における平衡定数は

$$\ln[K_P^\ominus(T)/0.552] = -\frac{17.87 \times 10^3 \times 100}{R \times 1073 \times 1173}$$

より

$$K_P = 0.465$$

15 この系では塩化水素は気相中では HCl 分子として存在し,溶液中では H^+ と Cl^- とに完全に電離している. したがって,平衡の式は

$$HCl(g) \rightleftarrows H^+(aq) + Cl^-(aq), \quad K = [H^+][Cl^-]/P_{HCl}$$

となる. $1\,\text{dm}^3$ の水に $20\,\text{g}$ の塩化水素が溶解している塩酸の濃度は $0.549\,\text{mol dm}^{-3}$ であるから,平衡定数は

$$K = 0.549^2/5.88 \times 10^{-3} = 51.3\,\text{mol}^2\,\text{dm}^{-6}\,\text{Pa}^{-1}$$

である.

(1) $P_{HCl} = 2.94 \times 10^{-3}\,\text{Pa}$ であるときは

$$[H^+][Cl^-] = K \times P_{HCl} = 51.3 \times 2.94 \times 10^{-3} = 0.151\,\text{mol}^2\,\text{dm}^{-6}$$

ゆえに

$$[HCl] = [H^+] = [Cl^-] = 0.389\,\text{mol dm}^{-3}$$

(2) この場合, $[H^+] = 0.549\,\text{mol dm}^{-3}, [Cl^-] = 0.549 + 0.342 = 0.891\,\text{mol dm}^{-3}$ であるから

$$P_{HCl} = [H^+][Cl^-]/K = 9.54 \times 10^{-3}\,\text{Pa}$$

16 この反応の平衡定数は $K_P = P_{Hg}^2 P_{O_2}$ である. 全圧を P とすると

$$P_{Hg} = \frac{2}{3}P, \quad P_{O_2} = \frac{1}{3}P$$

であるから

$$420\,°C : K_P = \left(\frac{2}{3} \times \frac{387}{760}\right)^2 \left(\frac{1}{3} \times \frac{387}{760}\right) = 1.96 \times 10^{-2}\,\text{atm}^3$$

$$450\,°C : K_P = \left(\frac{2}{3} \times \frac{810}{760}\right)^2 \left(\frac{1}{3} \times \frac{810}{760}\right) = 1.79 \times 10^{-1}\,\text{atm}^3$$

$$\Delta H = R \ln(1.79 \times 10^{-1}/1.96 \times 10^{-2})[723 \times 693/(723-693)] = 3.08 \times 10^5\,\text{J}$$

17 転移点において G（斜方）$= G$（単斜）となる．すなわち $\Delta G = 0$ である．したがって

$$504.5 + 2.091\,T\ln T - 11.80\,T - 0.00523\,T^2 = 0$$

$$\ln T = 5.643 + 0.00250\,T - \frac{241.27}{T}$$

この式に $T = 95 + 273 = 368$ を代入すると両辺ともに 5.908 となる．

（注）所与の式を解いて $\Delta G = 0$ となる T を求めることはできない．計算機を用いれば

$$T_{i+1} = \frac{2.091\,T_i \ln T_i + 504.5 - 0.00523\,T_i^2}{11.80}$$

の回帰法を用いて任意の T_0 から出発して $T_n \to 368$ に収斂させることができる．$n = 50$ を要し，収斂は早くはないが確実である．他の形式での回帰法では収斂しない．

第 9 章

1.1 式量は $\text{CaCl}_2 = 110.98$ である．したがってこの溶液の質量モル濃度は $m = 0.2765 \times \dfrac{1000}{50}/110.9 = 0.04983\,\text{mol kg}^{-1}$ である．この溶液の凝固点は $-0.159\,°\text{C}$ であるから，有効濃度は $0.159/1.86 = 0.08548$ である．したがって $i = 0.08548/0.04986 = 1.71$．活動度係数は $\gamma = 1.71/3 = 0.57$．

浸透圧は $\Pi = icRT = 0.08548 \times 0.08205 \times 273 = 11.9\,\text{atm}$（浸透圧の計算においては $V = \text{dm}^3$ で R を $\text{dm}^3\,\text{atm}$ 単位で表わすと便利である）．

1.2 平均活量および平均活量係数は，(9.15) 式より与えられるから

$$a_\pm = (a_{X(+)}^m\,a_{Y(-)}^n)^{\frac{1}{m+n}} = (\gamma_{X(+)}^m\,\gamma_{Y(-)}^n)^{\frac{1}{m+n}} (m_+^m\,m_-^n)^{\frac{1}{m+n}} = \gamma_\pm\,(m_+^m\,m_-^n)^{\frac{1}{m+n}}$$

となる．$(m_+^m\,m_-^n)^{\frac{1}{m+n}}$ は，それぞれの塩について，塩濃度を m とすると

$$\text{NaCl}: (m_+ m_-)^{\frac{1}{2}} = m, \quad \text{CaCl}_2 : (m_+ m_-^2)^{\frac{1}{3}} = (4\,m^3)^{\frac{1}{3}} = 4^{\frac{1}{3}}\,m$$

$$\text{CuSO}_4 : (m_+ m_-)^{\frac{1}{2}} = m$$

である．これより $a_\pm$ は右表のようになる．この表からわかるように，NaCl のような 1：1 電解質に比べると CuSO_4 のような 2：2 電解質の活量はいちじるしく小さい．しかも低下の度合は $m = 0.02$ よりも 0.1 のときの方がいちじるしい．これは，イオン間の静電相互作用が，1：1 電解質よりは 2：2 電解質の方が等距離ならば 4 倍と大きいためである．CaCl_2 のような 2：1 電解質では，電離より生ずるイオン種が 3 個あるために，活量は $2^{\frac{2}{3}}$ 倍になる．そのために活量は大きくなるがイオ

塩 \ m	0.02	0.1
NaCl	0.0175	0.0780
CaCl$_2$	0.0062	0.0818
CuSO$_4$	0.0210	0.016

ン間相互作用は Ca^{2+} のために Na^+ の場合よりも大きく,平均活量係数は小さい.

1.3 ギ酸の電離度を α とすると,有効濃度は $0.1(1+\alpha)$ である.したがって

$$\frac{0.194}{1.86} = 0.1(1+\alpha) \quad ; \quad \alpha = 0.043$$

となる.

1.4 (1) 式より

$$I = \left[\frac{1}{2} \times 0.957 \times 10^{-5} (2^2 + 2^2)\right] = 3.828 \times 10^{-5}$$

$$\log \gamma_\pm = -0.509 \times 2 \times 2 \times I^{1/2} = -1.260 \times 10^{-2}$$

を得る.(10.8) 式より,電解質溶液に対して

$$\Delta G = \Delta G^\ominus + RT \ln a_\pm^2 = \Delta G^\ominus + RT \ln \gamma_\pm^2 m^2$$

である.溶解平衡においては $\Delta G = 0$ であるから

$$\begin{aligned}\Delta G^\ominus &= -RT(\ln \gamma_\pm^2 + \ln m^2) = -2.303\,RT(\log \gamma_\pm^2 + \log m^2)\\ &= -8.314 \times 298 \times 2.303 \times 2 \times (-1.260 \times 10^{-2} - 5.044) = 5.76 \times 10^4 \text{ J}\end{aligned}$$

2.1 塩基を BOH とすると,電離平衡は $\text{BOH} \rightleftarrows \text{B}^+ + \text{OH}^-$ となる.BOH の電離定数を K_b とすると,BOH の電離度を α として

$$\frac{[\text{B}^+][\text{OH}^-]}{[\text{BOH}]} = \frac{c\alpha \cdot c\alpha}{c(1-\alpha)} = K_b$$

となる.$\alpha \ll 1$ として $1-\alpha \doteqdot 1$ とおくと,$\alpha = (K_b/c)^{1/2}$ である.したがって

$$[\text{OH}^-] = c\alpha = (cK_b)^{1/2}, \quad [\text{H}^+] = 10^{-14}/[\text{OH}] = 10^{-14}(cK_b)^{-\frac{1}{2}}$$

ゆえに

$$\text{pH} = -\log[\text{H}^+] = 14 - \frac{1}{2}(pK_b - \log c)$$

溶液の pH および電離度は

アンモニア: $\text{pH} = 14 - (4.74+2.00)/2 = 10.4$

$$\alpha = (1.8 \times 10^{-5}/0.01)^{1/2} = 4.2 \times 10^{-2}$$

アニリン: $\text{pH} = 14 - (9.42+2.00)/2 = 8.29$

$$\alpha = (1.59 \times 10^{-9}/0.01)^{1/2} = 4.0 \times 10^{-4}$$

2.2 電離平衡に対する質量作用の法則は,電離度を α として

$$K_a = \frac{[\text{C}_6\text{H}_5\text{COO}^-][\text{H}^+]}{[\text{C}_6\text{H}_5\text{COOH}]} = \frac{c^2 \alpha^2}{c(1-\alpha)} = 6.30 \times 10^{-5} \qquad (a)$$

である.$\text{pH} = 3$ より $[\text{H}^+] = c\alpha = 10^{-3}$ であるから,(a) 式より

$$c = \frac{c^2\alpha^2}{6.30 \times 10^{-5}} + c\alpha = 1.587 \times 10^{-2} + 10^{-3} = 1.687 \times 10^{-2} \text{ mol dm}^{-3}$$

第 9 章の問題解答

となる．分子量は $C_6H_5COOH = 122$ であるから，溶解度は

$$122 \times 1.687 \times 10^{-2} \,\mathrm{g\,dm^{-3}} = 2.06 \,\mathrm{g\,dm^{-3}} \fallingdotseq 2.06 \,\mathrm{g\,kg^{-1}}$$

2.3 25 °C における酢酸の電離定数は表 9.1 より $1.75 \times 10^{-5} \,\mathrm{mol\,dm^{-3}}$ である．一方，酢酸ナトリウムは完全に電離する．したがって，$[CH_3COO^-] \fallingdotseq 0.20 \,\mathrm{mol\,dm^{-3}}$ とみなせる．これより，$\alpha \ll 1$ として

$$\frac{[CH_3COO^-][H^+]}{[CH_3COOH]} = \frac{0.20\,[H^+]}{0.10\,(1-\alpha)} = \frac{0.20\,[H^+]}{0.10} = 1.75 \times 10^{-5} \,\mathrm{mol\,dm^{-3}}$$

となる．したがって

$$[H^+] = 8.75 \times 10^{-6} \,\mathrm{mol\,dm^{-3}}, \quad \mathrm{pH} = 5.06$$

$1\,\mathrm{dm^3}$ に $0.01\,\mathrm{mol}$ の HCl を加えると

$$CH_3COO^- + H^+ \longrightarrow CH_3COOH$$

の反応が起こる．このとき $[CH_3COOH] \fallingdotseq 0.11$ となるから pH は

$$\frac{0.19\,[H^+]}{0.11} = 1.75 \times 10^{-5}, \quad [H^+] = 1.013 \times 10^{-5}, \quad \mathrm{pH} = 4.99$$

ゆえに pH の変化は $\Delta\mathrm{pH} = 0.07$ である．一方純水 $1\,\mathrm{dm^3}$ に $0.01\,\mathrm{mol}$ の HCl を加えると pH は 2 となり，$\Delta\mathrm{pH} = 7 - 2 = 5$ となる．

演習問題

1 $CdCl_2$ は水溶液中で $Cd^{2+} + 2Cl^-$ と電離する．$\gamma_\pm = 0.524$ であるから，熱力学的有効濃度は $3\gamma \times 4^{1/3}\,m$ である．希薄溶液であるから，$\mathrm{mol\,dm^{-3}} \fallingdotseq \mathrm{mol\,kg^{-1}}$ と近似してさしつかえない．したがって

沸 点 上 昇：$8.0 \times 10^{-2}\,\mathrm{K}$，　沸　点：$100.008\,°\mathrm{C}$

凝固点降下：$2.9 \times 10^{-1}\,\mathrm{K}$，　凝固点：$-0.029\,°\mathrm{C}$

2 H_2SO_4 が電離しないとすると，凝固点降下は $1.86 \times 0.05 = 0.093\,\mathrm{K}$ である．したがって

$$i = 0.215/0.093 = 2.312$$

第 2 次の電離の電離度を α とするとファント・ホッフの係数 i は

$$i = 1 + \underset{(H^+)}{(1-\alpha)} + \underset{(HSO_4^-)}{} \underset{(H^+ + SO_4^{2-})}{2\alpha} = 2 + \alpha = 2.312, \quad \alpha = 0.312$$

3 分子量は $NaCl = 58.45$ であるから，溶液の質量モル濃度は

$$\left(\frac{0.326}{58.45}\right)\bigg/\frac{1000}{50.5} = 0.112 \,\mathrm{mol\,kg^{-1}}$$

である．ファント・ホッフの係数 i は

$$i = \frac{0.327}{0.112 \times 1.86} = 1.57$$

である．浸透圧は，ファント・ホッフの式より

$$\Pi = \frac{in_B}{V}RT = 1.57 \times 0.112 \times 8.314 \times 298/101.3 = 4.30\,\mathrm{atm}$$

($R = 8.314$ のときの単位は $\mathrm{J\,K^{-1}\,mol^{-1}}$ である．単位を $\mathrm{atm\,dm^3\,K^{-1}\,mol^{-1}}$ に改めるには 101.3^{-1} を乗じる．)

4 酢酸 CH_3COOH を AH と表わす．この溶液の濃度は AH = 60.0 であるから

$$c = \frac{1.0}{0.1 \times 60.0} = 0.167\,\mathrm{M}$$

である．

$$K_a = \frac{[\mathrm{A^-}][\mathrm{H^+}]}{[\mathrm{AH}]} = \frac{c\alpha^2}{1-\alpha} = 1.75 \times 10^{-5}$$

であり，$\alpha \ll 1$ であるから

$$\alpha = (1.75 \times 10^{-5}/c)^{1/2} = 0.0102$$
$$\mathrm{pH} = -\log[\mathrm{H^+}] = -\log c\alpha = 2.77$$

$\alpha = 0.05$ となる濃度 c は

$$\frac{c\alpha^2}{1-\alpha} = \frac{c \times 0.05^2}{1-0.05} = 1.75 \times 10^{-5}, \quad c = 6.97 \times 10^{-3}\,\mathrm{M}$$

5 0.03 atm 下での CO_2 の飽和濃度は $8.7 \times 10^{-6}\,\mathrm{M}$ である．$[\mathrm{H^+}]$ は第 1 段解離でほぼきまるので，その解離度を α とすると

$$K_a^{(1)} = \frac{c\alpha^2}{1-\alpha} = 4.3 \times 10^{-7}, \quad 8.7 \times 10^{-6}\alpha^2 + 4.3 \times 10^{-7}\alpha - 4.3 \times 10^{-7} = 0$$

$\alpha = 0.199$ [濃度が非常に小さいので近似式 $\alpha = (K_a/c)^{1/2}$ を使うと $\alpha = 0.222$ でやや誤差が大きい．] これより $[\mathrm{HCO_3^-}] = c\alpha = 1.73 \times 10^{-6}\,\mathrm{M}$ である．したがって，第 2 段の電離平衡については，$c = 1.73 \times 10^{-6}$ として

$$K_a^{(2)} = \frac{c\alpha^2}{1-\alpha} = 5.6 \times 10^{-11}, \quad 1.73 \times 10^{-6}\alpha^2 + 5.6 \times 10^{-11}\alpha - 5.6 \times 10^{-11} = 0$$

$$\alpha = 5.67 \times 10^{-3} \quad [\text{近似式}\,\alpha = (K_a/c)^{1/2}\,\text{を使うと}\,\alpha = 5.69 \times 10^{-3}.]$$

$$[\mathrm{CO_3^{2-}}] = c\alpha = 9.81 \times 10^{-9}\,\mathrm{M}$$

結局

$$[\mathrm{H^+}] = [\mathrm{HCO_3^-}] = 1.73 \times 10^{-6}\,\mathrm{M}$$
$$[\mathrm{CO_3^{2-}}] = 9.81 \times 10^{-9}\,\mathrm{M}$$
$$\mathrm{pH} = -\log 1.73 \times 10^{-6} = 5.76$$

6 (1) 塩酸アニリンを $ArNH_3Cl$ で表わすと

$$ArNH_3Cl \longrightarrow ArNH_3^+ + Cl^-, \quad ArNH_3^+ \longrightarrow H^+ + ArNH_2$$

と表わされる．加水解離定数を K_h とすると

$$K_h = \frac{[\mathrm{H^+}][\mathrm{ArNH_2}]}{[\mathrm{ArNH_3^+}]} = \frac{[\mathrm{H^+}][\mathrm{OH^-}][\mathrm{NH_3}]}{[\mathrm{ArNH_3^+}][\mathrm{OH^-}]} = \frac{K_\mathrm{w}}{K_\mathrm{b}}$$

となる．加水解離度 h は，例題 2 (e) 式より，$h \ll 1$ であるから

$$K_h = ch^2 = 0.1 \times (0.0156)^2 = 2.43 \times 10^{-5} \,\mathrm{mol\,dm^{-3}}$$

また，上式 (a) より

$$K_\mathrm{b} = \frac{K_\mathrm{w}}{K_h} = \frac{10^{-14}}{2.43 \times 10^{-5}} = 4.11 \times 10^{-10} \,\mathrm{mol\,dm^{-3}}$$

(2) 弱酸と強塩基の塩の場合は，弱酸の電離定数を K_a として，上式 (a) は

$$K_h = K_\mathrm{w}/K_\mathrm{a}, \quad K_\mathrm{a} = K_\mathrm{w}/K_h$$

となる．ゆえに，$h \ll 1$ として

$$[\mathrm{OH^-}] = ch \doteqdot (cK_\mathrm{w}/K_\mathrm{a})^{1/2}$$
$$[\mathrm{H^+}] = K_\mathrm{w}/[\mathrm{OH^-}] \doteqdot (K_\mathrm{a} K_\mathrm{w}/c)^{1/2}$$
$$\mathrm{pH} \doteqdot 7 - \frac{1}{2}(\log K_\mathrm{a} - \log c)$$

となる．これより

$$\log K_\mathrm{a} = 14 + \log c - 2 \times \mathrm{pH} = 14 - 2 - 2 \times 8.15 = -4.30$$
$$K_\mathrm{a} = 5.0 \times 10^{-5} \,\mathrm{mol\,dm^{-3}}$$
$$K_h = K_\mathrm{w}/K_\mathrm{a} = 2.0 \times 10^{-10} \,\mathrm{mol\,dm^{-3}}$$

7 $\mathrm{NH_4Cl} \longrightarrow \mathrm{NH_4^+} + \mathrm{Cl^-}$ と完全に電離するので，$[\mathrm{NH_4^+}] = 0.1\,\mathrm{M}$．したがって $\mathrm{NH_3}$ はほとんど電離せず

$$K_\mathrm{b} = \frac{[\mathrm{OH^-}][\mathrm{NH_4^+}]}{[\mathrm{NH_3}]} = \frac{[\mathrm{OH^-}] \times 0.1}{0.1} = [\mathrm{OH^-}] = 1.8 \times 10^{-5} \,\mathrm{mol\,dm^{-3}}$$

$$[\mathrm{H^+}] = 10^{-14}/[\mathrm{OH^-}] = 10^{-14}/1.8 \times 10^{-5} = \frac{1}{1.8} \times 10^{-9} \,\mathrm{M}, \quad \mathrm{pH} = 9.26$$

$[\mathrm{NH_3}] = 0.1\,\mathrm{M}$ の場合，$[\mathrm{OH^-}] = c\alpha = (cK_\mathrm{b})^{1/2} = (1.8 \times 10^{-6})^{1/2}$

$$[\mathrm{H^+}] = \frac{10^{-14}}{(1.8 \times 10^{-6})^{1/2}} = 0.745 \times 10^{-11} \,\mathrm{M}, \quad \mathrm{pH} = 11.13$$

この溶液に $10\,\mathrm{M}$ の HCl $1\,\mathrm{cm^3}$ を加えると，体積変化を無視して，$0.01\,\mathrm{mol}$ の $\mathrm{NH_3}$ が反応して $\mathrm{NH_4^+}$ を生ずる．ゆえに次のようになる．

$$K_\mathrm{b} = \frac{[\mathrm{OH^-}][\mathrm{NH_4^+}]}{[\mathrm{NH_3}]} = \frac{[\mathrm{OH^-}] \times 0.11}{0.09} = 1.8 \times 10^{-5}$$
$$[\mathrm{OH^-}] = 1.47 \times 10^{-5} \,\mathrm{M}$$
$$\mathrm{pH} = 9.16, \quad \Delta\mathrm{pH} = -0.1$$

同様にして，NaOH を加えると，反応 $NH_4^+ + OH^- \longrightarrow NH_3 + H_2O$ が起こるので，$[NH_4^+] = 0.09$，$[NH_3] = 0.11$ となる．ゆえに

$$[OH^-] = 1.8 \times 10^{-5} \times \frac{0.11}{0.09} = 2.2 \times 10^{-5} \, M, \quad pH = 9.34, \quad \Delta pH = 0.08.$$

純水に加えたときは $[H^+] = 10^{-2} \, M$ または $[OH^-] = 10^{-2} \, M$ となり，$pH = 2$ または 12 となる．$\Delta pH = -5$ または 5．

8 第1段，第2段，第3段の電離度を $\alpha_1, \alpha_2, \alpha_3$ とする．$c = 0.1 \, M$ である．

$$\text{第1段}: \underset{c(1-\alpha_1)}{H_3PO_4} \rightleftharpoons \underset{c\alpha_1}{H_2PO_4^-} + \underset{c\alpha_1}{H^+} \qquad K_1 = \frac{c\alpha_1^2}{1-\alpha_1} = 7.52 \times 10^{-3}$$

$$\text{第2段}: \underset{c\alpha_1(1-\alpha_2)}{H_2PO_4^-} \rightleftharpoons \underset{c\alpha_1\alpha_2}{HPO_4^{2-}} + \underset{c\alpha_1\alpha_2}{H^+} \qquad K_2 = \frac{[HPO_4^{2-}][H^+]}{[H_2PO_4^-]} = 6.23 \times 10^{-8}$$

$$\text{第3段}: \underset{c\alpha_1\alpha_2(1-\alpha_3)}{HPO_4^{2-}} \rightleftharpoons \underset{c\alpha_1\alpha_2\alpha_3}{PO_4^{3-}} + \underset{c\alpha_1\alpha_2\alpha_3}{H^+} \qquad K_3 = \frac{[PO_4^{3-}][H^+]}{[HPO_4^{2-}]} = 4.8 \times 10^{-13}$$

$$0.1\,\alpha_1^2 + 7.52 \times 10^{-3}\,\alpha_1 - 7.52 \times 10^{-3} = 0. \quad \alpha_1 = 0.239$$

$[H^+] \fallingdotseq c\alpha_1 = 2.39 \times 10^{-2} \, M, \quad [OH^-] = 4.18 \times 10^{-13} \, M.$

$[H_3PO_4] = c(1-\alpha_1) = 0.0761 \, M$

$[H_2PO_4^-] = c\alpha_1(1-\alpha_2) \fallingdotseq c\alpha_1 \quad (K_2 \ll 1 \, \text{だから} \, \alpha_2 \ll 1)$

$[HPO_4^{2-}] = c\alpha_1\alpha_2(1-\alpha_3) \fallingdotseq c\alpha_1\alpha_2 \quad (K_3 \ll 1 \, \text{だから} \, \alpha_3 \ll 1)$

$[PO_4^{3-}] = c\alpha_1\alpha_2\alpha_3$

$[H^+] = c\alpha_1 + c\alpha_1\alpha_2 + c\alpha_1\alpha_2\alpha_3 \fallingdotseq c\alpha_1$

$\alpha_2 \ll 1$ だから， $K_2 = \dfrac{c\alpha_1\alpha_2 \cdot c\alpha_1}{c\alpha_1(1-\alpha_2)} \fallingdotseq c\alpha_1\alpha_2$

$$\alpha_2 = 6.23 \times 10^{-8}/2.39 \times 10^{-2} = 2.61 \times 10^{-6}$$

$\alpha_3 \ll 1$ だから， $K_3 = \dfrac{c\alpha_1\alpha_2\alpha_3 \cdot c\alpha_1}{c\alpha_1\alpha_2(1-\alpha_3)} \fallingdotseq c\alpha_1\alpha_3$

$$\alpha_3 = 4.8 \times 10^{-13}/2.39 \times 10^{-2} = 2.01 \times 10^{-11}$$

結局，モル濃度 $M\,(mol\,dm^{-3})$ は

$[H_3PO_4] = 7.61 \times 10^{-2}, \quad [H_2PO_4^-] = 2.39 \times 10^{-2}, \quad [HPO_4^{2-}] = 6.23 \times 10^{-8}$

$[PO_4^{3-}] = 1.25 \times 10^{-18}, \quad [H^+] = 2.39 \times 10^{-2}, \quad [OH^-] = 4.18 \times 10^{-13}$

9 $\qquad\qquad\qquad HCN \rightleftharpoons H^+ + CN^-$

において

$$\frac{[H^+][CN^-]}{[HCN]} = K_a = 7.2 \times 10^{-10} \, mol\,dm^{-3}$$

HCN の濃度を c, 電離度を α とすると

$$[H^+] = c\alpha = \sqrt{cK_a}, \quad pH = -\log[H^+] = -\log\sqrt{cK_a} = -\frac{1}{2}\log c - \frac{1}{2}\log K_a$$

ここで $K_a = 7.2 \times 10^{-10} \, \text{mol dm}^{-3}$

$$4.0 = -\frac{1}{2}\log c - \frac{1}{2}\log 7.2 \times 10^{-10}$$
$$\log c = 1.143, \quad c = 13.9 \, \text{M}$$

10 $c = 0.01000 \, \text{m}$, いずれのイオン濃度も希薄なので平均活量係数を 1 とし, 25°C における電離度を α とすると

$$\frac{[\text{CH}_3\text{COO}^-][\text{H}^+]}{[\text{CH}_3\text{COOH}]} = \frac{(c\alpha)(c\alpha)}{c(1-\alpha)} = \frac{c\alpha^2}{1-\alpha} = K_a$$

$$\alpha^2 + \frac{K_a}{c}\alpha - \frac{K_a}{c} = 0$$

$$\alpha = \frac{-\dfrac{K_a}{c} + \sqrt{\left(\dfrac{K_a}{c}\right)^2 + \dfrac{4K_a}{c}}}{2}$$

$$= \frac{-\dfrac{1.75 \times 10^{-5}}{0.01000} + \sqrt{\left(\dfrac{1.75 \times 10^{-5}}{0.01000}\right)^2 + \dfrac{4 \times 1.75 \times 10^{-5}}{0.01000}}}{2} = 4.10 \times 10^{-2}$$

希薄であるから, $c_i/\text{M} \simeq m_i/\text{m}$ としてよく

$$m(\text{CH}_3\text{COO}^-) = m(\text{H}^+) = 4.10 \times 10^{-2} \times 0.01000 = 4.10 \times 10^{-4} \, \text{m}$$
$$m(\text{OH}^-) \simeq \frac{K_w}{m(\text{H}^+)} = \frac{10^{-14}}{4.10 \times 10^{-4}} = 2.43 \times 10^{-11} \, \text{m}$$

$m(\text{OH}^-)$ は他のイオン種の濃度にくらべ小さく無視し得るから, イオン強度は

$$I = \frac{1}{2}\sum m_i z_i^2 = \frac{1}{2}\{4.10 \times 10^{-4} \times (-1)^2 + 4.10 \times 10^{-4} \times (+1)^2\} \, \text{m}$$
$$= 4.10 \times 10^{-4} \, \text{m}$$

第 10 章

1.1 (1) 左側：$H_2 \longrightarrow 2H^+ + 2e^-$, 右側：$Hg_2Cl_2 + 2e^- \longrightarrow 2Hg + 2Cl^-$,
全体：$H_2 + Hg_2Cl_2 = 2Hg + 2HCl$. $E^\ominus = 0.268 - 0 = 0.268 \, \text{V}$

(2) 左側：$Ni + 2OH^- \longrightarrow Ni(OH)_2 + 2e^-$, 右側：$2H^+ + 2e^- \longrightarrow H_2$,
全体：$Ni + 2H_2O = Ni(OH)_2 + H_2$, $E^\ominus = 0 - (-0.72) = 0.72 \, \text{V}$

(3) 左側：$H_2 \longrightarrow 2H^+ + 2e^-$, 右側：$\dfrac{1}{2}O_2 + 2H_2O + 2e^- \longrightarrow 2OH^-$,

全体：$H_2 + \dfrac{1}{2} O_2 = H^+ + OH^-$, $E^\ominus = 0.401 - 0 = 0.401\,V$

(4) 左側：$Fe^{2+} \longrightarrow Fe^{3+} + e^-$, 右側：$SO_4^{2-} + H_2O + 2e^- = SO_3^{2-} + 2OH^-$,
全体：$2\,Fe^{2+} + SO_4^{2-} + H_2O = 2\,Fe^{3+} + SO_3^{2-} + 2\,OH^-$. $E^\ominus = -0.93 - 0.77 = -1.70\,V$. この場合 $E^\ominus < 0$ であるから実際の反応は逆方向に進む.

1.2 (1) 電池内反応は

左側：$Zn \longrightarrow Zn^{2+}\,(0.5) + 2\,e^-$, 右側：$2\,H^+\,(1.0) + 2\,e^- \longrightarrow H_2\,(1\,atm)$

で，全体としては $Zn + 2\,H^+ = Zn^{2+} + H_2$.

$$E = E^\ominus - \dfrac{RT}{2F} \ln \dfrac{a_{Zn^{2+}}}{a_{H^+}^2} = 0 - (-0.7628) - \dfrac{0.0591}{2} \log 0.5 = 0.7717\,V$$

(2) 電池内反応は

左側：$Sn \longrightarrow Sn^{2+}\,(1.0) + 2\,e^-$, 右側：$Ag^+\,(0.1) + e^- \longrightarrow Ag$

で，全体としては $Sn + 2\,Ag^+(0.1) = Sn^{2+}(1.0) + 2\,Ag$.

$$E = E^\ominus - \dfrac{RT}{2F} \ln \dfrac{a_{Sn^{2+}}}{a_{Ag^+}^2} = -0.140 - 0.799 - \dfrac{0.0591}{2} \log \dfrac{1}{0.1^2} = -0.8799\,V$$

(3) 電池内反応は

左側：$2\,Cl^-\,(1.0) \longrightarrow Cl_2\,(1\,atm) + 2\,e^-$, 右側：$Cl_2\,(0.1\,atm) + 2\,e^- \longrightarrow 2\,Cl^-\,(1.0)$

で，全体としては $Cl_2\,(0.1\,atm) = Cl_2\,(1.0\,atm)$. $E^\ominus = 0$ であるから

$$E = -\dfrac{RT}{2F} \ln \dfrac{1.0}{0.1} = -\dfrac{0.0591}{2} \log 10 = -0.0296\,V$$

この場合，反応は逆方向すなわち $Cl_2\,(1.0\,atm) \longrightarrow Cl_2\,(0.1\,atm)$ と進行する.

(4) 電池内反応は

左側：$2\,Cl^-\,(1.0) \longrightarrow Cl_2\,(1\,atm) + 2\,e^-$, 右側：$Cl_2\,(0.1\,atm) + 2\,e^- \longrightarrow 2\,Cl^-\,(1.0)$

で，全体としては $Cl_2\,(0.1\,atm) + 2\,Cl^-\,(1.0) = Cl_2\,(1\,atm) + 2\,Cl^-\,(0.1)$.

$$E = -\dfrac{RT}{2F} \ln \dfrac{P_{Cl_2}(左)\,a_{Cl^-}^2(右)}{P_{Cl_2}(右)\,a_{Cl^-}^2(左)} = -\dfrac{0.0591}{2} \log \left(\dfrac{1}{0.1}\right)\left(\dfrac{0.1^2}{1.0^2}\right) = 0.0296\,V$$

2.1 (1) この際発生する熱量は，$F = 96480\,C$ として

$$Q = 1.10 \times 0.5 \times 96480 = 5.31 \times 10^4\,J$$

したがって，外界に生ずるエントロピーは $\Delta S = 5.31 \times 10^4/300 = 1.77 \times 10^2\,J\,K^{-1}$.

(2) 内部抵抗が $100\,\Omega$ のモーターを働かせる場合，電池の内部抵抗が $2\,\Omega$ であるため

$$-W = \dfrac{100}{100 + 2} \times 0.5\,FE = 5.20 \times 10^4\,J$$

の仕事をすることができる．一般にモーターの内部抵抗が大きいほど電池の自由エネルギーを有効に使うことができる．一方内部抵抗が大きいと電流は小さくなり，モーターの馬力は小さくなる．内部抵抗無限大のモーターを使うと無限にゆっくりと仕事をさせることになる（準静的変

化）．このときは電池の自由エネルギー変化をすべて仕事に変えることができる．

外界のエントロピー変化は，無駄になった自由エネルギー変化が熱として放出されたことになるので，これを温度で割って

$$\Delta S = \frac{5.31 \times 10^4 - 5.20 \times 10^4}{300} = 3.7\,\mathrm{J\,K^{-1}}$$

(3) 電気エネルギーはすべて自由エネルギーとして使えるから，熱として放出されたエネルギーがそのまま自由エネルギーの損失となっている．$n = 2$ であるから，(1) の場合には $\dfrac{0.5\,FE}{2\,FE} = \dfrac{1}{4}$ 倍．(2) の場合，$\left(0.5\,FE - \dfrac{1}{1.02} \times 0.5\,FE\right)/2\,FE = 0.0049$

2.2 化学反応が電池内反応であるような電池の起電力が正であれば反応は自発的に進行する．起電力が負であれば逆反応が自発的に進行することになる．また起電力が 0 であれば平衡状態にある．

(1) 反応に相当する電池は Cd が酸化されており Sn^{2+} が還元されているから，$\mathrm{Cd\,|\,CdSO_4\,(1.0)\,\|\,SnSO_4\,(0.01)\,|\,Sn}$ である．起電力は

$$E = E^\circ - \frac{RT}{2F} \ln \frac{1.0^2}{0.01^2} = -0.140 - (-0.4029) - 0.0591 \log 100 = 0.1447 > 0$$

自発的に進行する．

(2) 反応に相当する電池は，Fe^{2+} が酸化されており I_2 が還元されているから，$\mathrm{Pt\,|\,Fe^{2+}, Fe^{3+}\,\|\,I^-\,|\,I_2,\,Pt}$ (a はすべて 1.0) である．起電力は

$$E = E^\circ - \frac{RT}{F} \ln \frac{1.0 \times 1.0}{1.0} = 0.5355 - (0.771) = -0.2355 < 0$$

この反応は進行せず，逆反応が進行する．したがって，Fe^{2+} で I_2 を還元することはできない．いいかえると，ヨウ素で Fe^{2+} を酸化することはできない．

(3) 反応に相当する電池は，FeCl_2 が酸化され Cl_2 が還元されているから，$\mathrm{Pt\,|\,FeCl_2, FeCl_3\,|\,Cl_2,\,Pt}$ である．a はすべて 1 であるから起電力は

$$E = E^\circ = 1.3595 - (0.771) = 0.5885\,\mathrm{V} > 0$$

したがってこの反応は自発的に進行する．

(4) 反応に相当する電池は，SnSO_4 が酸化されており HgSO_4 が還元されているから，$\mathrm{Pt\,|\,SnSO_4\,(1.0), Sn\,(SO_4)_2\,(0.5)\,\|\,HgSO_4\,(0.1), Hg_2SO_4\,(0.1)\,|\,Pt}$ である．起電力は

$$E = E^\circ - \frac{RT}{2F} \ln \frac{a_\pm^3\,(\mathrm{Sn\,(SO_4)_2})\,a_\pm^2\,(\mathrm{Hg_2SO_4})}{a_\pm^2\,(\mathrm{SnSO_4})\,[a_\pm^2\,(\mathrm{Hg_2SO_4})]^2}$$

$$= 0.615 - 0.15 - \frac{0.0591}{2} \log \frac{0.5^3 \cdot 0.1^2}{1.0^2 \cdot 0.1^4} = 0.465 - 0.034 = 0.431 > 0$$

この反応は自発的に進行する（$\mathrm{Hg_2SO_4}$ は $\mathrm{Hg_2}^{2+} + \mathrm{SO_4}^{2-}$ と電離する）．

3.1 電池内反応は

左側：$\mathrm{Zn} + \mathrm{SO_4}^{2-} + 7\,\mathrm{H_2O} \longrightarrow \mathrm{ZnSO_4 \cdot 7\,H_2O} + 2\,\mathrm{e}^-$

右側：$\mathrm{Hg_2SO_4} + 2\,\mathrm{e}^- \longrightarrow 2\,\mathrm{Hg} + \mathrm{SO_4}^{2-}$

で全体としては
$$Zn + Hg_2SO_4 + 7\,H_2O = ZnSO_4 \cdot 7\,H_2O + 2\,Hg$$
である．起電力の温度勾配は
$$\Delta E/\Delta T = (1.4268 - 1.4326)/(20 - 15) = -1.16 \times 10^{-3}\,\text{V K}^{-1}$$
である．したがって，起電力の平均値を用い，かつ $z = 2$ であることを考慮すると
$$\Delta G = -(1.4268 + 1.4326) \times 96480 = -2.76 \times 10^5\,\text{J mol}^{-1}$$
$$\Delta S = 2 \times 96480 \times (-1.16 \times 10^{-3}) = -234\,\text{J K}^{-1}\,\text{mol}^{-1}$$
$$\Delta H = \Delta G + T\Delta S = -2.76 \times 10^5 - (273 + 17.5) \times 234 = -3.44 \times 10^5\,\text{J mol}^{-1}$$

3.2 電池内反応は

正極：$Hg_2{}^{2+} + 2\,e^- = 2\,Hg$

負極：Cd（アマルガム）$= Cd^{2+} + 2\,e^-$

全体：Cd（アマルガム）$+ Hg_2{}^{2+} = Cd^{2+} + 2\,Hg$

$$\Delta S = 2F\left(\frac{\partial E}{\partial T}\right)_P = 2 \times 96485 \times (5.17 \times 10^{-4} - 2 \times 9.5 \times 10^{-7} \times 298)$$
$$= -9.49\,\text{J K}^{-1}$$

$$\Delta H = -2FE + T\Delta S = -2 \times 96485 \times (0.94868 + 5.17 \times 10^{-4} \times 298$$
$$- 9.5 \times 10^{-7} \times 298^2) - 298 \times 9.49$$
$$= -1.993 \times 10^5\,\text{J}$$

3.3 電池内反応は

左側：$\frac{1}{2}H_2 + OH^-(a_1) \longrightarrow H_2O + e^-$

右側：$H^+(a_2) + e^- \longrightarrow \frac{1}{2}H_2$

全体：$H^+(a_2) + OH^-(a_1) = H_2O$ \hfill (1)

である．定義により $a(H_2O) = 1$ であるから起電力は，$E = E^{\ominus} - \dfrac{RT}{F}\ln\dfrac{1}{a_1 a_2}$ である．反応 (1) の平衡定数は $K = \dfrac{1}{a_1^e a_2^e} = K_w^{-1}$ である．ここで a_1^e, a_2^e は平衡状態における H^+ と OH^- の活量である．

電池内反応が平衡に達すると $E = 0$ であるから，$E^{\ominus} = \dfrac{RT}{F}\ln K_w^{-1} = -\dfrac{RT}{F}\ln K_w$ となる．ゆえに

$$E = -RT\ln K_w + \frac{RT}{F}\ln a_1 a_2$$
$$= -0.0591\,\{\log(1.008 \times 10^{-14}) - \log(0.05 \times 0.824) \times (0.05 \times 0.830)\}$$
$$= 0.664\,\text{V}$$

また，$\Delta H = \Delta G + T\Delta S = -FE + TF\left(\dfrac{\partial E}{\partial T}\right)_P$ の関係があるので

$$\left(\frac{\partial E}{\partial T}\right)_P = \frac{\Delta H}{TF} + \frac{E}{T} = \frac{-5.753 \times 10^4}{298 \times 96480} + \frac{0.664}{298} = 2.27 \times 10^{-4} \, \text{V K}^{-1}$$

反応のエントロピー変化は $\Delta S = F\left(\dfrac{\partial E}{\partial T}\right)_P = 21.9 \, \text{J K}^{-1} \, \text{mol}^{-1}$

4.1 (1) この反応に相当する電池は， $\text{Pt, H}_2\,(1\,\text{atm})\,|\,\text{H}^+\,||\,\text{Cl}^-\,|\,\text{AgCl(s), Ag}$ である．電池内反応と標準電極電位は

左極： $\dfrac{1}{2}\text{H}_2(1\,\text{atm}) \longrightarrow \text{H}^+\,(a=1) + \text{e}^- \qquad E^\ominus = 0\,\text{V}$

右極： $\text{AgCl(s)} + \text{e}^- \longrightarrow \text{Ag} + \text{Cl}^-\,(a=1) \qquad E^\ominus = 0.2225\,\text{V}$

である．平衡状態では $E = 0$ であるから，そのときの H^+ と Cl^- の活量を $a(\text{H}^+)$, $a(\text{Cl}^-)$ とすると

$$E = E^\ominus - \frac{RT}{F} \ln a(\text{H}^+)\,a(\text{Cl}^-) = 0$$

これより $\log K_a = \log a(\text{H}^+)\,a(\text{Cl}^-) = 0.2225/0.0591 = 3.765$, $K_a = 5.82 \times 10^3$

(2) この反応に相当する電池は， $\text{Pt}\,|\,\text{Fe}^{2+},\,\text{Fe}^{3+}\,||\,\text{Hg}^{2+},\,\text{Hg}_2^{2+}\,|\,\text{Pt}$ である．電池内反応と標準電極電位は

左極： $\text{Fe}^{2+}\,(a=1) \longrightarrow \text{Fe}^{3+}\,(a=1) + \text{e}^- \qquad E^\ominus = 0.771\,\text{V}$

右極： $\text{Hg}^{2+}\,(a=1) + \text{e}^- \longrightarrow \dfrac{1}{2}\text{Hg}_2^{2+}\,(a=1) \qquad E^\ominus = 0.92\,\text{V}$

である．平衡状態では $E = 0$ であるから，そのときの各成分の活量を $a(x)$ で表わすと

$$E = E^\ominus - \frac{RT}{2F} \ln \frac{a^2(\text{Fe}^{3+})\,a(\text{Hg}_2^{2+})}{a^2(\text{Fe}^{2+})\,a^2(\text{Hg}^{2+})} = E^\ominus - \frac{0.0591}{2}\log(K_a)^2 = 0$$

これより $\log K_a = 0.149/0.0591 = 2.52$, $K_a = 3.32 \times 10^2$.

4.2 反応，$2\text{Ag}^+ + \text{Fe} = 2\text{Ag} + \text{Fe}^{2+}$ の平衡定数が十分に大きければ Ag^+ を Fe で完全に還元することができる．電池，$\text{Fe}\,|\,\text{Fe}^{2+}\,||\,\text{Ag}^+\,|\,\text{Ag}$ の標準起電力は

$$E^\ominus = 0.7991 - (-0.4402) = 1.2393\,\text{V}$$

である．これより，$K_a{}^2 = \dfrac{a(\text{Fe}^{2+})}{a^2(\text{Ag}^+)}$ とおいて，$\log K_a = \dfrac{1.2393}{0.0591} = 21.0$, $K_a = 10^{21}$ という膨大な値となり，Ag^+ は完全に還元される．

4.3 電池，$\text{Pt, H}_2\,(1\,\text{atm})\,|\,\text{H}^+\,(a=1)\,||\,\text{D}^+(a=1)\,|\,\text{D}_2\,(P\,\text{atm}),\,\text{Pt}$ の起電力は，表 9.2 のデータより

$$E = E^\circ - \frac{RT}{2F} \ln \frac{1}{P(\text{D}_2)} = -0.034 + \frac{0.0591}{2}\log P(\text{D}_2)$$

となる．これより，$P(\text{D}_2) = 14.1\,\text{atm}$.

5.1 電池内反応は

左極： $\dfrac{1}{2}\text{H}_2 + \text{OH}^- \longrightarrow \text{H}_2\text{O} + \text{e}^-$

右極：$H^+ + e^- \longrightarrow \dfrac{1}{2} H_2$

全体：$H^+ + OH^- = H_2O$

である．起電力は

$$E = E^\ominus - \dfrac{RT}{F} \ln \dfrac{1}{a(H^+)\,a(OH^-)} = E^\ominus + 0.0591 \log a(H^+)\,a(OH^-) = 0.5840 \text{ V}$$

これより $E^\ominus = 0.5840 - 0.059 \log(0.01 \times 0.9)^2 = 0.8258 \text{ V}$．ゆえに，$E = 0$ となるときの $a(H^+)\,a(OH^-) = K_w$ の値は

$$\log K_w = E^\ominus/0.0591, \quad K_w = 1.06 \times 10^{-14} \text{ mol}^2 \text{ dm}^{-6}$$

5.2 電池内反応は

左極：$Ag + CNS^- \longrightarrow Ag\,CNS + e^-$

右極：$Ag^+ + e^- \longrightarrow Ag$

全体：$Ag^+ + CNS^- = Ag\,CNS$

である．起電力は

$$E = E^\ominus - \dfrac{RT}{F} \ln \dfrac{1}{a(Ag^+)\,a(CNS^-)} = E^\ominus + 0.0591 \log(0.1 \times 0.8)^2 = 0.586 \text{ V}$$

これより $E^\ominus = 0.716 \text{ V}$．ゆえに $E = 0$ となるときの $a(Ag^+)\,a(CNS^-) = K_s$ の値は

$$\log K_s = -0.586/0.0591 = -12.11, \quad K_s = 7.8 \times 10^{-13} \text{ mol}^2 \text{ dm}^{-6}$$

5.3 電池内反応は

左極：$Pb(a_1) \longrightarrow Pb^{2+} + 2e^-$

右極：$Pb^{2+} + 2e^- \longrightarrow Pb(a_2)$

全体：$Pb(a_1) = Pb(a_2)$

である．$a_1 = 0.10,\ a_2 = 0.001$ とおいて $E^\ominus = 0$ であるから

$$E = E^\ominus - \dfrac{RT}{2F} \ln \dfrac{a_2(Pb)}{a_1(Pb)} = -\dfrac{0.0591}{2} \log \dfrac{0.001}{0.1} = 0.0591 \text{ V}$$

演習問題

1 反応式の左辺にある還元形と右辺にある酸化形とをまとめて左側の極をつくり，左辺の酸化形と右辺の還元形とをまとめて右側の電極をつくる．

(1) 左辺の還元形は Fe^{2+}，右辺の酸化形は $Fe^{3+} \longrightarrow$ 左極は $Pt\,|\,Fe^{2+},\,Fe^{3+}$．
左辺の酸化形は Cl_2，右辺の還元形は $Cl^- \longrightarrow$ 右極は $Cl^-\,|\,Cl_2,\,Pt$．
したがって電池は $Pt\,|\,Fe^{2+},\,Fe^{3+},\,Cl^-\,|\,Cl_2,\,Pt$．

(注) 左極の Pt は溶液内で Fe^{2+} と Fe^{3+} のあいだの電子の授受を仲介する．右極の Pt は白金黒付白金で Cl_2 ガスを吸着し原子状 Cl としたうえで溶液中の Cl^- との電子の授受を仲介する．

(2) 濃度の異なる $CuSO_4$ 溶液に Cu 板を入れた $Cu\,|\,CuSO_4(M)$ の電極をつくり，塩橋を用いて連結する．塩橋は $||$ で表わす．$Cu \longrightarrow Cu^{2+} + 2e^-$ が酸化反応で Cu^{2+} の濃度が低いほど

反応は起こりやすいから，起電力を正とするためには，Cu^{2+} の濃度が低い方を左極とする．

$$Cu \mid CuSO_4(0.1\,M) \parallel CuSO_4(1\,M) \mid Cu$$

(3) 電解液として Cl^- を含む水溶液を用いると，Cl_2 の圧力が高いほど還元反応 $Cl_2 + 2\,e^- \longrightarrow 2\,Cl^-$ が起こりやすいので，こちらを右極とすると起電が正となる．白金黒付白金を電極とする．

$$Pt,\ Cl_2(0.1\,atm) \mid Cl^- \mid Cl_2(1\,atm),\ Pt$$

(4) H_2 の圧力が高いほど酸化反応 $H_2 \longrightarrow 2\,H^+ + 2\,e^-$ が起こりやすいから，Cl_2 の場合とは逆に，H_2 の圧力の高い方を左極とすると起電力が正となる．

$$Pt,\ H_2(1\,atm) \mid H^+ \mid H_2(0.1\,atm),\ Pt$$

2 純粋な固体（金属を含む）の活量は1とする．

(1) 左極 $\quad H_2(1\,atm) = 2\,H^+(a=1) + 2\,e^-$
    右極 $\quad 2\,I(s) + 2\,e^- = 2\,I^-(a=1)$

全体 $\quad H_2(1\,atm) + 2\,I(s) = 2\,H^+(a=1) + 2\,I^-(a=1)$

$$E^\ominus = 0.5355 - 0 = 0.5355\,V$$
$$E = E^\ominus - \frac{RT}{2F} \ln \frac{a_{H^+}^2 a_{I^-}^2}{P_{H_2}} = E^\ominus - \frac{0.0591}{2} \log 1 = 0.5355\,V$$

(2) 左極 $\quad Zn = Zn^{2+}(a=1) + 2\,e^-$
    右極 $\quad Sn^{4+}(a=0.1) + 2\,e^- = Sn^{2+}(a=1)$

全体 $\quad Zn + Sn^{4+}(a=0.1) = Zn^{2+}(a=1) + Sn^{2+}(a=1)$

$$E^\ominus = 0.15 - (-0.7628) = 0.9128\,V$$
$$E = E^\ominus - \frac{RT}{2F} \ln \frac{a_{Zn^{2+}} a_{Sn^{2+}}}{a_{Zn} a_{Sn^{4+}}} = 0.9128 - \frac{0.0591}{2} \log \frac{1}{0.1} = -0.8833\,V$$

(3) 左極 $\quad H_2(1\,atm) = 2\,H^+(a=1) + 2\,e^-$
    右極 $\quad Hg_2Cl_2 + 2\,e^- = 2\,Hg + 2\,Cl^-(a=1)$

全体 $\quad H_2(1\,atm) + Hg_2Cl_2 = 2\,H^+(a=1) + 2\,Cl^-(a=1) + 2\,Hg$

$$E^\ominus = 0.268 - 0 = 0.268\,V$$
$$E = 0.268 - \frac{RT}{2F} \ln \frac{a^2(HCl)}{P_{H_2}} = 0.268\,V$$

(4) 左極 $\quad Zn\,(a=0.1) = Zn^{2+}(a=1) + 2\,e^-$
    右極 $\quad Zn^{2+}(a=0.1) + 2\,e^- = Zn\,(a=1)$

全体 $\quad Zn\,(a=0.1) + Zn^{2+}(a=0.1) = Zn\,(a=1) + Zn^{2+}(a=1)$

$$E^\ominus = -0.7628 - (-0.7628) = 0$$
$$E = E^\ominus - \frac{RT}{2F} \ln \frac{a_{Zn}(1) a_{Zn^{2+}}(1)}{a_{Zn}(0.1) a_{Zn^{2+}}(0.1)} = -\frac{0.0591}{2} \log \frac{1}{0.01} = 0.0591\,V$$

3 電池内反応および標準起電力は前問と同様にして求める．

(1) $\text{Cd} + \text{Zn}^{2+}\,(a=1) = \text{Zn} + \text{Cd}^{2+}\,(a=1)$

$$E^\ominus = -0.9628 - (-0.4029) = -0.3599$$

$E = E^\ominus < 0$ であるから電池内反応は逆反応が自発的に進行する．

$$\Delta G = -2FE = 2 \times 96485 \times 0.3599 = 6.945 \times 10^4 \text{ J mol}^{-1}$$

(2) $\text{Sn}^{2+}\,(a=1) + 2\text{Hg}^{2+}\,(a=0.1) = \text{Sn}^{4+}\,(a=0.1) + \text{Hg}_2^{2+}\,(a=1)$

$E^\ominus = 0.92 - 0.15 = 0.77 \text{ V}$

$$E = E^\ominus - \frac{RT}{2F} \ln \frac{a(\text{Sn}^{4+})a(\text{Hg}_2^{2+})}{a(\text{Sn}^{2+})a^2(\text{Hg}^{2+})} = 0.77 - \frac{0.0591}{2} \log \frac{0.1}{0.1^2} = 0.740 \text{ V}$$

$E > 0$ であるから反応は自発的に進行する．

$$\Delta G = -2 \times 96485 \times 0.740 = -1.43 \times 10^5 \text{ J mol}^{-1}$$

(3) $\text{Pb} + 2\,\text{Ag}^+\,(a=1) = \text{Pb}^{2+}\,(a=0.01) + 2\,\text{Ag}$

$$E^\ominus = 0.7991 - (-0.126) = 0.9251 \text{ V}$$

$$E = E^\ominus - \frac{RT}{2F} \ln \frac{a(\text{Pb}^{2+})}{a^2(\text{Ag}^+)} = 0.9251 - \frac{0.0591}{2} \ln 0.01 = 0.9842 \text{ V}$$

$E > 0$ であるから反応は自発的に進行する．

$$\Delta G = -2 \times 96485 \times 0.9842 = -1.90 \times 10^5 \text{ J mol}^{-1}$$

4 電池内反応は，$\text{Sn} + \text{Pb}^{2+}\,(a=0.01) \longrightarrow \text{Sn}^{2+}\,(a=0.02) + \text{Pb}$ である．起電力は

$$E = E^\ominus - \frac{RT}{2F} \ln \frac{a(\text{Sn}^{2+})}{a(\text{Pb}^{2+})} = E^\ominus - \frac{0.0591}{2} \log 2 = 0.0051 \text{ V}$$

したがって $\Delta G = -2FE = -2.70 \times 10^3 \text{ J mol}^{-1}$

$$\log K_a = E \times (zF/RT) = 0.0140 \times 2/0.0591 = 0.474. \quad K_a = 2.98$$

5 (1) 反応に相当する電池は，$\text{Ag}\,|\,\text{Ag}^+\,||\,\text{Pb}^{2+}\,|\,\text{Pb}$ で

$$E^\ominus = -0.126 - 0.799 = -0.925 \text{ V}$$

$\log K_c = -0.925 \times 2/0.0591 = -33.2$, $K_c = 6 \times 10^{-33}$ で反応は起こらない．

(2) 同様にして $E^\ominus = 0.337 - 0.799 = -0.462$. $\log K_c = -15.6$, $K_c = 2.5 \times 10^{-16}$ でやはり反応は起こらない．

(3) $E^\ominus = 0.15 - 0.77 = -0.62$, $\log K_c = -21$, $K_c = \dfrac{a_{\text{Fe}^{3+}}^2 a_{\text{Sn}^{2+}}}{a_{\text{Fe}^{2+}}^2 a_{\text{Sn}^{4+}}} = 10^{-20}$

で反応は全く進行しない．逆反応は完全に進行する．すなわち，Sn^{2+} は Fe^{3+} を還元して Fe^{2+} とする．

(4) $E^{\ominus} = -0.763 - (-1.180) = 0.417$, $\log K_c = 14.1$, $K_c = 1.3 \times 10^{14}$
反応は完全に進行する．

(5) $E^{\ominus} = 0.92 - 0.80 = 0.12\,\text{V}$, $\log K_c = 4.06$, $K_c = 1.2 \times 10^4$
反応は容易に進行する．

6 電池内反応は，$\text{Pb}\,(\text{in Hg}) + 2\text{AgCl} = \text{PbCl}_2 + 2\text{Ag}$ である．

$$\Delta G = -2FE = -2 \times 96485 \times 0.4081 = 7.875 \times 10^4 \,\text{J mol}^{-1}$$

である．

$$\Delta S = -\left(\frac{\partial \Delta G}{\partial T}\right)_P = zF\left(\frac{\partial E}{\partial T}\right)_P = 2 \times 96485 \times (-4.0 \times 10^{-4})$$
$$= -77.19\,\text{J K}^{-1}\,\text{mol}^{-1}$$

$$\Delta H = \Delta G + T\Delta S = -7.875 \times 10^4 - (273.2 + 16.7) \times 77.19$$
$$= 1.011 \times 10^5 \,\text{J mol}^{-1}$$

7 電極として鉄と塩素電極を用い，電解液として Fe^{2+} と Cl^- を含む液を用いる．$a_{\text{FeCl}_2} = 1$, $P_{\text{Cl}_2=1\,\text{atm}}$ として考える．

$$\text{Fe}\,|\,\text{FeCl}_2(a=1)\,|\,\text{Cl}_2(P=1),\text{Pt}$$

または

$$\text{Fe}\,|\,\text{Fe}^{2+}(a=1)\,\|\,\text{Cl}^-(a=1)\,|\,\text{Cl}_2,\text{Pt}$$
$$\Delta G^{\ominus} = -zFE^{\ominus} \quad \text{より} \quad E^{\ominus} = 1.80\,\text{V}$$

8 これは HCl の濃度が異なるだけの 2 つの電池を連結した濃度電池である．Ag を中心として左側および右側の電池の電池内反応はそれぞれ

左側：$\text{H}_2\,(1\,\text{atm}) + 2\,\text{AgCl}\,(\text{s}) \longrightarrow 2\,\text{H}^+(a) + 2\,\text{Cl}^-(a) + 2\,\text{Ag}\,(\text{s})$

右側：$2\,\text{H}^+(0.00904) + 2\,\text{Cl}^-(0.00904) + 2\,\text{Ag}\,(\text{s}) \longrightarrow \text{H}_2\,(1\text{atm}) + 2\,\text{AgCl}\,(\text{s})$

したがって全体としての電池内反応は

$$2\,\text{HCl}\,(0.00904) \longrightarrow 2\,\text{HCl}\,(a)$$

となる．$E^{\ominus} = 0$ であるから

$$E = -\frac{RT}{2F}\ln\frac{a^2}{(0.00904)^2} = -\frac{RT}{F}\ln\frac{a}{0.00904} = 0.0271\,\text{V}$$

$$\log\frac{a}{0.00904} = -\frac{0.0271}{0.0591} = -0.4585, \quad a = 3.15 \times 10^{-3}$$

$$\gamma_{\pm} = 3.15 \times 10^{-3}/3.3 \times 10^{-3} = 0.955$$

9 濃度電池の起電力は

$$E = -\frac{RT}{zF}\ln\frac{a_1}{a_2} = \frac{2.303RT}{zF}\log\frac{a_2}{a_1}$$

となる． $S \equiv 2.303R/F = 1.984 \times 10^{-4}$ であるから

$$10\,°\text{C}: ST = 5.615 \times 10^{-2}, \quad 35\,°\text{C}: ST = 6.111 \times 10^{-2}$$

である．

(1) 電池内反応は

(左) $\text{Ag} = \text{Ag}^+(a = 0.01) + \text{e}^-$

(右) $\text{Ag}^+(a = 0.1) + \text{e}^- = \text{Ag}$

で全体としては，$\text{Ag}^+(a = 0.1) = \text{Ag}^+(a = 0.01), \ z = 1.$

$$E = -ST \log \frac{0.01}{0.1}, \quad E(10\,°\text{C}) = 5.615 \times 10^{-2}\,\text{V}, \quad E(35\,°\text{C}) = 6.111 \times 10^{-2}\,\text{V}.$$

(2) 電池内反応は，$\text{Cu}^{2+}\,(a = 0.1) = \text{Cu}^{2+}\,(a = 0.01).\ z = 2.$

$$E = -\frac{ST}{2} \log \frac{0.01}{0.1}, \quad E(10\,°\text{C}) = 2.808 \times 10^{-2}\,\text{V}, \quad E(35\,°\text{C}) = 3.055 \times 10^{-2}\,\text{V}.$$

(3) 電池内反応は

(左) $\text{Zn}\,(a = 0.01) \longrightarrow \text{Zn}^{2+}\,(a = 1) + 2\,\text{e}^-$

(右) $\text{Zn}^{2+}\,(a = 1) + 2\,\text{e}^- \longrightarrow \text{Zn}\,(a = 0.1)$

全体としては $\text{Zn}\,(a = 0.01) = \text{Zn}\,(a = 0.1),\ z = 2.$

$$E = -\frac{ST}{2} \log \frac{0.1}{0.01}, \quad E(10\,°\text{C}) = -2.808 \times 10^{-2}\,\text{V}, \quad E(35\,°\text{C}) = -3.055 \times 10^{-2}\,\text{V}$$

(4) 電池内反応は

(左) $2\text{Cl}^-(a = 0.1) = \text{Cl}_2(0.01\,\text{atm}) + 2\,\text{e}^-$

(右) $\text{Cl}_2(0.1\,\text{atm}) + 2\,\text{e}^- = 2\text{Cl}^-(a = 0.1)$

全体としては $\text{Cl}_2(0.1\,\text{atm}) = \text{Cl}_2(0.01\,\text{atm}),\ z = 2.$

$$E = -\frac{ST}{2} \log \frac{0.01}{0.1}, \quad E(10\,°\text{C}) = 2.808 \times 10^{-2}\,\text{V}, \quad E(35\,°\text{C}) = 3.055 \times 10^{-2}\,\text{V}$$

10 電池

$$\text{Ag} \,|\, \text{AgCl},\ \text{Cl}^-(a = 1) \,||\, \text{Ag}^+(a = 1) \,|\, \text{Ag}$$

の起電力は

$$0.7991 - 0.2225 = 0.5766\,\text{V}$$

である．電池内反応は

左側：$\text{Ag} = \text{Ag}^+ + \text{e}^-$

右側：$\text{AgCl} + \text{e}^- = \text{Ag} + \text{Cl}^-$

で $\text{AgCl} = \text{Ag}^+ + \text{Cl}^-$ である．$\text{AgCl} \rightleftarrows \text{Ag}^+ + \text{Cl}^-$ の平衡定数を K とすると

$$E = E^\ominus - 0.0591 \log K$$

となる．$E = 0$ となるときに系内の反応は平衡に達するので
$$\log K^e = \frac{0.5766}{-0.0591} = -9.756, \quad K^e = 1.75 \times 10^{-10} \, \text{mol}^2 \, \text{dm}^{-6}$$
$K^e = a^e_{\text{Ag}^+} a^e_{\text{Cl}^-} \doteqdot c^e_{\text{Ag}^+} c^e_{\text{Cl}^-}$ で溶解度積に他ならない．

同様にして，AgI では
$$\log K^e = \frac{0.9514}{-0.0591} = -16.098, \quad K^e = 7.98 \times 10^{-17} \, \text{mol}^2 \, \text{dm}^{-6}$$
一般に $E_i^\ominus = \dfrac{RT}{F} \ln K^e_{\text{X}_i}$ で
$$E_i^\ominus = E_{\text{X}_i}^\ominus - E^\ominus(\text{Ag}^+ \mid \text{Ag})$$
であるから
$$E_1^\ominus - E_2^\ominus = E_{\text{X}_1}^\ominus - E_{\text{X}_2}^\ominus = \frac{RT}{F} \ln(K^e_{\text{X}_1}/K^e_{\text{X}_1}),$$
$$(K^e_{\text{X}_1}/K^e_{\text{X}_2}) = \exp\left[(E_{\text{X}_1}^\ominus - E_{\text{X}_2}^\ominus) \times \frac{F}{RT}\right].$$

11 電池は
$$\text{H}_2(1\,\text{atm}) \mid \text{H}^+(a_{\text{H}^+}) \parallel \text{KCl}(0.1\,\text{M}), \text{Hg}_2\text{Cl}_2(\text{s}) \mid \text{Hg}$$
と書ける．電池内反応は

左側：$\text{H}_2 \longrightarrow 2\,\text{H}^+ + 2\,\text{e}^-$

右側：$\text{Hg}_2\text{Cl}_2 + 2\,\text{e}^- \longrightarrow 2\,\text{Cl}^- + 2\,\text{Hg}$

全体：$\text{H}_2 + \text{Hg}_2\text{Cl}_2 = 2\,\text{H}^+ + 2\,\text{Cl}^- + 2\,\text{Hg}$

であるから $K = a^2_{\text{H}^+} a^2_{\text{Cl}^-}$ となる．

他方，水素電極の起電力は $E^\ominus = 0$ であるから
$$E_\text{H} = -0.0591 \log a_{\text{H}^+}$$
である．したがって，水素電極と甘汞電極を組み合わせた電池の起電力は
$$E = E_\text{calo} - E_\text{H} = 0.334 + 0.0591 \log a_{\text{H}^+} = 0.486\,\text{V}$$
である．したがって
$$0.486 = 0.334 - 0.0591 \log a_{\text{H}^+}, \quad \text{pH} = -\log a_{\text{H}^+} = 2.57$$

(注) 公式 (10.17) を用いると，この場合 $E_\text{ref} = 0.334\,\text{V}$ であるから
$$\text{pH} = \frac{0.486 - 0.334}{0.0591} = 2.57$$
と直ちに求められる．

12 公式 (10.17) を用いると
$$\text{pH} = -\log a_{\text{H}^+} = \frac{0.464 - 0.280}{0.0591} = 3.11, \quad a_{\text{H}^+} = 7.7 \times 10^{-4} \, \text{mol}\,\text{dm}^{-3}$$

である.塩酸アニリンの加水分解は

$$C_6H_5NH_3^+ + H_2O \rightleftarrows C_5H_5NH_2 + H_3O^+$$

である.$H_3O^+ \equiv H^+$ と書くと,$a_{H^+} = 7.7 \times 10^{-4}$ であるから,加水解離度を h とすると $\gamma = 1$ とおいて $[H^+] = ch$.$c = 0.0315\,\mathrm{M}$ より $h = 0.024$.

索　　引

あ　行

圧平衡定数　　103
アボガドロ定数　　2
アマルガム電極　　125
1次相転移　　46
液間電位差　　127
液相線　　79
エネルギー　　6
エネルギー等分配則　　14
エネルギーの単位　　7
エネルギー保存則　　6
塩橋　　127
エンタルピー　　13
エントロピー増大則　　50, 51
エントロピーの計算　　45
エントロピー変化　　45

か　行

開放系　　76
解離圧　　105
化学ポテンシャル　　76
可逆変化　　7
活量　　92
活量係数　　92
ガラス電極　　130
カルノーサイクル　　32
カルノーの原理　　31
カロリー　　7
還元電位　　127
完全微分　　142
気相線　　79
気体定数　　8
気体電極　　125

気体濃淡電池　　129
起電力　　123
ギブズ・デュエムの式　　88
ギブズ（の自由）エネルギー　　61
ギブズの相律　　78
ギブズ・ヘルムホルツの式　　64
凝固点降下　　91
凝固点降下度　　91
凝縮曲線　　79
共晶　　81
強電解質　　117
共沸混合物　　80
金属電極　　125
金属‐難溶性塩電極　　126
クラペイロン・クラウジウスの式　　65
クラウジウスの原理　　33
クラウジウスの不等式　　50
グリーンの公式　　141
原子化熱　　17
高融点　　81
国際単位系　　1

さ　行

酸化還元電極　　125
3重点　　67
残留エントロピー　　48
示強性の量　　9
仕事　　6
仕事関数　　62
自然変数　　62
実在気体　　9
実在溶液　　87
自発的変化　　29

索　　引

弱電解質　　117
自由エネルギー　　62
ジュール・トムソン係数　　18
ジュール・トムソン効果　　18
準静的変化　　7, 30
昇華圧　　65
昇華曲線　　67
蒸気圧　　65
蒸気圧降下　　89
状態図　　67
状態方程式　　8
状態量　　9, 139, 142
蒸発曲線　　67
示量性の量　　9
浸透圧　　91
親和力　　102

生成熱　　16
積分因子　　143
線積分　　139
全微分　　138

相図　　67
相対活量　　92
総熱量一定の法則　　15
相律　　78
束一的性質　　117
束縛エネルギー　　62

た　行

第2種永久機関　　31
第2種永久機関不可能の原理　　33
断熱変化　　15

定圧熱容量　　13
定圧平衡式　　106
定圧変化　　13
定積熱容量　　13
定積変化　　13

てこの関係　　85
デバイの3乗則　　58
転移温度　　46
電解質濃淡電池　　127
電極　　125
電極電位　　126
電極濃淡電池　　129
電離定数　　118
電離度　　117
電離平衡　　117

等温圧縮　　7
トムソンの原理　　33
トルートンの規則　　66

な　行

内部エネルギー　　8

熱　　6
熱機関　　31
熱機関の仕事効率　　31
熱容量　　13
熱力学第3法則　　48
熱力学第1法則　　6
熱力学第2法則　　33
熱力学的温度　　33
熱力学的エントロピー　　49
熱力学的カロリー　　7

濃淡電池　　127
濃度平衡定数　　104

は　行

配置の数　　47
半電池　　124
反応進行度　　102
反応熱　　15
反応のエンタルピー変化　　124
反応のエントロピー変化　　124

索　引

微視的状態の数　47
非補償熱　51
標準エントロピー　50
標準起電力　124
標準原子生成熱　17
標準水素電極　126
標準生成エンタルピー　15
標準生成ギブズエネルギー　104
標準生成熱　15
標準電極電位　126
標準沸点　66
ビリアル定数　9

ファン・デル・ワールス定数　9
ファント・ホッフの係数　117
ファント・ホッフの式　92
不可逆変化　29
不均一系の化学平衡　105
沸点上昇　90
沸点図　79
沸騰曲線　79
物質量　2
部分モル体積　88
ブンゼンの吸収係数　89
分配係数　91
分離圧　105

平均活量（係数）　119
平衡条件　62
平衡状態　9
平衡定数　124
平衡定数の温度依存性　106
ヘスの法則　15
ヘルムホルツ（の自由）エネルギー　61
偏導関数　138
偏微分係数　138
ヘンリーの定数　89
ヘンリーの法則　89

ボルツマン定数　47

ま　行

マイヤーの式　14
マクスウェルの関係式　63
水のイオン積　125
面積　140
モル　2
モル凝固降下定数　91
モル熱容量　14
モル沸点上昇定数　91

や　行

融解曲線　67
溶解度積　125
溶媒　91

ら　行

ラウールの法則　79
理想気体　8
理想気体の化学ポテンシャル　77
理想気体の断熱体積変化　15
理想溶液　79, 87
臨界圧力　72
臨界温度　72
臨界共溶温度　82
ルシャトリエの原理　106
ルジャンドル変換　63

欧　字

SI 基本単位　1
SI 組立単位　1
SI 単位　1

著者略歴

渡辺 啓
（わたなべ ひろし）

1956年　東京大学理学部化学科卒業
現　在　東京大学名誉教授
　　　　理学博士

主要著書

化学熱力学 [新訂版]（サイエンス社）
概説物理化学（共立出版，共著）
演習物理化学（共立出版，共著）
情報とエントロピー（共立出版，共著）
日常の化学（サイエンス社）
読切科学史（F＆K科学出版，共著）
物理化学（サイエンス社）
現代の化学（サイエンス社）
現代化学の基礎（サイエンス社）
演習基礎化学（サイエンス社）
演習物理化学（サイエンス社）
エントロピーから化学ポテンシャルまで（裳華房）
化学平衡（裳華房）
基礎物理化学（裳華房，共著）

セミナーライブラリ　化　学＝6

演習 化学熱力学 [新訂版]

1989年 8月25日	ⓒ	初 版 発 行
2001年 3月25日		初版第10刷発行
2003年 7月10日	ⓒ	新 訂 版 発 行
2023年 5月10日		新訂第10刷発行

著　者　渡辺　啓
発行者　森平敏孝
印刷者　篠倉奈緒美
製本者　小西惠介

発行所　株式会社　サイエンス社
〒151-0051　東京都渋谷区千駄ヶ谷1丁目3番25号
営業☎（03）5474-8500（代）振替 00170-7-2387
編集☎（03）5474-8600（代）FAX ☎（03）5474-8900

印刷　（株）ディグ　　製本　ブックアート

《検印省略》

本書の内容を無断で複写複製することは，著作者および出版者の権利を侵害することがありますので，その場合にはあらかじめ小社あて許諾をお求め下さい．

ISBN4-7819-1042-4

PRINTED IN JAPAN

サイエンス社のホームページのご案内
http://www.saiensu.co.jp
ご意見・ご要望は
rikei@saiensu.co.jp　まで．